国家自然科学基金项目(71901104)、江苏省住房和城乡建设厅科技项目(2019ZD056)、
江苏高校“青蓝工程”项目资助

危大基坑工程安全专项方案知识重用管理研究

张永成　著

湘潭大学出版社
XIANGTAN UNIVERSITY PRESS

图书在版编目（CIP）数据

危大基坑工程安全专项方案知识重用管理研究 / 张永成著．-- 湘潭 ： 湘潭大学出版社，2024. 6. -- ISBN 978-7-5687-1489-1
Ⅰ．TU46
中国国家版本馆 CIP 数据核字第 2024W9V582 号

危大基坑工程安全专项方案知识重用管理研究

WEIDA JIKENG GONGCHENG ANQUAN ZHUANXIANG FANGAN ZHISHI CHONGYONG GUANLI YANJIU

张永成 著

策划编辑：丁立松
责任编辑：丁立松
封面设计：文海宏远
出版发行：湘潭大学出版社
社　　址：湖南省湘潭大学工程训练大楼
电　　话：0731-58298960 0731-58298966（传真）
邮　　编：411105
网　　址：http://press.xtu.edu.cn/
印　　刷：长沙创峰印务有限公司
经　　销：湖南省新华书店
开　　本：787 mm×1092 mm 1/16
印　　张：13.5
字　　数：272 千字
版　　次：2024 年 6 月第 1 版
印　　次：2024 年 6 月第 1 次印刷
书　　号：ISBN 978-7-5687-1489-1
定　　价：58.00 元

序

党的十八大以来，在创新、协调、绿色、开放、共享的新发展理念引领下，我国建筑业生产规模不断扩大，重大基础设施建设持续推进，民生基础设施逐步完善，新型基础设施建设取得了新突破，我国正由“建造大国”向“建造强国”持续迈进。建筑业作为国民经济支柱产业之一，在新时代高质量发展背景下，加快构建现代化工程建设质量安全管理体系，推进高水平建造和精细化管理成为中国建造高质量发展的重要方面。在大规模城市地下空间开发与利用中，基坑工程，特别是危大基坑工程因其高难度、高风险特性，对建设工程技术、安全管理水平及知识管理能力提出了更高的要求。作为融合了现代信息技术、知识经济理论和现代管理理念的知识管理理论与方法，将其引入工程领域开展面向安全的领域知识信息全过程管理，具有重要的潜在价值和意义。《危大基坑工程安全专项方案知识重用管理研究》一书，创新地从知识管理、决策分析与管理、安全管理与治理等相结合的视角，对中国建造高质量发展下危大工程安全管理的相关理论方法、工程实践以及长效机制建设等方面进行了研究和探索。

在危大工程安全专项施工方案知识表达与建设方面，本书将知识管理方法引入危大基坑工程安全专项方案的编制与优化中，通过对危大基坑工程安全专项方案的知识信息进行研究，构建了知识元表达模型方法，将零散的数据、信息、规则知识等转化为半结构、全结构化的知识信息，将隐性与显性知识进行结构化表达与逻辑关系连接，达到了知识信息资源的结构表达、有效管理与高效集成的建设目标。该知识信息表达建模方法为专项方案知识资源深度挖掘重用提供了基础，为专项方案编制的科学性与针对性提供了保障，为危大工程项目安全建设与管理提供了重要的知识信息资源支持。

在危大工程安全专项方案知识决策重用管理层面，针对工程安全专项方案知识重用检索问题，研究通过邻近相似检索方法与改进算法的应用，构建了专项方案知识信息检索与优化模型，工程师能够根据实际工程条件，快速检索评价定位到相似当前项目特性的既有方案案例；在此基础上，基于规则推理的方案调整方法，进行专项方案案例知识的个性化调整与优化。提出的重用方案能够有效提升以往价值方案案例知识的重用效率和水平，满足工程决策者对工程案例知识重用的需求。

在危大工程安全专项方案知识动态安全管理方面，书中对工程专项方案风险评审模型进行了研究与构建，梳理了住建部及地方发布的危大工程安全管理规定要求，构建了工程专项方案风险评审体系，通过建立风险判定标准、细化评审流程和强化专家论证机制，为专项方案风险评审和专家论证提供了方法参考。此外，书中针对施工过程中的动态变化，研究提出了工程安全专项方案的动态深化优化模型，使得方案在动态变化的施工现场条件下仍能满足工程管理的适应性和安全性要求，有力提高了专项方案指导下危大工程施工现场的抗风险能力。

在危大工程安全专项方案实施评价与预警方面，进一步研究完善了安全专项方案的执行评价指标体系，运用多维评价方法对安全措施的执行效果进行准确评估，并结合大数据和信息技术手段，构建了基于知识管理的工程风险安全预警管理系统，制定了针对性的预警管理策略，以信息化手段强化了全过程、全方位的风险监控，确保了安全专项方案从编制到实施的闭环管理。实现专项方案指导下工程现场对潜在风险隐患的排查发现、评价预警、快速响应以及措施实施等阶段的全流程覆盖，从而提升危大基坑工程安全管理体系的综合应用水平。

综上所述，《危大基坑工程安全专项方案知识重用管理研究》一书以安全专项方案知识重用管理为核心，以知识管理理论为基础，通过收集、整理、分析和重用危大基坑工程案例安全专项方案知识，统一知识表达方式，实现知识信息的有效流转和重用，有助于提高专项方案编制的精确性和针对性，提高专项方案编制与安全评审的效率与质量，并在施工过程中根据实时变化的现场条件进行动态优化以及落实实施评价预警管理。该研究为我国建造领域危大工程高质量建设与安全管理提供了有益的理论方法和实践探索。因此，该书不仅丰富了我国在危大工程安全管理领域的理论研究成果，也为未来危大工程项目通过知识驱动、智能决策和精益管理提升工程安全与品质提供了基础，具有良好的学术价值和现实意义。期望本研究能为新质生产力驱动下的中国建造创新与转型高质量发展提供有益参考和实践指导。

张永成

2024 年 6 月

目 录

第 1 章

绪 论

1.1 研究背景及意义

1.1.1 研究背景

随着我国城市化进程的持续推进和快速发展，地下空间开发与利用已成为城市应对土地资源紧张、解决城市交通拥堵与增加城市发展空间的重要方向，是城市实现可持续发展、低碳绿色高质量发展的有效途径[1]。地下空间开发与利用形式主要有城市轨道交通、城市地下商业街、城市地下综合体、综合管廊、城市地下停车场、城市地下道路和城市地下市政工程等。城市轨道交通这类地下空间开发利用方式能解决城市拥堵问题，其工程规划与建设近些年增长迅速[2]。根据中国城市轨道交通协会发布的《城市轨道交通 2022 年度统计和分析报告》，截至 2022 年底，中国大陆地区（不含港澳台）共有 55 个城市开通城市轨道交通运营线路 308 条，运营线路总长度超一万千米；在建项目的可研批复投资累计 4.6 万亿元，在建线路总长 6 350.55 千米，预计“十四五”期末城轨交通运营线路规模将接近 13 000 千米，运营城市有望超过 60 座。在建及规划的地铁线路里程长、车站新增多，地铁工程建设规模体量将持续处于高位。地铁工程建设项目风险从不同视角，可进行不同的划分，从安全生命周期角度看，可以划分为策划风险、设计风险、施工风险、运营风险，对于地铁工程基坑施工风险，还可以细分为自然风险、决策风险、组织与管理风险以及技术风险[3]，本研究主要关注的是地铁车站基坑工程施工风险中的技术风险。

为加强对房屋建筑和市政基础设施工程中危险性较大的分部分项工程安全管理，有效防范生产安全事故，住房和城乡建设部于 2004 年建立了危险性较大的分部分项工程（以下简称“危大工程”）管理制度，其核心内容是对于危大工程必须编制专项施工方案，对于超过一定规模的危大工程专项施工方案必须组织专家论证，并在施工过程中严格按照专项施工方案进行施工[4]。自危大工程管理制度实施以来，危大工程专项施工方案编制工作得到了施工单位及相关单位和监管部门的广泛重视，方案编制的覆盖面及编制水平均有了很大提升，对有效遏制较大及以上事故发生发挥了重要作用。依据住建部《危险性较大的分部分项工程安全管理规定》定义：危险性较大的分部分项工程，是指房屋建筑和市政基础设施工程在施工过程中，容易导致人员群死群伤或者造成重大经济损失的分部分项工程[5]。危大工程及超过一定规模的危大工程范围由国务院住房城乡建设主管部门制定。为此，本书研究对象界定为：危险性较大的分部分项工程安全专项方案管理，对于此类危大分部分项工程必须编制安全专项方案以指导现场施工，对于超过一定规模的危大工程，施工单位应当组织召开专家论证会对专项施工方案进行论证[5]。地铁车站深基坑工程是一类典型的危大工程，工程从开工至完工，面临着复杂的不确定性和众多的风险因素，科学合理的安全专项施工方案是保障工程安全顺利实施的重要前提和基础。而鉴于安全专项方案的特点，即主要关注施工现场的水文、地质、周边环境等技术因素引起的风险管理。因次，本研究涉及的主要风险可归类于技术风险，由决策、组织与管理等层面引起的风险不包含在本书研究范畴之内，即剔除了人为因素引发的工程技术风险。

地铁车站基坑工程通常面临着开挖深度大、施工场地狭窄、施工技术复杂、不可预见风险因素多等问题，属于典型的超过一定规模的危险性较大的分部分项工程，地铁车站基坑工程施工已成为一项高风险活动。由于地铁车站工程常处于城市中心地带，周围建筑密布，地下管线众多，使得一旦发生事故往往产生巨大的经济损失、人员伤亡以及容易引发社会恐慌等重大负面影响[6]。如：2008 年 11 月 15 日，杭州地铁湘湖站发生坍塌事故，造成 21 人死亡、25 人受伤[7]；2018 年 2 月 7 日发生的佛山地铁 2 号线隧道透水引发路面坍塌事故，导致 11 人死亡、1 人失踪、8 人受伤，直接经济损失达 5 300 万元，并造成了巨大的负面社会影响。表 1-1 是近年来地铁工程安全事故发生情况[7-8]。

表 1-1　近年来地铁工程建设安全事故情况(部分)

序号	时间	项目/地点	事件描述	伤亡损失
1	2008.11.05	杭州风情大道	地面塌陷	21 人死、25 人伤
2	2011.03.10	大连地铁试验线	基坑坍塌	1 人死亡
3	2014.10.07	南宁地铁 1 号线	基坑坍塌	3 人死亡
4	2015.11.30	杭州地铁 4 号线	路面塌陷	无伤亡
5	2016.07.08	杭州地铁 4 号线	基坑土体突涌	4 人死、4 人伤
6	2017.04.19	深圳地铁 8 号线	脚手架坍塌	1 人死、3 人伤
7	2018.01.26	广州地铁 21 号线	隧道塌方	3 人死亡
8	2018.02.07	佛山地铁 2 号线	地面坍塌	11 人死、8 人伤、1 人失踪

据不完全统计,地铁车站基坑工程安全事故约有80%发生在施工阶段[6,8]。基于不同的安全事故分析理论,可以从不同角度对安全事故进行建模分析;从系统论角度,地铁工程建设活动中安全事故的发生是“人-机-环-管”多层面因素耦合作用导致的[1,9],表现为既有地铁工程施工环境复杂、施工技术要求高等客观层面因素,也表现为缺乏施工方案凭经验施工、施工方案不合理以及不按方案施工等主观层面因素,多项事故分析的原因直指施工方案不合理[8,10]。地铁车站基坑工程施工中存在着众多的危险性较大的分部分项工程,这些工程的建设活动是安全事故高发的时空聚合点[11-12]。而安全专项施工方案是保障施工安全的重要的文本性依据,对保障工程顺利安全有着重要意义[13]。为加强对危险性较大的分部分项工程安全管理,自《危险性较大的分部分项工程安全管理办法》(建质〔2009〕87号)明确提出了安全专项施工方案编制内容、编制要求和专家论证程序等,要求落实专项方案实施,积极防范和遏制安全事故的发生[4]。此后,在2017年,住建部办公厅发布了《关于进一步加强危险性较大的分部分项工程安全管理的通知》(建办质〔2017〕39号)以及于2018年6月1日正式实施的《危险性较大的分部分项工程安全管理规定》,进一步要求健全危大工程安全管控体系、严格方案编制和落实实施[5]。

地铁车站基坑工程(下文简称“地铁危大基坑工程”)施工过程中围护结构、支撑体系、土方开挖、降水等属于典型的危险性较大的分部分项工程,根据相关标准、规范和法律法规的要求,应严格编制安全专项施工方案,在施工过程中落实实施以保障施工安全。然而,工程建设中,由于地铁车站危大基坑工程环境的模糊性、不确定性、动态性和编制人员经验的有限性,使得安全专项方案的编制效率和编制质量面临着严峻的挑战[14],主要表现为3个方面:

(1)地铁车站基坑工程建设中产生了与方案相关的复杂的数据、信息和知识,而缺乏对方案知识信息的完整表达、充分集成和一致处理的工具方法,给方案知识信息建模、重用带来了巨大困难[15]。如何进行数据信息粒度和数据拓扑关系分析,进而支持知识信息的组织和表达,是当前面临的首要问题。以武汉地铁工程为例,截至2022年年底,已建成地铁线路11条,运行里程达435千米、车站总数282座;2023年,全市地铁在建项目共13项,总里程180.3千米,站点总数87座。至2049年,还将至少建设550千米线路,达到总长1 045千米的地铁网。如此巨大的工程数量与规模,将产生海量的工程方案知识信息,这些知识信息缺乏以对象为纲目的组织和表达,利用率低,影响着以往知识价值信息的重用。当前信息建模主要集中在产品的设计领域,产品的设计知识有着产品构建信息明确的特点,以计算机辅助设计为代表的一类软件,能够完整地表达构建信息的几何属性及关系,以及部分非几何属性,表现出了较为成熟的建模理论、方法以及应用体系,如建模中的模块集成度问题。而在产品的制造以及建设工程施工的过程中的知识信息,要比设计信息更加复杂,表现为海量多源异构以及存在着大量的语义文段等非参数信息。安全专项方案知识信息的重用往往需要面向以服务安全管理为导向的目标，对于以往地铁危大基坑工程建设中积累的大量的方案案例知识，迫切需要研究面向新方案制定的方案知识信息组织和表达体系，通过基于统一的表达方式构建方案案例知识信息库，支持方案知识的重用。

(2)工程施工活动是一个重用以往经验知识信息以及获取新知识信息的作业过程，以往蕴含丰富经验价值的知识信息的重用，有利于提高当前工程活动施工质量和安全保障。当前地铁车站危大基坑工程安全专项方案的编制，主要是由施工单位工程师编制，其技术负责人进行审核并报监理和建设单位批准，超过一定规模的需要进行专家论证。然而，工程实践中，工程方案编制人员普遍面临着知识经验不足和方案编制要求高的能力差距挑战，表现为：以往有价值的方案知识信息因为缺乏有效管理和有效的检索方法，编制人员往往难以找到以往相似的工程，或直接生搬硬套以往工程方案，导致专项方案编制质量差、内容不合理、指导效果差。因此，针对这些问题，迫切需要一种面向安全管理支持以往相似方案案例的检索方法，重用知识信息，以提升新工程专项方案的编制效率和质量。

(3)地铁危大基坑工程施工现场的动态多变、不确定等特点，要求安全专项方案在施工前静态方案的基础上动态调整、深化优化。风险措施作为专项方案中安全管理的重要依据；实践中，由于缺乏有效的方法支持风险措施的动态优化，使得现场主要依据工程师的工程经验定性分析并落实实施，极大地影响着安全管理的效果。如，杭州地铁湘湖站北二基坑现场发生大面积坍塌事故，直接原因为基坑严重超挖、支撑体系存在缺陷、钢支撑架设不及时、垫层未及时浇筑、监测失效以及施工单位未采取相关的风险控制措施[7]；上述的风险因素因为决策者的忽视，缺乏采取相应的风险措施进行风险因素控制，使得施工现场的风险事件发生概率越来越大，最终导致了基坑坍塌事故[16]。在施工现场，施工单位在知道施工现场安全风险的情况下，需要采取安全措施时，除了考虑安全措施的风险控制效果，还会考虑安全措施采取带来的费用、工期等影响；而由于缺乏有效的决策分析方法，使得管理人员往往继续依据经验法甚至抱着侥幸心理，不采取或简单采取相关的安全措施，冒险施工；导致施工现场难以严格落实安全专项方案施工要求。安全专项方案需要在施工中进行深化优化以支持施工现场的安全管理的需要。

从上述的分析可以看出，安全专项方案是对危险性较大的专项工程施工指导的重要性依据，能对施工操作和风险控制作出的科学合理规划与安排。而当前工程实践中，主要的做法是依据经验式和事前静态式的专项方案知识信息编制和使用模式。因缺乏有效方法模型重用以往价值知识信息和考虑工程动态性，不仅极大地影响了专项方案在地铁施工安全管理中的应用效果，还给地铁施工安全造成了巨大的隐患，已成为导致工程事故发生的关键致险因素[14,17]。因此，如何重用以往专项方案价值知识信息，提升专项方案的编制质量和应用效果，以期更好地保障危大工程施工安全已成为地铁车站危大基坑工程建设中一个亟待解决的重要课题。

1.1.2 研究意义

在地铁危大基坑工程复杂环境下的施工过程中，迫切要求高质量的专项方案指导施工，安全专项方案知识的管理与重用成为施工管理者关心的一个重要问题。对于建设单位而言，这些蕴含着丰富实践经验的知识已成为企业发展的重要数据信息资源，极大地影响着地铁工程建设项目的施工安全与管理绩效，科学优化的安全专项方案将对施工现场安全管理产生重要的意义。考虑安全专项方案知识信息丰富的特点，本研究课题提出基于知识管理理论的地铁车站危大基坑专项施工方案的表示、重用及优化方法体系。通过分析地铁基坑工程安全专项施工方案知识信息的特点，构建面向方案重用的知识信息表达模型，探索工程方案知识信息重用方法以及知识信息动态深化优化模型，为安全专项施工方案科学合理制定并指导工程实践提供理论支撑和实践指导。上述工作具有如下研究意义：

第一，提出了一种基于知识元模型的危大基坑工程专项施工方案信息建模和表达方法。利用知识元方法构建出对方案知识信息完成表达、层次清晰、术语规范的框架知识信息模型，为企业开展安全专项方案知识信息有效管理、充分利用提供了一种良好的方法。

第二，提出了基于案例推理法的专项方案知识信息重用推理模型。通过案例检索操作，寻找与新建工程项目特征相似的价值实施信息，以此支持方案知识信息重用。针对常规案例检索模型的缺点，提出了针对影响方案案例检索的参数改进的集成方法模型。包括：①针对危大基坑工程特征信息不确定及模糊性的问题，提出基于区间二型模型逻辑的工程特征信息处理方法；②针对属性取值转换后选择单一相似函数带来的信息损失，提出了基于特征属性取值特点的相似函数选择方法；③针对检索案例对目标案例的非线性影响，提出了检索案例权重前馈优化方法。然后，构建了基于相似度融合的知识信息融合方法和基于规则的知识信息调整方法。本研究方案知识信息重用模型方法，可为工程编制人员提供有力的支持。

第三，考虑了施工前专项方案的静态性特点与施工现场动态性要求，提出了基于施工现场抗风险能力的专项方案安全措施多目标优化模型，支持专项方案的动态优化。通过构建的施工现场风险事件贝叶斯网络，结合安全措施采取的实际决策过程，构建符合实际决策过程的专项方案多目标优化模型、施工现场视频监控布置方法优化方法以及施工现场工程监测方案监测项目选择优化模型等。基于施工现场的安全专项方案优化则能有效地提高专项方案的质量，以此保证专项方案的动态优化。

第四，本研究的方法体系为地铁建设相关单位重用以往方案案例价值知识信息制定方案和进一步优化方案提供了决策支持模型。根据案例知识信息反推方案选型和设计参数，为优化并完善设计提供参考；根据案例知识信息推演施工方案工艺及工艺参数，为施工单位信息化施工、科学施工提供依据。基于案例数据驱动的地铁危大基坑施工专项方案，能有效地提升施工现场的安全抗风险能力和施工安全管理的效果。

1.2 国内外研究综述

当前，持续增长的巨量知识信息给知识信息的精细化使用带来了巨大的挑战，纷繁复杂的巨量知识信息不仅降低了知识获取的效率，还影响着知识的利用效果。知识信息进入人脑的主要有两部分：形式化的知识和此外的所有客观世界信息[18]。例如，在工程领域中，施工阶段产生了大量的与工程施工方案相关的知识信息，这些知识信息主要是通过构建文档文件关系进行管理和使用；即形式化的知识部分，工程中的知识信息主要以这种形式化知识体现，是工程领域中的主要关注方面，也是本课题研究中的知识信息范畴，即地铁车站危大基坑工程安全专项方案知识信息，既包含以往的方案知识信息，也包括施工过程中产生的各种知识信息，本书称为“知识信息”。伴随着地铁工程建设活动，一个典型表现就是知识信息的持续产生，经过数据仓库的构建、分析与挖掘，形成大量价值知识信息以支持使用，使用过程中又不断涌现出新的知识信息。在工程领域，对安全专项方案知识信息的管理过程主要包括：方案知识信息的表达、方案知识信息的重用和方案知识信息优化。为此，以下将从工程领域知识信息建模和应用等方面进行研究现状综述。

1.2.1 安全专项方案编制及管理研究

方案主要是指进行某项工作的具体计划或对某一问题制定的规划。工程建设中涉及的方案，主要是工程建设项目在不同阶段为满足不同需求对工程建设活动的安排计划。通常，工程中的方案主要包括施工组织设计（施工组织总设计、单位工程施工组织设计）、施工方案和安全专项施工方案三大类[19]；三类方案都用于工程现场的指导。由于不同的目标需求，三类工程方案的编制目的、特点和编制要求也不同[20-21]，理解不同方案编制中的差异与重要点，是保障方案编制质量的首要前提。表1-2为不同层次的方案系统分析比较。

表1-2 施工组织设计与施工方案的比较表

层面	施工组织总设计	单位工程 施工组织设计	施工方案	安全专项方案
概念含义	面向工程建设施工总体规划与安排	面向单位工程的施工计划与安排	面向分部分项或专项的施工技术与组织方案	面向危大分部分项工程的安全技术措施方案
编制目的	满足对项目统筹规划、重点控制的要求	指导和管理单位工程施工过程	指导和管理分部分项工程施工	从安全层面进行指导和管理危大分部分项工程施工
编制对象	项目	单位工程	分部分项、专项工程	危大分部分项、专项工程
编制要求	全局性 系统性	系统性 可行性	可行性 安全性 可操作性	可行性 安全性 可操作性
编制参与人	项目负责人、技术人员	项目负责人、技术人员	承包单位组织编制	承包单位组织编制
交底对象	逐级向下和向有关部门人员横向	逐级向下和向有关部门人员横向	现场管理人员、作业人员	现场管理人员、作业人员

可以看出，施工组织设计与施工方案之间有着密切的联系，同时也表现出了不同的编制特点。施工组织总设计、单位工程施工组织设计侧重于项目整体计划安排。施工方案和安全专项施工方案的编制，比较关注微观层面的工程建设活动安排。单位工程施工组织设计则是在施工组织总设计框架下编制的，施工方案及安全专项方案则在单位工程施工组织设计基础上深化编制完成。而由于安全专项方案编制目的是为危险性较大的分部分项工程提供技术性指导与保障，其编制内容更细、涉及面更广以及要求更高，已成为一项复杂的知识密集型活动[22-23]。

安全专项施工方案也称为“专项施工方案”，主要指的是针对危险性较大的分部分项工程单独编制的安全技术措施文件[5]。其主要内容包括：分部分项工程概况、编制依据、施工计划、施工工艺技术、施工安全保证措施等。对于超过一定规模的，施工单位应当组织专家论证。狭义“专项方案”主要指的是静态的专项方案文本知识信息，而广义的“专项方案”则指的是安全专项方案文本知识及方案应用过程中所产生的紧密关联的数据、信息以及基于数据分析得到的相关知识信息，可以看出，广义的概念表达了安全专项方案的动态性。如：施工中的监测数据、风险记录、工程概况信息、周边环境描述、地下连续墙工法、安全事故记录、施工现场风险因素控制方法、安全保障措施、应急措施等。安全专项方案的内容可以看成是信息，应用过程中，数据、信息和知识往往集成在一起，有时难以严格区分开；有些知识会被整体或拆分为信息处理，数据与信息结合在一起又构成了知识。为此，在本研究中，定义“知识信息”为安全专项方案中的知识、信息和数据，并以其为对象，开展知识信息的建模和重用研究。

目前，安全专项方案编制的过程主要为由工程人员针对工程勘察设计文件资料，分析工程地质环境、水文环境以及工程周边环境情况，辨识该危大工程施工环节典型风险；在此基础上，基于以往与本工程相似的专项方案资料信息，初步制定该工程安全专项方案，项目部工程师会议讨论，安全专项方案修订成稿；最后由项目负责人或者技术负责人进行审核，审核完成后报监理单位和建设单位，经批准后方可实施且不得随意再更改。为进一步规范危大工程专项施工方案编制，提高其指导建筑施工的科学性及规范性，有效管控和化解重大安全风险，住建部对《住房城乡建设部办公厅关于实施〈危险性较大的分部分项工程安全管理规定〉有关问题的通知》中的“专项施工方案内容”做进一步明确、细化，使之规范化、标准化[5]。住房和城乡建设部发布了《危险性较大的分部分项工程专项施工方案编制指南》(建办质〔2021〕48 号)，制定和推广应用该指南，对于督促参建各方和主管部门强化风险管控意识、落实风险管控责任、细化施工过程防范措施、提升应急处置能力、有效遏制群死群伤事故发生、保障施工过程安全平稳均具有极为重要的意义[24]。在危大工程安全专项方案编制研究方面，程鹏对深基坑支护工程专项方案编制与比选进行了研究，细分了深基坑支护工程专项方案编制的范围、程序、内容并进行了专家论证[25]。为了提高专项方案编制的效率，陈新福、王娟等提出了运用计算机辅助技术，构建了脚手架工程、模板工程专项方案编制的模板，支持专项方案的编制[26-27]。

通过参考以往类似工程的方案，制定新的方案能够大幅提高新方案在施工现场的表现。Menches 等研究在市场激烈的竞争背景下，承包商更倾向于制定一个更好的方案作为提升效率和增加利润的方法。该研究提出了一个电力工程施工方案制定的过程模型，还提出了通过比较实际方案和模型过程来评价方案制定的效果[28]。Menches 等研究了在项目利润水平较低的情况下，更好的方案能够成为一个有效的途径去提升效率和增加盈利能力。该文章通过定量地分析施工方案活动、项目特征和项目表现的关系，进而得到施工方案对工程项目的影响，通过案例分析表明这些有着类似方案制定过程的项目更要有可能在工期、成本和完成目标方面取得类似的表现[29]。

此外，在方案编制过程中，还伴随着方案的比选与调整，主要包含横向的多方案比选和纵向的方案自身优化的两个层次。陈婷婷等通过建立地铁车站方案优化排序的数学模型，运用AHP-TOPSIS方法进行地铁车站施工方案比选[30]。许宇鹏构建了施工方案优化的多目标优化模型，并引入非支配遗传算法的优化模型求解[31]。程韬等在青岛地铁三号线某地铁暗挖车站工程的设计与施工中，通过对比分析硬质地层中采用双侧壁导坑法施工的既有大跨度地铁车站，通过方法比较分析，将方案中的开挖方法由原来的双侧壁导坑法改为双侧直臂CRD法施工，以加快施工进度[32]。朱永惠针对危大工程专项施工方案审查管理问题，从传统专项施工方案审查的现状及问题出发，对危大工程专项施工方案智能审查系统进行需求识别及评价，帮助实现专项施工方案审查标准的规范化表达与专项施工方案内容自动检查，达到提升方案编制水平、优化审查流程的目的[33]。陈甫亮运用BIM技术进行施工模拟以优化施工方案的施工程序、施工顺序和施工方法[34]。对于部分存于管理者和工程师大脑中的安全专项方案知识，可以通过非正式交流、会议、个人交流、总结等形式显性化，并记录于当前显性化表示的方案中[35]，或者是通过知识地图实现专家导航，即企业通过对领域内相关专家掌握的专业知识进行地图式标注，当企业员工有需求时，即可依据知识地图迅速找到咨询专家[36]，以支持方案编制和优化。

为了加强危大工程安全管理，行业监管部门先后出台了危大工程安全专项管理的相关政策，表1-3梳理了住建部及部分省市危大工程安全管理相关政策。可以看出，相关管理办法等政策对如何开展危大工程安全管理、安全专项方案编制、安全专项方案专家论证等提出了详细要求，有效地保障安全专项方案指导下的危大工程安全管理。

表1-3 危大工程安全管理相关政策(部分)

序号	政策名称	年份	颁布单位
1	《危险性较大的分部分项工程安全管理办法》(建质〔2009〕87号)	2009	住建部
2	《关于进一步加强危险性较大的分部分项工程安全管理的通知》(建办质〔2017〕39号)	2017	住建部
3	《危险性较大的分部分项工程安全管理规定》(住建部第37号令)	2018	住建部
4	《危险性较大的分部分项工程专项施工方案编制指南》(建办质〔2021〕48号)	2021	住建部
5	《房屋市政工程生产安全重大事故隐患判定标准(2022版)》(建质规〔2022〕2号)	2022	住建部
6	《危险性较大的分部分项工程专项施工方案专家论证管理办法(征求意见稿)》	2023	住建部
7	《北京市危险性较大的分部分项工程安全动态管理办法》(京建法〔2012〕1号)	2012	北京市住建委

续表

序号	政策名称	年份	颁布单位
8	《北京市房屋建筑和市政基础设施工程危险性较大的分部分项工程安全管理实施细则》(京建法〔2019〕11号)	2019	北京市住建委
9	《危险性较大的分部分项工程安全管理实施细则(2019年版)》(渝建安发〔2019〕27号)	2019	重庆市建设工程施工安全管理总站
10	《重庆市危险性较大的分部分项工程安全管理实施细则(2022版)》(渝建质安〔2022〕110号)	2022	重庆市住建委
11	《湖北省房屋市政工程危险性较大的分部分项工程安全管理实施细则》(鄂建办〔2018〕343号)	2018	湖北省住建厅
12	《江苏省房屋建筑和市政基础设施工程危险性较大的分部分项工程安全管理实施细则》(苏建质安〔2019〕378号)	2019	江苏省住建厅
13	《上海市建设工程危险性较大的分部分项工程安全管理实施细则》(沪住建规范〔2019〕6号)	2019	上海市住建委
14	《上海市建设工程危险性较大的分部分项工程安全管理实施细则》(沪住建规范〔2023〕15号)	2023	上海市住建委

综上所述，国内外学者在工程施工方案编制、优化以及危大工程现场安全管理等方面已经做了相关研究和探索。相关研究表明，工程施工方案对施工现场安全管理有着重要的影响，指出了安全专项施工方案编制、优化与实施等是一项复杂的知识信息重用的过程。安全专项方案编制的总体思路是，借助以往工程方案知识信息制定新的方案并对方案进行优化；而对以往方案知识信息的表达及以往知识信息的重用是安全专项方案编制和应用的关键问题。

1.2.2 安全专项方案知识信息表示研究

随着20世纪80年代知识管理(Knowledge management)模型被提出，知识管理得到了快速发展，对基于知识信息提高企业创新能力、优化设计生产方法、提高工作效率等方面都产生了显著的积极意义[37]。而在知识管理模型建立及应用过程中，知识表示是首要步骤，知识信息表示是指通过一套抽象的模型来对各类知识进行表达，并能通过相适应的方法模型对所表达的知识进行综合运用，实现知识有效的管理和重用。对于专项方案知识表示而言，通过对工程项目建造过程中的知识信息进行组织和表达，将该知识信息用以指导工程项目的建造活动，提高工程项目建造活动表现来满足既定的安全、费用、质量以及工期等目标。

知识是指结构化的经验、价值观、背景信息与专家见解的集合，它为评估与吸收新经验、新信息提供参考[38-39]，这些信息是可以被重用并产生价值的。对于知识的理解，Polanyi 提出“显性知识与隐性知识”[40]、世界经合组织（OECD）提出了“Know-what、Know-why、Know-how、Know-who”知识分类方法[41]和 Zack 提出的 Declarative Knowledge、Procedural Knowledge 和 Causal Knowledge[42]被广泛接受。在此基础上，Quinn 等从对现象的了解和利用目的角度，在 Zack 的三类知识基础上，增加两类知识 Procedural Knowledge 和 Relational Knowledge[43]。

知识表示的概念主要存在于人工智能领域和知识管理中[44]。其本质是知识的符号化、形式化或模型化[45-46]。尹朝庆等认为知识表示就是一种描述知识的数据结构并能被计算机接受[47]。而按照知识在计算机智能程序中的作用，知识大致可分为四种类型：事实知识、规则知识、控制知识和元知识[48]，其中，元知识是关于知识的知识，它是较为高层的知识。良好的知识表示方法除了能表达上述知识类型外，还应具有表达充分性、推理有效性、操作维护性以及易于理解等优势[49]。常用的有产生式规则法、语义网络表示法、本体表示法和知识元表示法等[50-51]；这几种方法的含义和优缺点如表 1-4 所示[52-54]。

表 1-4　主要知识表示方法比较

知识表示方法	简介	优点	不足
产生式规则	依据大脑记忆模式中知识间因果联系，以“IF-THEN”的形式表达	表示形式自然，格式固定，形式单一，可被统一处理	推理效率低下，缺乏灵活性
语义网络法	利用节点和带标记的边构成的有向图描述事件、动作，以及客体之间的关系	节点间关系易于表示，表示范围大、能力强，是一种结构化知识表示方法	推理规则不清晰，如果节点数多，推理难以进行
本体表示法	对领域实体抽象建立实体间的关联，通过多种表示知识元素将此关联表示	有效表达层次性的知识，概念的结构及其关系等领域实体的固有特征	本体获取、构建较难，可操作性欠佳
知识元表示法	从数据、公式、结论等最小的独立的“知识元”表示	表达结构清晰，知识元独立性强，利于知识推理检索	知识构建过程比较麻烦

其中,知识元表示法是近年来兴起并得到广泛关注,另一种表示方法为知识有效利用和知识创新提供了切入点。马费成教授提出的情报学取得突破的关键问题之一就是:知识信息的表达和组织必须从物理层次的单元文献向知识层次的知识单元或情报单元转换[55],即将知识的控制单元从文献深化到文献中的数据、公式、事实和结论等最小的独立的“知识元”。研究者们逐渐意识到当前信息检索效率不高的主要原因是信息组织还停留在文献整体层面,解决问题的根本方法是将知识信息标引到知识元层次,建立知识元(Knowledge Element)模型称为实现有效知识检索的重点问题。对于知识元的含义,目前还没有统一的定义,徐荣生认为知识单元是指知识本身自成系统、自成单元的认识单体形态,是相对独立的构成单位[56]。温有奎等将知识文本作为领域本体,提出将知识分成 4 层(knowledge domain、knowledge unit、knowledge element、characteristic element),认为知识元是知识的最小单位,是知识结构的元素,可通过某种逻辑组成新的知识单元[57]。王子舟等认为知识单元是知识的基本组分,是知识系统中的基本单位[58]。Chang 等认为知识元是相对独立的完整的知识模块[59]。知识单元的概念经量化就变成知识元,而定性化的知识元,就退化成科学概念,赵红州等提出的“科学创造就是知识元的游离和重组”思想在国内外受到高度评价[60]。据知识元的含义和组织关系,可以看出知识元具有独立性、拓扑性、链接性、便于存储等特点,可为精细化知识管理提供基础[61]。针对前面所提出的知识元定义中概念的模糊性和交叉性问题,知识元可定义为:包含一段描述性语言或一个字符串以及知识元相关属性的集合,是独立表征知识点的一个元素、短语、公式、程度、图像或表格等。从知识计量的角度,知识的创造过程可以看成是通过知识元的相互联系和相互作用,从而实现知识的重组和再造的过程。当前,相关的研究都将“知识元”看作知识组织和管理的基本单位,可用于实现知识表示、检索推理、挖掘分析等应用。

此外,学者们还提出了面向具体问题的知识表示方法,例如,粗糙集方法[62]、可拓知识表示方法[63]、关联规则[64]、贝叶斯网络[65]等等。文献[62]运用模糊粗糙集对知识的不确定性特征进行表示,以弥补数据不完备或模糊性引起的不足;然而,该方法比较适用于具有或不具某种特征的一类对象。文献[66]将模糊与粗集来解决不确定知识的表示、处理和获取问题。文献[67]运用面向对象的知识表示方法,将多种单一的知识表示方法按照面向对象的程序设计原则组成一种混合的知识表达形式。

此外,知识信息往往存在于文档或信息模型中[68],其知识信息的组织与表示也有相关的研究。文献[69]提出了面向知识管理的知识建模技术,通过知识载体、内容信息和情境三个维度,对文档、人以及过程进行集成,该模型具有良好的开放性,方便对各种知识信息建模更新。文献[70]在机械制造企业海量知识信息利用的背景下，提出了基于特定领域建模元模型的知识建模方法以抽取知识信息并构建企业知识体系平台。文档知识信息模型通过组织、结构化知识信息以提高知识质量，降低使用者知识检索成本；提高知识的表达统一化和规范化，方便知识共享和利用。对于工程项目的几何信息而言，文献[71]研究了产品全生命周期视角下的信息模型建模方法，建立了产品的全生命周期信息模型，并以家居产品为例阐述了建模过程。文献[72]对产品设计管理中信息分散、表述不完备、不一致等问题，提出应统一定义和描述产品信息，为此，构建了面向设计流程的多层一体产品信息模型，并以轿车车门设计为例，验证了该产品设计信息模型的可行性。随着几何信息、特征信息以及各种知识信息的产生，可利用集成建模的方法存储各种产品数据，构建集成产品信息模型[73-74]。自1975年建筑信息模型(Building Information Modeling，BIM)被提出，为工程项目信息的组织提供了良好工具。文献[75]针对施工图内容复杂多样的数据形式，给基于施工图的三维建筑物模型重构带来较大困难的问题，提出了面向建筑物三维模型重建的数据组织方法，构建了面向数据提取的建筑物对象模型。文献[76]提出了建筑幕墙信息建模的总体框架，研究了建筑幕墙的信息建模关键技术，包括快速建模、幕墙面分割与智能编码方法、虚拟装配技术等，以此提升幕墙的工程的信息化水平。此外，在工程项目管理中，基于三维建筑信息模型，进一步集成成本信息[77]、质量信息[78-79]以及安全信息[80-82]等。BIM技术在工程项目管理中的应用也得到了广泛关注。

在基于知识元的知识表达和建模方面，陆汝钤院士认为知识元是以本体形式表示知识的基本单位[83]。文献[84]在电子教育资源系统知识信息迅速增长的背景下，提出用知识元来组织和表示知识以促进知识信息的分享的初步思路。文献[85]为了解决产品设计中创新知识的缺乏，提出从互联网上获取辅助知识支持创新的思路，对于互联网上知识信息采用本体的知识表示方法，建立文本知识元抽取，并提出了四层知识元模型。文献[86]、文献[87]等定义了一个七元组的知识元模型；文献[88]从知识元的理论出发，提出了知识元结构的四元组模型，构建了以知识元为基础的“情景表示模型”，并以案例分析证实了情景表示模型的有效性和可行性。文献[89]构建了面向知识服务的双库协同知识库框架结构，以提高知识库获取知识的速度和精度。文献[90]针对因应急文档知识查找和利用效率不高，造成应急决策者不能快速有效制定应急决策的问题，提出运用知识元对应急文档知识结构化建模，为决策者快速有效地使用应急文档知识提供了一种新的途径。

地铁车站基坑工程施工中，大量的施工方案信息以文本、日志等形式表达，缺乏统一的规范，需要进行标准化、结构化处理，并基于统一的方式进行表达，才能形成可共享和重用的案例知识。知识信息通常以文档的形式存储，而使用者需求是直接获得文档内的知识信息而非文档。基于此，知识的控制单位将由文档深化到文档中的数据、事实、结论等最小的知识元。当知识的管理转换到知识元层次时，文档中的知识元将能够被粒化，并且知识元间的链接关系将能够被良好表达，这将对知识重用活动提供良好基础，促进知识重用增值，极大地提升知识的利用效率[57]。知识表达方法的合适与否，直接影响着知识信息后续问题的建模与求解。上述的知识表示方法各有侧重，已有的相关知识表示方法主要是针对某些领域特定问题，对于其他领域问题，往往存在一定的不足。在实际应用中，进行某类实际问题的知识表达时，还需要从问题的特征出发，结合问题解决的需求，选择一种或者是多种混合形式的知识表达方法进行知识信息的表达与建模。安全专项方案编制问题涉及内容点广、层次丰富，呈现出高度复杂性且在应用过程中有着动态变化性的特点，现有的知识表示方法在表示上述知识信息存在不足。因此，需要研究一种能够针对安全专项方案构建和变化的特征，且满足面向知识信息重用需求的知识表示方法，这也正是本书的主要研究工作之一。

综上所述，在知识信息表示与建模研究方面，已经有了很多的研究，各种知识信息表达的方法有不同的特点，以不同的规则表达知识信息。然而，目前各种知识信息的表达方法适合不同的领域问题特征和知识信息特点，而面向安全专项方案知识信息和安全知识信息重用需求的较少，需要关注安全专项方案知识信息的表达模型方法研究，实现方案知识信息的表达规范、层次清晰，为方案知识信息的有效管理提供方法，并且为方案知识信息重用提供基础。

1.2.3 安全专项方案知识信息重用研究

从知识管理的视角重用已有价值知识信息并对相关领域知识信息管理，是当前的一个研究热点，如在应急管理[92]、医疗领域[93]、风险诊断[94]等领域。在这些研究中，案例推理方法得到了广泛的应用[95-97]。基于案例推理法(Case Based Reason，CBR)的知识信息重用主要指在知识信息的规范化表达和组织的基础上，进行案例检索、案例重用以及案例修改等过程，实现对以往案例知识信息的重用[98]。CBR 的经典推理过程为由 Aamodt 等于 1994 年提出的 CBR 循环[99]，即检索(Retrieval)、重用(Reuse)、修改(Revise)和更新(Retain)四个基本环节，简称 4R 循环，图 1-1 为案例推理流程步骤图。

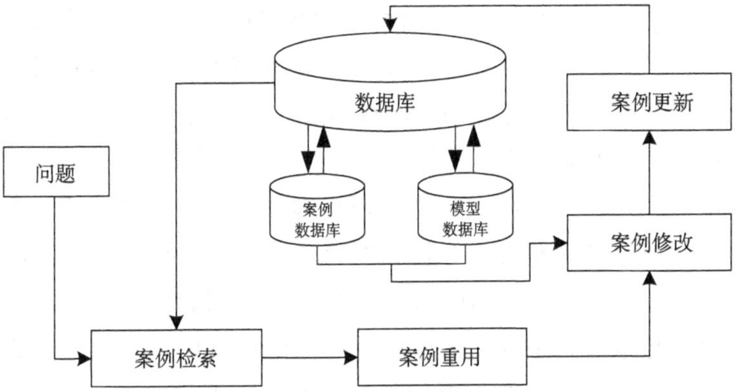

图 1-1 案例推理的主要流程步骤

案例推理过程主要依据下述 4 个步骤展开：

(1)案例检索。先对领域案例或问题进行表达与建模，主要是对案例或问题的特征、解决方法等的表达，表达完成后存储形成案例库。当目标案例出现时，将目标案例的特征与案例库中源案例的特征进行相似度匹配，检索得到的相似度满足要求的候选案例集，以此作为新案例问题求解基础。案例检索的特征表达往往需要根据领域问题特点而采用合适的方法。

(2)案例重用。检索得到的案例如果能满足用户的需求，则该案例即为新案例的解决方案，而检索的知识信息如果无法满足问题求解，则需要对案例知识修改。

(3)案例修改。当检索得到的相似案例不能满足新问题求解的要求，则要进行案例的修改，也称案例调整。案例的修改分为实例化修改和参数修改，实例化参数是指根据应用环境的不同，将旧案例中的属性值实例化为新案例的属性值，参数修改是指根据系统预定义的策略对新案例进行修改。当然，根据特定领域的问题特点，还可以运用人工修改方式。

(4)案例更新。案例推理是一个循环的系统，可以进行自我学习、自我维护，考虑到上述修改之后的案例可能会对新问题有参考意义，因而要将新案例更新到案例库中，以便进行案例的扩充。

案例推理就是由目标案例的特征检索而得到以往相似历史案例，并在历史相似案例的问题求解方法的基础上，通过采用或者适应性修改来指导当前目标案例求解获取的一种机制[100]。该机制因 CBR 能有效地弥补传统基于规则推理系统存在诸多缺点，如知识获取的瓶颈问题、处理领域中例外事件困难以及整体性能较为脆弱等。此外，CBR 无须显式的领域知识模型，增加知识时不需要进行一致性检查，增量式学习方式逐步完善案例库[101]。通常，专项方案知识信息重用可以描述为当有新建工程时，其专项方案的编制，需要从以往工程的专项方案知识信息中搜寻到尽可能满足该问题特征的知识信息，作为重要参考，生成新的工程方案。这个过程主要包含两个关键:该工程问题特征的表达和相似工程特征案例的检索,而这个过程可以看成是以案例推理方法模型为主的推理过程。案例推理方法模型因为其不需要对知识信息的完全结构化处理,因而在知识信息重用领域得到了广泛的应用。

知识信息检索,主要是从大量的知识信息挖掘出能满足使用者需求的方法系统,最早在 20 世纪 90 年代被提出[99],也是案例推理法的关键。完整的检索方法模型主要包含两个步骤:使用者问题特征分析和推荐算法设计[102]。一般而言,知识信息的使用者遇到的问题一般是明确的,问题的描述往往较为清楚,需要讨论如何进行问题特征的表达,以满足检索算法从知识信息中进行检索操作;其次,知识信息的检索方法直接影响着检索的结果,需要根据知识信息的特点进行选择设计。Dzeng 等提出基于案例和规则的推理框架以表达进度知识,基于计算机系统来探索分析项目进度;其研究也指出开发的系统存在些局限,比如进度数据采集和处理[95]。Goh 等采用案例推理法,开发了一个危险识别系统来支持案例表达和检索应用[94]。Luo 等提出了一个运用功能性能规范的案例推理系统,概述项目的基本信息;并提出对案例检索出的规范推荐优化是下一步的研究重点[96]。王宁等运用知识元模型对案例信息进行表达并构建了多层案例检索算法,以提高应急案例库检索的准确率[103]。宋英华等运用置信规则库推理方法处理复杂城市洪灾应急案例检索问题,案例分析表明能够快速检索存在复杂依赖关系的应急案例库[104]。顾东晓等研究了用基于梯形的模糊集和改进的欧氏距离检索算法以提高检索速度和准确性[102]。Du 等运用案例推理方法对工程量问题进行研究,提出在相似案例检索时应考虑问题与解的非线性和多元共线性影响,提出了一个集成人工神经网络、主成分分析以及全局敏感性的方法进行案例检索分析,并得到了良好的推理效果[105]。此外,粗糙集方法[106]、灰色关联度[107]、蚁群算法[108]等人工智能方法也被引入来从案例属性、属性权重等方面改进案例检索的效果。

在检索得到潜在可用候选案例后,往往还需要根据实际问题调整,以得到该问题解决的知识信息。而在应用过程中,通常需要相应的方法支持应用过程中的调整,而由于问题的不同,调整需要的方法也不尽相同。人工修改调整和基于计算机辅助的半自动或自动调整方法是常用的方法。人工修改调整一般需要对该类工程项目有丰富的经验工程师根据新问题特征进行解决方案调整。计算机智能修改即计算机通过相应的解释器,在一些修改规则和调整知识的基础上,对特征差异进行分析,自动地对生成的方案进行调整[109]。郑晶等针对运用案例推理生成应急方案的问题,提出了一种基于置信规则库的方案调整方法。运用评价等级置信度来表达案例库中其他案例与最相似历史案例的问题差值水平,再结合历史案例信息及学习模型确定案例规则库的推理规则得到目标案例的方案[110]。

上述对以往知识重用领域问题的解决过程,本质是构建表达问题特征和求解的方法模型，基于模型的决策支持系统被广泛应用于各个领域。Binbasioglu 按照建模策略的不同将建模方法分为两类[111]——利用基础决策知识正向建模和基于实际问题的参数实例化建模方法。面向不同的领域问题，往往需要采取不同的模型方法对领域的知识信息进行建模[112-113]，而基于案例的建模[114]则往往与模型的表示方式和问题特征紧密相连。而目前还未有对安全专项方案类似问题特征的模型方法，上述的检索模型方法应用效果仍然不理想，需要构建优化的模型方法支持该类问题的求解。

1.2.4 研究现状总结

综上所述，在知识信息重用领域研究和实践中，目前已有部分学者对知识管理过程中的知识信息表达、知识信息重用方法等在中药学知识管理、突发事件决策管理等领域进行了一定的探索，相关的研究成果为后续的研究提供了有益的参考和基础。然而，地铁车站危大基坑专项方案知识信息的特点及信息应用决策需求与其他领域的存在了差异，而目前对地铁车站危大基坑专项方案重用方法、理论还处于起步阶段，相关的研究成果还较少，已有的文献仅在方案中的数据、规则知识进行了分析与推理应用，研究的深度尚显不足，缺乏对专项方案知识信息的表达与建模方法、方案重用模型方法、方案优化机制等系统化的分析研究；具体的关键技术尚需要进一步研究与创新。目前在地铁车站危大基坑工程安全专项方案知识信息表达和建模、专项方案重用技术以及优化方法等方面研究主要存在着以下问题：

(1)在知识信息表达和建模方面，已有的各种方法和模型已经能够满足一些问题表示需要，但现有的方法主要是针对特定的领域中的具体问题而提出的，有着各自的应用领域和特点的问题需求，通用性较差。在安全专项方案知识信息类似的领域问题建模中，存在着表达模型缺乏层次性，信息模型表达不完整等不足以及面向领域问题特征差异。综合来看，现有的研究缺乏结合安全专项方案问题的特点开发面向知识重用的专项方案知识表达和建模体系方法。

(2)在方案案例重用推理方面，相关领域有了较多的研究，对领域知识信息的重用有着重要的意义。对案例推理中的核心步骤案例检索的研究也较多，影响案例检索效果的因素有着较多的讨论，包括检索属性的取值、属性权重、相似函数等方面。目前，针对危大基坑工程方案知识信息的案例检索缺少研究，尤其是针对基坑方案知识信息特征属性确定、属性取值缺乏研究，缺少系统性地进行影响案例检索效果全参数的系统性研究讨论。

(3)在安全专项方案优化方面，目前关注较多的主要在多方案的比选和某一具体方案中工艺的优化，以此来提高方案的质量。这类型的方案优化缺乏对以往知识信息的重用，主要是依据于专家经验，存在着耗时耗力主观且适用情境特定等局限。在施工现场的安全管理上，目前主要集中于风险识别和风险评价，针对安全专项方案优化、安全措施选择优化的较少，缺少针对施工现场的动态性进行方案态优化以支持施工现场的安全管理相关研究。

1.3 研究内容与技术路线

1.3.1 研究内容

根据上述对工程领域专项方案知识信息研究现状和工程实践中存在的实际问题，本书将探讨研究以下几个问题：

(1)如何将安全专项方案中涉及的离散的知识信息组织起来，从知识元层次构建能够涵盖工程安全专项方案各个子项内容信息的表达模型，可以提高知识信息表达的完整、规范和逻辑层次性，为面向知识信息重用提供基础性的支撑组件。

(2)专项方案编制是一项知识密集的活动，由于缺乏完整的知识信息基础以及有效的检索方法，极大影响着新建工程专项方案的编制。如何构建适应专项方案知识信息特征的案例检索模型，并提出检索参数的相关确定方法，将类似的工程方案中有价值的知识信息检索出提供给方案编制工程师，提高专项方案的编制效率和质量。

(3)针对危大基坑工程安全专项方案风险评审的需求，如何分析基坑工程施工安全风险耦合关系，构建安全专项方案风险评审规则并设计安全方案安全评审多维数据库，基于计算机辅助系统以提升方案安全评审的效率和质量。

(4)专项方案知识信息指导施工现场活动时，还需要满足施工现场的动态变化。如何描述施工现场专项方案调整机制，构建满足施工现场安全管理活动需要的专项方案深化优化方法体系，进而支持安全专项方案在施工现场的动态性优化与管理。此外，针对安全专项方案落实实施问题，需要探索危大基坑工程施工现场安全专项方案实施评价方法与管理体系，以此推动专项方案的落实实施。

基于上述提出的研究问题，本书以危大基坑工程安全专项方案知识信息为研究对象，建立了符合专项方案知识信息特征的知识表达模型。在此基础上，研究了面向专项方案知识重用目标的推理模型。进一步依据专项方案实践运用中的深化优化决策需求，提出了专项方案知识信息多目标优化模型，支持方案知识信息深化优化以此提高施工现场的安全抗风险能力。本书的主要研究内容如下：

第 1 章，绪论。提出研究问题。通过对相关研究进行综述，分析现有研究的成果基础，在此基础上明确研究问题，提出本研究的主要内容和研究技术路线。

第 2 章，安全专项方案知识信息表达建模研究。本章分析了安全专项方案的特点和知识信息的重用需求，讨论了知识元模型构建的基本理论和方法。以此为基础，提出了一种基于知识元模型的危大基坑专项施工方案信息建模和表达方法，利用知识元方法构建出对方案知识信息完成表达、层次清晰、术语规范的知识信息模型，为企业开展安全专项方案知识信息管理提供了良好的基础。

第 3 章，面向安全的专项方案知识信息重用推理机制研究。在安全专项方案知识信息表示的基础上，通过对方案检索方法的分析，提出了针对影响方案案例检索的参数进行全局改进的集成方法模型。包括：①针对危大基坑工程特征信息不确定及模糊性的问题，提出基于区间二型模型逻辑的工程特征信息处理方法；②针对属性取值转换后选择单一相似函数带来的信息损失，提出了基于特征属性取值特点的相似函数选择方法；③针对检索案例对目标案例的非线性影响，提出了引入核函数变换的案例权重前馈优化方法，形成改进的案例推理方法。基于改进案例推理方法能够为编制人员提供最优最相似的方案知识支持。

第 4 章，危大基坑工程专项方案安全评审方法研究。基于大量工程安全风险案例数据，分析基坑施工安全风险与施工工法和致险因素之间的关系，以及风险事件之间的耦合关系。依据多渠道收集整理各类型基坑工程施工安全数据并研究结构化方法，建立安全方案安全评审多维数据库，设计自动评审系统实现方案安全评审自动化，为提升安全专项方案安全评审提供支持。

第 5 章，基于现场信息的安全专项方案深化优化研究。构建基于施工现场的专项方案安全措施多目标优化模型，将能为管理人员提供有力的管理决策支持。通过构建施工现场的风险事故发生的贝叶斯网络模型，表达风险传递机理；其次，构建风险因素与安全措施的关系矩阵，再考虑影响风险措施采取因素，构建多目标优化模型并引入遗传算法求取最优的安全措施方案组合，以此提升安全专项方案的应用效果。以武汉某地铁车站危大基坑工程安全专项方案管理为例，研究其基于本模型方法下的方案案例检索与优化过程，进一步验证本研究提出的方法。

第 6 章，基坑工程安全专项方案实施评价及预警研究。提出危大基坑工程安全专项方案实施评价和预警机制设计的双重管理体系。在过程中，对规定的安全管理行为动作实施情况进行检查排查和实施效果进行评价，以消除潜在的风险隐患和风险因素以提高施工安全风险管控程度，做到提前预警和防范事故发生。融合实施执行度和效果度计算结果，提出预警管理平台的设计，以提高危大基坑工程安全风险管理水平。

第 7 章，案例分析。本书选择以某工程案例为背景，运用本书提出的专项方案知识重用推理方法和基于施工现场信息的专项方案深化优化模型，分析该新建工程安全专项方案的检索推理制定和优化的过程，验证所提出的知识信息重用推理、深化优化以及实施评价等管理方法的可行性和有效性。

第 8 章结论和展望。总结本书的研究成果，指出研究中的不足，并对进一步的研究工作进行展望。

1.3.2 研究技术路线

本研究的技术路线如图 1-2 所示。

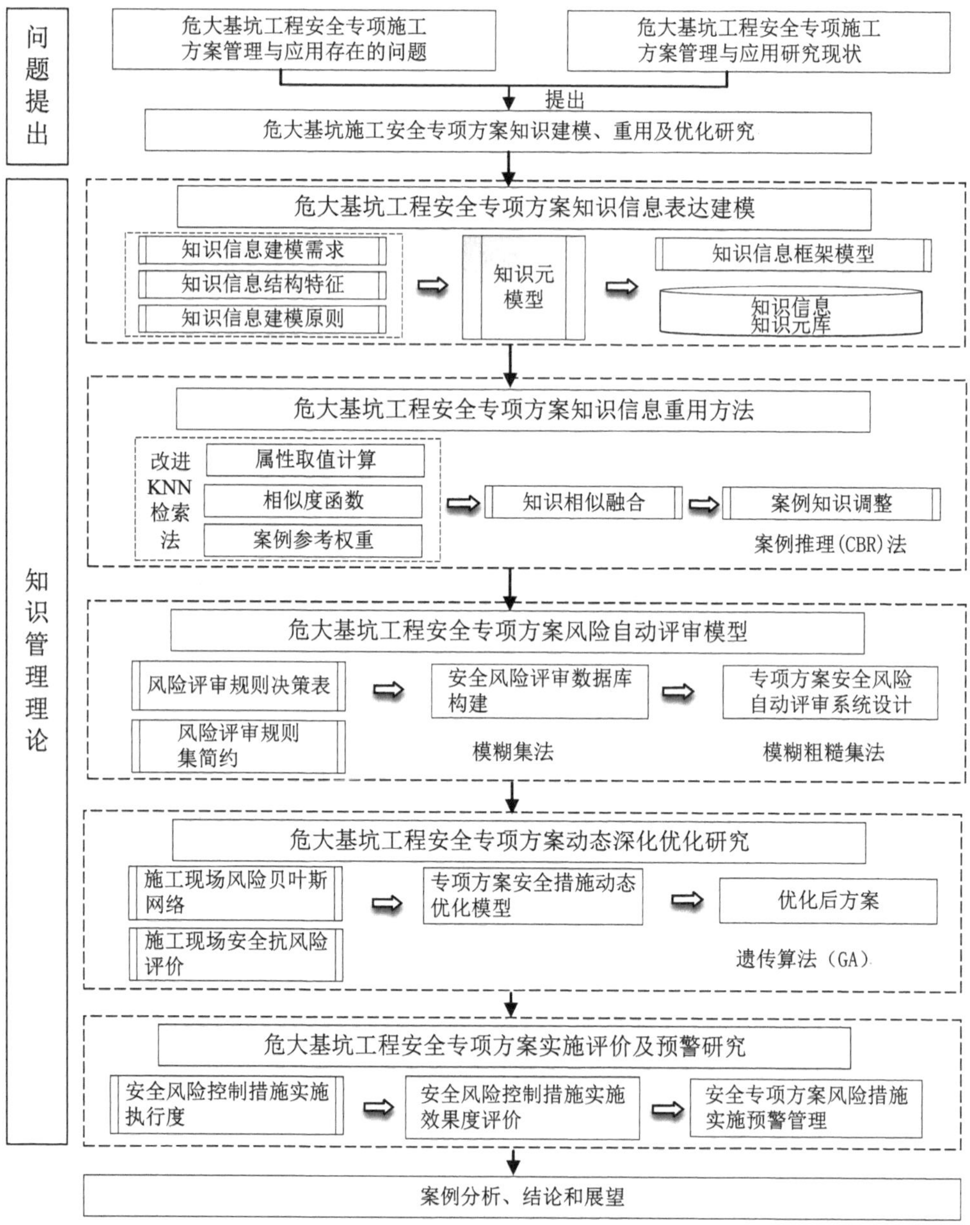

图 1-2　研究技术路线

第 2 章专项方案知识信息表示方法是基础，第 3 章是专项方案知识信息重用方法研究，主要是运用 CBR 模型对知识信息进行重用；在此基础上，第 4 章是研究安全专项方案自动评审方法，第5章研究对专项方案知识进行基于现场的深化优化，第3、第4、第5章是施工前专项方案静态制定与施工中专项方案动态优化的时间逻辑关系。即，面向知识重用的安全专项方案知识信息管理过程主要包含着三个步骤：方案知识的表示、检索修订、安全评审和深化优化。其中，方案知识信息表达是知识信息检索修订的基础，基于知识元模型的方案知识信息表达能有效地将案例库中源案例进行表达，形成满足知识信息重用需求的知识体系。而基于以往类似专项方案中价值知识信息的重用可以为新建工程专项方案编制提供有力参考，通过构建有效的检索模型进行知识信息分析推荐，再修订得到施工前的专项方案。该步骤主要是在方案属性知识元信息的基础上，分析专项方案属性信息的取值、相似度计算方法以及检索的策略，进而构建知识信息检索模型实现对案例库中的相似最优源方案的检索，以支持新建工程安全专项方案编制。在此基础上，判断检索得到专项方案知识信息是否满足新建工程特征以支持施工过程中的安全管理，如满足，则可依据此方案制定新的方案；如不满足，则需要对方案知识信息进行修订，故引入规则推理方法，针对已检索方案知识信息，设计冲突调整机制。最后，得到的新方案再由经验工程师进行综合评审。

在此基础上，为了进一步满足施工现场动态性的特点带来的方案运用需求，提出选择合适的优化方法基于现场数据对方案进行优化，形成动态性的方案，以支持施工现场的活动管理决策。总框架中提出了施工现场的抗风险能力评价模型，基于施工现场的抗风险能力评价结果进行专项方案中安全措施的动态调整。通过对工程中安全措施调整的影响因素分析，提出构建符合现场决策过程的多目标优化模型，通过引入启发式算法求解得到最优的安全措施调整结果；此外，提出了施工现场视频监控布置优化方案的优化方法、基坑安全监测项目选择的优化方法等。完成工程后，将新产生和调整的知识信息存储到案例知识信息库中，以支持新建工程方案知识信息的重用。

1.4 本章小结

本章节首先阐述了研究的选题背景，指出了危大工程安全专项方案编制作为一项知识密集型活动，对以往专项方案案例价值知识信息有着迫切的需求，点明了开展本课题研究的主要意义。然后开展工程领域知识信息建模、重用和优化等的现状分析和综述，在对研究现状总结的基础上和危大基坑工程中面临的实际问题解决需要，提出了研究问题和主要研究内容，即危大基坑工程施工安全专项方案重用方法与管理研究。最后给出了本研究的技术路线和主要章节内容概要。

第2章 危大基坑工程安全专项方案知识信息表达建模

知识管理是对以往的知识信息进行组织表达、重用、更新存储的一个循环过程。安全专项方案知识信息内容丰富、涉及面广，同时对方案编制内容的精细化要求较高，而伴随着工程本身的不确定性，使得专项方案知识信息的知识管理复杂。另外，专项方案知识信息往往以整体的文本和相关的表格、日志等形式存在，零散且体系性差，表达形式不够规范，为知识的获取和重用带来了障碍。目前专项方案知识信息建模领域研究的不足，缺乏面向知识信息重用需求且又能符合知识使用者思维理解的知识信息模型，即如何合理地表达方案知识信息，满足面向专项方案应用、内容完整、层次清晰、格式规范的模型体系。

知识信息表示主要是在微观层面对知识信息形式化描述表示和在此基于上对该领域内知识信息的组织[115]，形成一个内容完整、层次清晰、格式规范的知识信息模型。知识表示是知识获取、组织、存储以及应用的首要前提，因此，知识信息表示不仅需要考虑知识信息特点，更要考虑知识信息的应用需求，进而选择合适的表达方法对知识信息进行描述。

针对上述问题，本章在知识管理理论指导下，提出了专项方案知识信息建模需在知识信息微观内容和知识信息整体联系两个层面建模的思路。首先，本章进行知识信息模型构建的需求分析，即从知识信息表示和知识信息重用两个层次明确知识信息建模的目的。然后，本章分析了知识元模型的表达方法。针对专项方案的特点，提出基于知识元模型扩展的知识信息表达方法；通过专项方案知识信息内容体系分析，将专项方案知识信息分成为特征类、过程工艺类、安全措施类以及效果指标类，运用知识元模型的表达方法构建专项方案各部分内容概念的知识信息的元模型。最后，基于专项方案知识信息的多层、多维特点，构建了专项方案知识信息的框架知识元模型。构建的专项方案框架知识元模型能对专项方案知识信息进行规范化的表达，既符合使用者的理解思维，也易于被计算所理解并存储，也为知识信息重用提供了基础。基于知识元模型的安全专项方案领域知识表达过程分为两个阶段：知识的结构化组织和知识的形式化表达，这样的表达逻辑过程清晰，易于理解。如图 2-1 所示，知识的结构化组织又分为知识级结构分析和知识元级概念模型建立两个层次。

- 知识信息建模
  - 知识结构化表达
    - 知识级结构分析
    - 知识元级模型构建
  - 知识形式化表达
    - 知识元间模型构建

图 2-1　基于知识元的知识建模逻辑

2.1 安全专项方案知识信息及特点

编制专项施工方案是危大工程管理的核心，也是有效管控和化解重大事故风险的重要抓手。根据《危险性较大的分部分项工程安全管理规定》中对危大工程以及超过一定规模的危大工程范围的确定[5]（见附录 2、附录 3），危大基坑的分部分项工程范围包括：①开挖深度超过 3 m（含 3 m）的基坑（槽）的土方开挖、支护、降水工程；②开挖深度虽未超过 3 m，但地质条件、周围环境和地下管线复杂，或影响毗邻建、构筑物安全的基坑（槽）的土方开挖、支护、降水工程。超过一定规模的危大基坑分部分项工程，包括开挖深度超过 5 m（含 5 m）的基坑（槽）的土方开挖、支护、降水工程。危大工程专项施工方案的主要内容应当包括：

(1)工程概况。危大工程概况和特点、施工平面布置、施工要求和技术保证条件；危大工程概况和特点是针对危险性较大的分部分项工程内容，不是施工组织设计工程概况，一般结合设计图纸和现场情况进行叙述。施工平面布置一般以平面图为主，结合必要的立面、剖面及文字说明、尺寸标高等以建筑图形式表示。关于施工要求和技术保证条件，施工要求一般是依据设计要求提出的，也可以是危险性较大的分部分项工程施工环境、工程特点等特殊因素所提出的；技术保证条件是针对施工要求应当满足的技术保证措施，如管理制度管理人员配置、机械设备及材料供应条件、施工技术条件等情况，要简要说明。

(2)编制依据。相关法律、法规、规范性文件、标准、规范及施工图设计文件、施工组织设计等。

(3)施工计划。包括施工进度计划、材料与设备计划。

(4)施工工艺技术。技术参数、工艺流程、施工方法、操作要求、检查要求等。技术参数是指拟订方案的材料和做法；工艺流程、施工方法、操作要求需要结合具体工艺要求、标准要求进行，应突出重点和可操作性；检查要求是根据标准和具体要求，结合安全检查标准等提出相关尺度。

(5)施工安全保证措施。组织保障措施、技术措施、监测监控措施等。组织保障措施是针对每项工程在施工过程中可能发生的事故隐患和可能发生安全问题的环节进行预测，从而建立管理人员组织机构。建立安全管理组织，可以用图表加以说明；工程管理的组织机构及岗位职责应在施工安排中确定并应符合总承包单位的要求。技术措施是针对每项工程在施工过程中可能发生的事故隐患和可能发生安全问题的环节进行预测，从而在技术上采取措施，消除或控制施工过程中的不安全因素，防范发生事故。如进入施工现场的安全规定；基坑作业、立体交叉作业的防护；机械设备和施工用电的安全使用；为确保安全，对于采用的新工艺、新材料、新技术和新结构，制定有针对性的、行之有效的安全技术措施等。监测监控措施是指针对涉及专项施工安全相关数据或信息的监测监控措施，编制内容应明确监测目的、监测要求、监测仪器及方法等，并有相应的图示及说明。

(6)施工管理及作业人员配备和分工。包括施工管理人员、专职安全生产管理人员、特种作业人员、其他作业人员等。编制时应根据工程用工量编制专业工种劳动力计划表；要注意不同施工阶段劳动力需求的变化及施工组织设计的协调以及各种人员要求，且应具体到某某人，落实责任才有针对性。

(7)验收要求。包括验收标准、验收程序、验收内容、验收人员等。工序验收是施工重要内容，应根据相关标准和要求明确；注意与安全技术交底的一致性，体现方案的可行性。验收标准和内容可采用表格进行。

(8)应急处置措施。应急预案是针对可能的重大事故(件)或灾害，为保证迅速、有序、有效地开展应急与救援行动，降低事故损失而预先制定的工作方案。它是在辨识和评估潜在的重大危险、事故类型、发生的可能性与发生过程、事故后果及影响严重程度的基础上，对应急机构职责、人员技术、装备、设施(备)、物资、救援行动及其指挥与协调等方面预先做出的具体安排。应急预案明确了在突发事故发生之前、发生过程中以及刚刚结束之后，谁负责做什么，何时做，以及相应的策略和资源准备等。重点是事故(件)发生前的处置措施(管控措施)，事前控风险、事中查隐患，事后抓应急，这也是安全管理关口前移的体现。应急处置措施一般根据危大工程可能造成的主要伤害情况，明确职责、程序、组织与资源。

(9)计算书及相关施工图纸。计算书内容主要是针对施工工艺技术中的技术参数进行验算，计算内容还应当与图纸内容一一对应。施工图纸包括危险分部分项施工工艺技术和安全措施的平面图、剖面图、大样图以及与周边环境的关联图示及说明，是直观指导施工的重要内容。

工程实践中，专项方案施工风险管控措施不当、应急措施针对性不强，甚至还出现违反法律法规及标准规范等问题，无法有效指导施工现场的安全管理工作；此外，还存在着安全专项方案给出的数据与现场施工的数据不符，方案套模板，现场凭经验，方案与现场两张皮，施工现场安全风险大。而危大基坑工程安全专项方案的编制强调专项施工方案应针对实际的条件和所投入的资源，采取切实可行的措施和方法，保证施工安全。而安全专项方案的目的是交底执行、落实实施、保障安全施工。

对于超过一定规模的危大工程专项施工方案，还需要进行专家评审论证，专家论证的主要内容应当包括：①专项施工方案内容是否完整、可行；②专项施工方案计算书和验算依据、施工图是否符合有关标准规范；③专项施工方案是否满足现场实际情况，并能够确保施工安全。

以地铁车站工程为例，其危大基坑施工安全专项方案知识信息主要是指施工前的专项施工方案知识及方案应用过程中所产生数据信息以及相关知识的总和。从知识信息的结构特征划分，安全专项方案可分为结构化、半结构化和非结构化信息。结构化信息如工程特征信息、监测数据信息以及安全检查表信息等；半结构化信息如施工现场环境信息、工艺信息等。这些信息在运用过程中一般有两种处理方法：一种是将半结构化的信息向结构化信息转换，运用结构化的信息处理方法进行分析处理；另一种方法是选用合适的方法对半结构化的信息进行预处理，比如常用的案例推理、规则推理等方法。非结构化信息如施工现场视频监控信息、现场图片信息等。图 2-2 为危大基坑工程安全专项方案知识信息体系内容。

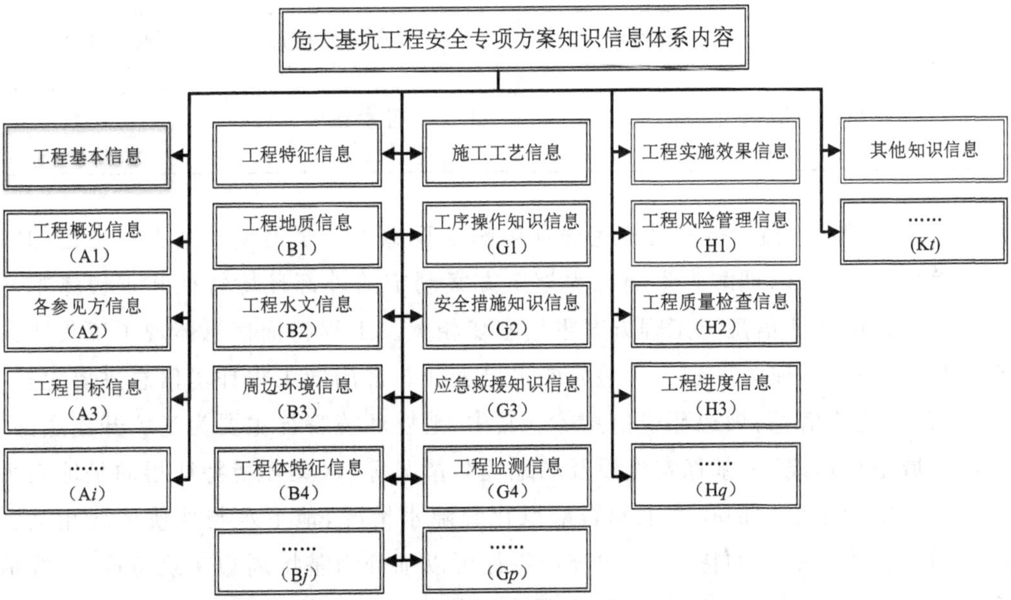

图 2-2　危大基坑工程安全专项方案知识信息体系内容

安全专项方案知识信息的内容可以表述为 5 个方面，包括工程基本信息(A)、工程特征信息(B)、施工工艺信息(C)、工程实施效果信息(D)及其他知识信息(K)等。其中，工程特征信息是编制施工工艺的基础，主要涉及水文地质、周边环境、工程体本身特征等信息；专项方案技术部分内容主要有工序操作知识信息(G1)、安全措施知识信息(G2)、应急救援知识信息(G3)等;工序操作知识信息部分内容已在设计图纸中确定,另外,部分内容需要在施工中根据工程情况进行确定安排,比如土方开挖的段和层的划分、围护结构成槽的机械及接头参数选择等。安全措施主要是根据已制定的施工工艺,对施工中可能会出现的不安全情形制定对应的安全措施、应急措施等。地铁车站危大基坑专项方案知识信息描述如下:

(1)工程基本信息。描述工程的基本信息或背景信息,主要在工程概况部分描述。主要包括:工程名称、工程规模、项目工期、工程概算、耐火等级、设计使用年限、防水等级、参建单位信息等。表 2-1 为某地铁车站工程的基本信息。

表 2-1 某地铁车站基坑工程的基本信息

序号	基本信息	举例	序号	基本信息	举例
1	工程名称	××车站	8	建筑抗震设防烈度	6 度
2	项目工期	720 日历天	9	建筑人防等级	6 级
3	项目概算	×××	10	建筑耐火等级	1 级
4	车站建筑总面积	16 821 m^2	11	设计使用年限	100 年
5	车站标准段总宽	20.7 m	12	主体结构防水等级	S8
6	车站总高	12.66 m	13	车站结构形式	钢筋混凝土框架
7	车站出入口数量	4	14	各参建单位名称	建设、勘察设计、施工等单位

(2)工程特征信息:指的是描述表征影响工程施工或是需要在施工时考虑的因素或参数等,也可以理解为影响工程施工方案制定的外部环境特征和工程体本身特征。工程的特征信息与工程方案重用密切相关。工程特征信息体现了工程所具有的独特性特征,成为区别工程差异的重要表征。常用的工程环境信息主要包括:水文信息、地质信息、周边环境信息等。其中,地质环境特征主要为基坑开挖底部、基坑区域土质情况、地基稳定性以及场地地貌情况等;水文环境特征指的是地表水和地下水中的土层中的孔隙水和岩溶风化裂隙水情况,地下水与地质情况相互影响下对工程施工的影响特征;周边环境特征可以细分为基坑周边建筑特征、管线情况、道路交通情况等。工程体信息主要指的是描述工程体本身特征的信息。该环境特征影响着土方开挖专项方案、围护结构施工专项方案、基坑降水专项方案等的制定。工程体特征信息指的是描述建筑体和构件的功能信息、尺寸信息、构成元素信息及其构成关系等。工程体信息是描述该工程体本身的特征信息,是仅次于环境特征信息,来表征工程区别的重要信息。工程体信息可从工程设计方案、设计图纸读取获得。

(3)工序操作知识信息。也称施工工艺信息，是指描述建筑体和构件的构造的工艺特征、安全措施以及应急救援信息等。地铁车站危大基坑工程安全专项方案中的施工工艺信息主要是根据基坑工程的工作结构分解来对应制定的。《轨道交通单位工程、分部工程和分项工程划分标准》中阐明了地铁土建工程的单位(子单位)工程、施工工法或工程类型、分部(子分部)工程和分项工程的划分及工程代号，主要用于子分部、分项、工序工程单元的确定[116]；《轨道交通土建工程施工质量验收统一标准》《轨道交通车站工程施工质量验收标准》用于指导三级工序单元的工艺工法信息表达[117-118]。例如，子分部工程单元：基坑降水施工、基坑围护结构施工等子分部工程；基坑围护结构中地下连续墙、钻孔灌注桩、人工挖孔桩等各个工法。而各子分部工程还可以进一步细分到多个分项，如地下连续墙施工包括导墙施工、成槽施工、钢筋笼绑扎吊装以及砼浇筑 4 个步骤，形成了基于二级单元地连墙的 4 个三级单元，技术参数与属性单元列举了影响三级单元施工的重要影响因素，技术方案单元则提供所有符合技术属性的施工方案。以地下连续墙子分部工程为例，工程单元与工序方案体系如图 2-3 所示。

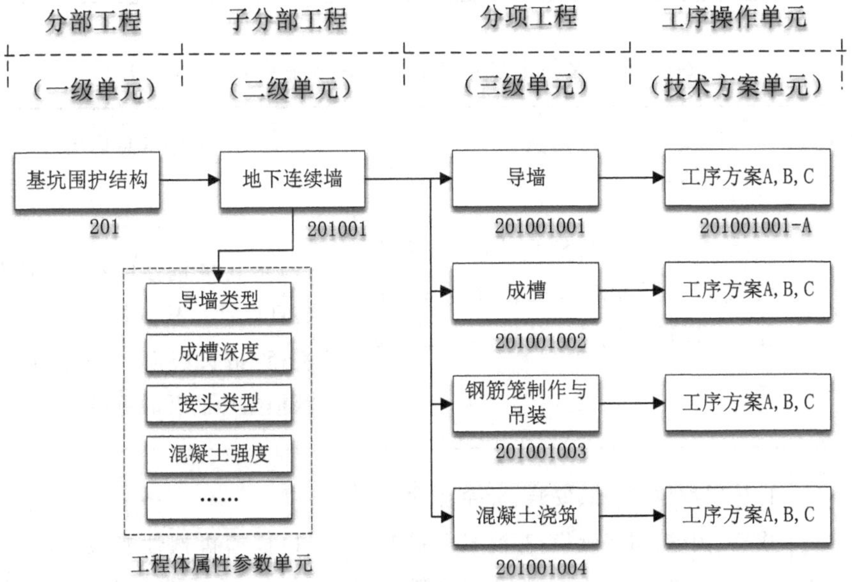

图 2-3　地铁基坑工程单元及工序划分示例

地铁基坑工程单元体系在标准规范分部分项工程体系的基础上进一步改进，添加技术方案单元、工程体属性参数单元，这些单元的作用在于：①建立设计施工技术方案的存储规范，便于将多而杂的地铁施工方案数据进行整理、归类、集成；②满足知识信息重用的需求，即在不同技术参数与属性下，进行方案知识信息的相似推荐。对于工艺工法信息还可以细分到分项工程信息和工序信息层次，分项工程信息主要是对分项工程的描述和刻画;工序信息主要是对工程作业活动的阐述和表达。表 2-2 是明挖法地铁车站危大基坑施工中的部分分部分项工程,表 2-3 为分项工程下的施工工序信息内容。

表 2-2 明挖法地铁车站危大基坑施工中的分项工程表

(子)分部工程	分项工程	分项工程特征信息
基坑围护	钻孔灌注桩	桩长、桩径、混凝土种类、强度等级、部位
	地下连续墙	导墙类型、截面;墙体厚度、成槽深度、混凝土种类、强度等级、接头形式
	土钉墙	地层情况、钻孔深度、钻孔直径
	旋喷桩	桩径、桩长、水泥类型
	横撑支护	支撑类型、支撑截面积、横撑长度
土方工程	基坑开挖	开挖分段分层、土石方开挖方式、机械类型
	基坑回填	无

表 2-3 危大基坑围护结构施工工序信息内容表(部分)

分项工程	工序信息	工序信息内容
钻孔灌注桩	1. 场地平整;2. 测量定位;3. 挖埋护筒;4. 泥浆制备;5. 钻孔;6. 终孔;7. 清孔;8. 钢筋笼制作、安装;9. 混凝土灌注	…… 3.(1)钻孔桩机性能检查,确保性能状态良好;(2)检查钻头保径装置,钻头直径,钻头磨损,施工过程中对钻头磨损超标的及时更换;……
地下连续墙	1. 导墙挖填、制作、安装、拆除;2. 挖土成槽、固壁、清底置换;3. 混凝土制作、灌注、养护;4. 接头处理;5. 泥浆制作;6. 打桩场地硬化及泥浆池、泥浆沟制作;7. 运输	…… 2.(1)成槽机械性能检查,确保状态良好;(2)成槽机成槽,并采用泥浆护壁;(3)持续成槽,直至设计深度; ……

此外,工艺工法信息中还包含安全保障措施、应急措施等信息,这些信息根据工艺工法中可能存在的风险因素,提前提出相关的安全保障措施和突发事件的应急救援措施。

(4)工程实施效果信息。描述专项方案在指导施工活动过程中，面向管理目标的应用效果信息。对于专项方案实施活动应用效果的评价指标信息主要有：质量检查及评价信息、费用核算评价信息、进度检查及评价信息、安全检查及评价信息等直接评价指标以及基于上述指标组合计算得到的间接指标等。例如，专项工程施工过程中的安全表现是建设者主要关心的目标，常用的指标信息有安全指数、风险指数、风险等级等。施工中的安全检查及评价信息应能清晰表达且与方案信息集成，以方便后续对方案信息的应用。

从上述的安全知识方案分类来看，方案内部各部分知识信息存在着不同的形式特征，而不同部分内容之间又紧密相连。当工程完工时，施工过程中产生的知识信息将更新到施工前制定的专项方案中，形成完整记录施工过程的知识信息。目前，这些知识信息根据内容逻辑顺序组合并以文档、表格等的形式存储，在数据库中，往往通过调用文档链接方式进行使用。

地铁车站危大基坑工程施工中的基坑开挖、基坑降水、基坑围护等分项工程属于典型的危险性较大的分部分项工程，需要编制安全专项施工方案，指导施工活动开展。就安全专项方案中涉及的知识而言，主要有以下几个特点：

(1)专项方案知识的广泛性。安全专项方案中由于涉及的工程环境、工程机械、工艺工法等方面知识较多，且包含着本体知识、过程知识以及专家经验等，使得方案编制时所需知识信息呈现多样性和广泛性。这些特点使得很难用一套知识表达方式对知识进行合理表达。

(2)专项方案知识信息的多态性。伴随着施工现场的不确定性和动态变化性，安全专项方案应用过程中既产生施工前生成的静态性知识信息，也产生施工中动态产生的知识信息，需要对原有方案知识信息持续修改和补充。

(3)专项方案知识使用重复性。新建工程安全专项方案时，通过对当前工程特征情况进行分析，然后基于以往类似工程的价值知识信息，进行修改调整，生成新的方案。在当前方案编制中，知识信息的重复使用现象很普遍。

从上述的知识方案信息特点分析可以看出，在对安全专项方案知识信息进行管理时，只有根据安全专项方案类知识信息的特点来研究相应的知识表达方式以及知识管理模型，才能更好地管理方案知识信息。而既然要对知识进行合理管理就必须建立一套系统的模型对知识信息进行表示，探索专项方案知识信息的合适表达方法体系以支持对专项方案进行管理和重用。

2.2 安全专项方案知识信息表达需求

2.2.1 知识信息表达需求分析

知识模型的结构化分析是知识建模表示的首要任务。面向知识信息特征和应用需求是进行知识模型结构化分析的可行且有效思想。安全专项方案知识信息表示的主要任务就是根据应用领域的知识信息特征和问题求解任务的需要将当前的安全专项方案知识信息建立成一个层次清晰、信息完整、表达规范的信息模型。在领域的知识特征层面,通过分析知识特征,考虑合适的表达方法,体现知识相对稳定的内部结构;在问题求解需求方面,则要根据求解的需求,进行知识信息的合适化表达。

本章 2.1 节分析了专项方案知识信息的特点,主要包括:(1)知识信息的重用性;(2)知识信息的广泛性;(3)知识信息的多态性;这些信息特征影响着知识信息表达方法的选择。而安全专项方案,信息建模的另一个重要考虑方面就是建模的需求,即方案建模以后的应用需要。根据本书第 2 章的专项方案知识信息重用分析,知识信息的表达与建模主要满足基于案例推理方法的知识信息重用,其主要是满足知识信息属性检索、方案知识修订和方案知识信息优化的应用需要。方案知识信息检索中需要进行方案的相似度计算,而属性是表征方案差异的主要信息。属性相似度计算中需要进行相似特征的计算,因此,需要考虑方案属性信息的表达,包括信息表达的规范性和一致性。规范性主要是指属性信息表达中同一类的信息尽可能规范,减少信息表达的随意性;一致性主要是指方案中属性信息应是未经处理或者根据相关标准处理后的信息,与原来信息原意保持一致。而对属性信息满足相似计算要求的转换处理则根据相似度计算模型确定。而知识的修订和优化主要是对知识信息进行调整和优化,要求方案知识信息具有良好的层次性和独立性,这样有利于减少对知识信息调整的相互影响性,有利于提高对知识信息调整和优化的便利性和效率。

因此,基于方案知识信息特点和知识信息重用需求的安全专项方案,信息建模应考虑如下的需求:

(1)方案知识信息表达的规范性和一致性要求。安全专项方案知识信息涉及内容点丰富,从时空视角来看,信息呈现出多维多态的特点。在知识信息建模时,要求在知识信息表达时各元素信息表达规范且前后一致,减少知识信息表达的随意性。安全专项方案知识信息涉及众多的术语,在相关的标准规范中有着众多的术语解释,可基于现有的标准规范中的术语构建工程方案领域术语词表,以此加强方案知识信息表达的规范性和一致性。可参考的标准主要包括:产品数据模型交互规范(STEP,Standard for the exchange of product model Data)[74]、IFC 工业基础类标准(IFC Industry Foundation Classes)、建筑信息模型编码标准等。例如，施工方案(construction_scheme)、地下连续墙(diaphragm_wall)、圆形接头(circular_joint)、十字钢板接头(cross_steel_plate_joint)。

(2)方案知识信息表达的整体性和结构层次性要求。安全专项方案是由一系列相互联系的内容组合而成的有机整体，这种整体性功能是由方案知识信息合在一起才支持施工现场的活动。因此，在方案表达建模中，需要考虑各子部分内容的联系，以使方案的整体性得到体现。结构层次性指的是专项方案内的知识信息是按照一定的结构层次形式结合起来的，这种结构层次既是内容呈现的组织形式，也应是便于使用者阅读理解的形式。例如，安全专项方案中知识信息中的属性信息与工艺工法知识信息的逻辑关系；工艺工法知识信息间的关系；工艺工法知识信息与安全保障措施知识信息之间的逻辑关系和层次关系，应能清晰地表达。

(3)面向方案知识信息重用的表达粒度考虑。安全专项方案知识信息建模的主要目标是为知识信息的重用服务。地铁车站危大基坑专项方案知识信息通常以文档的形式存储，而使用者需求是直接获得文档内的知识信息而非文档。基于此，知识的控制单位将由文档深化到文档中的数据、事实、结论等最小的知识元。当知识的管理转换到知识元层次时，文档中的知识元将能被粒化并且知识元间的链接关系将能够被良好表达，这将对知识重用活动提供良好基础，促进知识重用增值，极大地提升知识的利用效率。专项方案知识信息可以看成是一条条知识信息集，有的知识信息可以参数化表达，而有些知识信息参数化表达则比较困难。引入案例推理方法进行方案知识信息重用主要是进行案例知识信息检索和案例知识信息优化。案例推理具有不需要对知识信息完全参数化结构的优点，所以面向方案知识信息重用的过程中，知识信息中的属性相关的信息应尽可能进行参数化表达，其余知识信息应尽可能地细化表达，满足知识信息的重用需求。例如，专项方案知识信息中的方案属性信息、工艺工法的属性信息的描述粒度应尽可能细；工艺工法的操作信息难以参数化表达的，可以以整体的信息表达。

知识元作为表达知识的最小单元，能充分继承数据和信息，以清晰的构架表达知识信息。通过知识元间的信息逻辑连接，则可以良好地表达出专项方案知识信息。基于知识元模型表达方法能够满足专项方案知识信息特点和知识信息重用需求。

2.2.2 知识信息表达原则

根据上述专项方案知识信息的建模需求分析，进行知识信息表达与建模时应遵循一定的原则，遵循这些原则能有效提升知识信息建模的质量及更好的效果。主要原则如下：

(1)一致性原则。一致性要求不同环境对同一对象应有一致的信息描述，包括对象本身的描述内容一致性和描述内容的格式一致性;包括在知识信息内容层面的表达和知识信息之间的逻辑关系表达的一致性,这样的一致性极大程度地保障了专项方案知识信息的规范化表达和易于为建模人员所理解,以支持专项方案知识信息高效管理和知识信息的存储及重用等。

(2)层次性原则。层次性原则是指知识信息建模中专项方案内容中分层次、分阶段以及分空间的立体分析模型,专项方案知识信息内容涉及施工活动过程中的时间维度信息、空间维度信息以及由整体到局部的不同粒度信息,通过对专项方案知识信息间层次关系的分析,进而支持知识信息的表达建模。知识信息层次性也为满足不同层次知识信息使用需求提供了基础,理解为不同层次的知识信息只是整个专项方案的某个“视图”。

(3)可扩充性原则。专项方案知识信息在施工过程中不断累积,除了考虑通常的专项方案知识信息内容表达,还应该考虑新产生的知识信息以及基于专项方案更深层次的应用需求的模型扩展性要求。例如,地铁工程大数据标准体系框架的结构将随着国家相关标准、行业相关标准的不断完善而补充和更新。

知识信息建模需求分析和建模原则为下一步专项方案知识信息建模指明了方向,并提出了要求,能有效地指导专项方案知识信息建模。

2.3 安全专项方案知识元模型分析

2.3.1 知识元模型表达方法

在知识信息的重用中,知识元被认为是实现知识服务的实体单元。以最小知识单元进行知识信息的表达和建模,与以往的数据信息表达模型相比,在知识应用效率上有着绝对的优势,能极大地促进人们对知识信息的利用,尤其是对一些知识信息难以数据化解构的问题领域。从不同角度,可以对知识元类型进行分类。根据知识元对象来分,知识元可分为理论与方法型知识元、事实型知识元和数值型知识元[57][119]。理论与方法型知识元主要包括思想、方法论、公理、原理、定律,包括方法、技巧等;事实型知识元主要包括自然、社会存在和演变的事实信息;数值型知识元则包括各种数据类型知识和科学数据,具有数值分析和知识推理功能[120]。根据知识元的描述特点来分,知识元类型可以分为描述型知识元和过程型知识元两大类;描述型知识元＝{信息型,名词解释型,数值型,问题描述型,引证型};过程型知识元＝{步骤型,方法型,定义型,原理型,经验型}。例如:数值型知识元是描述客观事物或者事件数值属性(如时间、长度、深度等)的知识单元,事物对象知识元则是描述事物对象信息(名称、属性等)的知识元。丰富全面的知识元模型体系能够对不同对象的知识信息进行表达,而各类型知识元又以统一的规则包含于知识元模型体系。所以,知识元模型体系能够有效保证领域知识信息表达一致。

知识元模型是对知识元属性及其变化的一种抽象描述。下面给出知识元模型的通用定义,然后再以数值型、事物对象和属性 3 类典型知识元模型为例,进一步分析知识元模型表达方法。通常的知识元模型可定义如下:

定义 2.1:
$$K(E)=\{Na, At, Op, N\} \tag{2-1}$$
其中,$K(E)$ 表示某知识元;Na(名称)为知识元研究的对象;At(属性)为知识元的特征;Op(操作)为知识元解决问题的方法(能力);N(导航)为知识元的逻辑联系。从知识信息产生的角度来看,则可以认为新知识的产生是一种知识元的信息导航链接过程。

定义 2.2:
$$K(S)+N[K(E)+K(S)]=K(S+\Delta S) \tag{2-2}$$
其中,$K(S)$表示知识结构,N 表示信息导航链接,$K(E)$表示知识元,ΔS 为知识结构增量。定义 2.2 表明知识元的独立性、信息导航的链接性和知识结构的完整性[91]。

(1)对于描述型知识元中的 5 种类型知识元,由于其描述结构比较简单,故可采用基于二元组及其扩展表达的知识元模型。

定义 2.3:设有描述型知识元 K_m,其表达模型如下:
$$K_m=(N_m, V_{m_i}),\ i=1, 2, \cdots, n \tag{2-3}$$
其中:N_m 为描述型知识元名称,可分别表示信息名称、术语名词、数值名称、问题名称、引证名称;V_m 为对描述型知识元名称的描述,分别对应的含义为信息名称的描述、术语名词的解释、数值型的取值、问题描述和被引证据;i 为名称描述或属性取值的数量不止一个,为一个 n 维的集合。二元组是知识元模型中最简单的一种方式,适合于简单描述类知识信息的表达,也是常用的知识信息表达方式。例如,术语名词知识元:

永久性地下连续墙知识元=(永久性地下连续墙 permanent_diaphragm_wall,既作基坑围护的墙体又作地下结构的外部墙体,即两墙合一);

以围护机构专项方案中地下连续墙为例,其属性取值的数值型知识元:

墙宽知识元=(墙宽 width_of_wall,1 200 mm);

墙厚知识元=(墙厚 thinckness_of_wall,800 mm);

混凝土等级知识元=(混凝土等级 grade_of_concrete,C40);

钢筋等级知识元=(钢筋等级 grade_of_steel,RB435);

过程型知识元={步骤型,方法型,定义型,原理型,经验型}。

描述型知识元模型可以对简单的信息进行表达,而随着描述型知识信息的丰富,则要对二元组的知识元模型进行扩展表达。例如,对数值型知识元进行表述,则有:

定义 2.4：设一个数值型知识元 K_m 由对象、特性集、关系和取值 4 个参数组成，则有知识元模型[119]：

$$K_m=(O_b, N_{m_i}, R_m, V_{m_j}),\ i=1,2,\cdots,m;\ j=1,2,\cdots,n; \tag{2-4}$$

其中：K_m 为数值型知识元；O_b 为对象；N_{m_i} 为特性集合；R_m 为对象与对象值的关系；V_{m_j} 为特性值集合。数值型知识元以数值的形式，完整地描述了数值型知识信息的各个方面，能为该类知识信息提供一种统一的表达形式。

(2)对于过程型知识元，则主要有步骤型、方法型、定义型等类型，而每种类型因为其知识信息的特点差异，所以各类知识元模型的表达方法也有差异，下面分别进行知识元模型的表达分析。

定义 2.5：设有步骤型知识元 S_m，N_m 为步骤总名称，S_{m_i} 为步骤集，N_{m_i} 为步骤 i 的名称，T_{m_i} 为步骤 i 的描述，$i=1, 2, \cdots, m$，则有步骤型知识元模型：

$$S_m=(N_m, N_{m_i}, T_{m_i}),\ i=1, 2, \cdots, m \tag{2-5}$$

定义 2.6：设有方法型知识元 W_m，N_m 为方法名称，I_{m_i} 为方法输入变量，O_{m_j} 为方法输出变量，R_m 为映射关系或方法函数；则有方法型知识元模型：

$$W_m=(N_m, I_{m_i}, O_{m_j}, R_m),\ i=1, 2, \cdots, m;\ j=1, 2,\cdots,n \tag{2-6}$$

对方法知识元模型中的 R_m 的效果进行考虑时，则可以对 W_m 进一步扩展，补充 R_m 效果变量 E_m，则有 W_m：

$$W_m=(N_m, I_{m_i}, O_{m_j}, R_m, E_m),\ i=1, 2, \cdots, m;\ j=1, 2,\cdots,n \tag{2-7}$$

定义 2.7：设有定义型知识元 D_m，N_m 为定义名称，I_{m_i} 为被定义项，O_{m_j} 为定义项，V_m 为对定义的简要描述，则有定义型知识元：

$$D_m=(N_m, I_{m_j}, O_{m_j}, V_m),\ i=1, 2, \cdots, m; j=1, 2,\cdots,n \tag{2-8}$$

定义 2.8：设有原理型知识元 P_m，N_m 为原理名称，H_m 为原理前提或假设，V_m 为原理的简要描述，则有原理型知识元：

$$P_m=(N_m, H_m, V_m) \tag{2-9}$$

对于 H_m 和 V_m 的细化内容，还可以进一步集成其他类型知识元进行表达。

定义 2.9：设知识元名称为 K_m，设 N_m 为对应事物的名称，A_m 表示对应的属性状态集，R_m 表示映射关系集，则事物知识元定义如下：

$$K_m=(N_m, A_m, R_m) \tag{2-10}$$

其中，N_m，A_m，R_m 不等于空集；N_m 可以看成是一系列名称的集合，比如：专项方案名称 N_1＝{降水方案，支护方案，开挖方案}；围护结构形式 N_2＝{地下连续墙、钻孔灌注桩、人工挖孔桩、SMW 工法桩}等。

定义 2.9.1：设 A_m 为对事物对象的特征或者属性的描述。设 a 为属性状态集 A_m 中的一个属性元素，n_a 为属性集名称，u_a 为属性状态描述字符串集合，此时属性的抽象描述可以表示为一个属性知识元[121]：

$$K_a=(n_a, P_a, u_a), \quad a\in A_m, P_a=1 \tag{2-11}$$

P_a 为特征描述，当 P_a 大于 1 时，则表示该属性可定量描述，则可以对属性知识元做进一步扩展表达。

定义 2.9.2：设 d_a 为测度量纲集，f_a 为属性状态时变函数，属性知识元可细化表达如下：

$$K_a=(n_a, P_a, d_a, f_a), \quad a\in A_m, P_a>1 \tag{2-12}$$

当 d_a 的测度量纲集不同时，可以进一步表示出测度量纲知识元 $K_d=(n_d, U_d, f_d)$，其中 n_d 为测度类型名，U_d 为量纲单位名称集，f_d 为单位间换算公式。

定义 2.9.3：属性知识元可进一步细化表达为：

$$K_a=(n_a, P_a, n_d, U_d, f_{d,} f_a), \quad a\in A_m, \quad m\in M, P_a>1 \tag{2-13}$$

例如：a_1＝{钻孔灌注桩施工进度，3，速度单位，{根/天，米/天}，米/天＝桩长＊根/天，$f_a=1$}。

定义 2.10：映射关系集 R_m：描述属性间关联关系的集合。设 p_r 为映射描述集，A_{r1} 为输入属性状态集，A_{r2} 为输出属性状态集，对应存在具体的映射函数集 f_r，使得 $A_{r2}=f_r(A_{r1})$。该映射关系知识元可表示如下：

$$K_r=(p_r, A_{r1}, A_{r2}, f_r) \tag{2-14}$$

映射函数集主要用于描述输入与输出属性的关系，该映射函数可为定性描述的映射关系或是定量的函数关系。例如：安全巡视中，不同的风险等级有不同的措施采取规则，风险等级-措施规则的对应关系则为一种定性的映射函数；对于地表沉降风险，有多个因素输入和地表沉降值输出相对应，可用具体的函数模型来表达[122]。

上述的知识元模型为知识信息表达提供了有效的方法。而随着对知识信息的集成，得到基于上述知识元模型组合而形成的知识元模型表达方法。

定义 2.11：设有知识元 K_m，对文档中知识信息的构建方法则可定义为[123]：

$$K_m=(Co, N_m, N, S, T, A_m, V), \forall_m\in M \tag{2-15}$$

其中：C_o 为该知识元编号；N_m 为对应知识元的概念名称；N 为导航，指的是该知识元向整体知识信息的链接；S 为来源，用于标识知识元的来源方案单元，表征了知识元与方案单元以及相同方案单元中不同知识元的链接关系；T 为类型，指的是该知识元的性质，包括：方法型、公式型、定义型、原理型等；A_m 表示属性状态集；V 表示该知识元内容。该方法的系列知识元集能对方案知识信息良好表达。其中，知识元内容 V 可以依据信息使用的需求，进一步粒化表达成子知识元 K_v。通过知识元的导航关系，系统会将与该知识元相关的主题知识元、母子知识元以及兄弟知识元链接关系都显示出，以方便用户对邻近信息的查询。以某安全专项方案 001 中安全措施知识信息为例，基坑底安全措施知识元可表示为：

安全措施知识元={知识元编码,安全措施知识元名称,事件型知识元,主体型知识元,安全措施知识元,应急措施知识元};

其中:(1)事件型知识元为第一类段落主题特征,解释和说明该名词性短语;(2)主体型知识元为第二类段落主题特征,说明了应对该事件处理的主体责任单位;(3)任务型知识元为第三类的段落主题特征,抽象为"主体/何时/如何处置/风险因素"的形式。进一步对安全措施知识元细化表达如下:

★知识元编码={001008012-A-001};

★安全措施知识元名称={基地隆起风险安全措施};

★事件型知识元={基坑底隆起,时间,位置};

★主体型知识元={建设单位、施工单位、监理单位、监测单位等};

★安全措施知识元={ S1)竖向最后一层分段施工,分段长度控制在5~10 m范围内;S2)坑底人工挖土(200~300 mm),清理整平,防止坑底土扰动;S3)混凝土垫层在24 h内完成,尽量避开雷雨天气;如果在坑底200~300 mm挖土,施工遇雷雨天气,则需要抢工,小段开挖-浇筑持续进行;S4)浇筑垫层后,最短时间内开始浇筑结构底板};

★应急措施知识元={(E1)停止开挖,在基底隆起位置采用沙袋等反压,再进行双液注浆加固;稳定后,再挖除上部松软土体后浇筑垫层};

从上述分析可以看出,知识元的统一化元素集表达,极大地提升了知识元的标准化程度,而不同知识元的完整元素集表达又一定程度上使得知识元成为一个独立的知识单位且具有完整的结构,保证了知识元的独立性和拓扑性;知识元之间的关系又可以由知识元之间的逻辑而直接或者间接连接起来,形成知识体系,表现出了知识元的链接性[124]。综上所述,知识元具有"独立性""完整性""拓扑性"和"链接性"等基本特征。将传统载体上的知识碎化成为知识元,以知识元为基本单位可为精细化的知识管理提供合适的粒度,有着非常重要的意义。

基于知识元模型的知识管理将有助于提高知识获取效率,通过知识元将知识细化,通过知识元可快速检索所要获取的知识点;另外,将有助于知识价值的挖掘并支持知识创新发现。将碎化后的知识元面向特定领域问题、需求目标等集成起来形成庞大知识网络,而某些知识元链接所揭示的知识关联可能是问题新解或价值知识产生的关键,意想不到的创新发现可能就蕴藏于这个知识元网络中。反过来,强大的知识元网络能帮助使用者了解、查询和熟悉该领域知识,支持使用者创新能力提高。

2.3.2 安全专项方案知识元模型构建

基坑工程中危险性较大的分布分项工程施工中具有明显的阶段性及耦合性特点，本研究以基坑围护结构施工阶段为例，分析该专项方案的知识信息模型，该专项方案知识信息的内容主要包含 4 个方面：工程基本信息(A)、工程特征信息(B)、施工工艺信息(C)、工程实施效果信息(D)，其中，工程特征信息是编制施工工艺的基础，主要涉及水文地质、周边环境、工程体本身特征等信息。专项方案技术部分内容主要有工序操作知识信息(C1)、安全措施知识信息(C2)等。工序操作知识信息部分内容已在设计图纸中确定，此外的部分内容需要在施工中根据工程情况进行确定安排，例如，土方开挖的段和层的划分、围护结构成槽的机械及接头参数选择等。安全措施主要是根据已制定的施工工艺，在施工中，可能会出现的不安全情形要制定对应的安全措施、应急措施等。与文档组织形式相对应，专项方案段落内容按照其主题可分为以下 3 种类型：

(1)对基本概念进行定义、解释说明。主要指的是对安全专项方案中的相关概念、术语，这类段落抽象为：ParaSubject(主题特征)＝ NI(概念术语)＋ VL(是)＋ what(对象)，该描述可以对工程基本信息、工程特征信息和工程方案中的概念信息进行逻辑表达，对应的是描述型知识元模型类中的概念解释型知识元。

(2)描述工程活动或工序相关的专项方案内容的主题对象。而施工活动大部分都由施工单位开展，极少部分施工活动还需要勘察设计单位和建设单位的参与。为了表达简单，一般默认施工主体为施工单位，也可指施工单位中的不同角色人员。例如工程师、工人等。工程施工中，工序内容众多且复杂，工序间还存在着一定的逻辑关系。因此，需要在工序活动中的每个步骤明确客体对象或是操作内容。则有：ParaObject(主题目标)＝ who(活动实施主体)＋ Do(实施、开展)＋ what(对象)，其中，当 who 省略时，默认为承担工程的施工单位。该部分知识信息的表达对应的是主体型知识元和客体型知识元模型，表达工程中的操作主体与客体。

(3)描述专项工程施工工艺工法、安全保障措施等内容。即施工过程中主体应执行的任务。用 when 表示疑问词何时，how 表示如何处置，what 表示要开展活动，则主题特征可以抽象为 ParaSubject ＝ when ＋how ＋ what。该部分知识信息主要对应的是问题描述型知识元和过程型知识元模型中的步骤型、方法型、原理型以及经验型等知识元模型。为此，构建专项方案知识信息表达模型如下：

Construction_plan_xxxx＝ {Project_Basic_Information，Project_Environment_Features，Project_Body_Features，Construction_Technical_Process，Safety_Measures}

其中，Construction_plan 表示专项方案案例，Project_Basic_Information 为基本

信息，Project_Environment_Features 表示工程环境体参数知识元，Project_Body_Features 表示分部分项工程体参数知识元，Construction_Technical_Process 表示工程施工工艺工法知识元，Safety_Measures 表示安全措施知识元。为此，方案知识元模型联系可以描述如下：

Project_Environment_Features 可表示为：PEF={PEFt，t=1，2，3，…}

Project_Body_Features 可表示为：PBF={ PBFt，t=1，2，3，…}

Construction_Technical_Process 可表示为 TP={ TPt|(PEFt，PBF)，t=1，2，3，…}

Safety_Measures 可表示为 SM={SMt|(TPt，PEFt，PBFt)，t=1，2，3，…}

其中，t 表示时间维度，为工序开展时间的变量；Project_Environment_Features 具有跟随时间变化的特征，随着工程的进展，工程环境体参数会产生相应的变化。Project_Body_Features 则为各自工程体或工序活动稳定的特征参数。Construction_Technical_Plan 施工工艺工法则与工程环境特征存在着一定的关系，即工艺工法的制定往往要考虑工程特征环境，当然还要考虑施工工程体本身的特征。Safety_Measures 为安全措施知识元，含义为对工艺工法实施情况下工程风险的控制措施；从含义看出，SM 与 TP，PEF，PBF 存在着一定的联系，在知识元模型构建时，应考虑知识元模型的联系，当工艺工法实施情况下的风险因素导致风险警情时，应采取的救援做法。以某围护结构施工专项方案为例，该围护结构为钻孔灌注桩加横向支撑，该专项方案中的相关内容如下：

(1)工程基本信息知识元模型。

“某车站为地下三层岛式站台车站，车站总建筑面积为 28 014 m^2，其中，主体建筑面积为 21 226 m^2，附属建筑面积为 6 788 m^2。本站设置 3 个出入口，2 组风亭。车站有效站台长度为 158 m，站台宽度为 12 m，结构为钢筋混凝土箱型框架结构。车站基坑采用∅1200@1500 的灌注桩，桩间局部采用∅800 双重管旋喷桩止水帷幕止水。基坑区域采用 5 道支撑，其中第一道、第四道为混凝土支撑，其他各道为∅609，t=16 mm 的钢管支撑，部分为∅800，t=16 mm 的钢管支撑。车站采用明挖法施工。工程参建各方主体为：

建设单位：武汉××××集团有限公司

勘查单位：武汉市××××勘察设计有限公司

设计单位：中铁××××勘察设计院集团有限公司

武汉××××工程设计研究院有限责任公司

监理单位：××××集团武汉设计研究院有限公司

施工单位：中铁××××局集团有限公司”

通过对该专线方案中工程基本信息的分析，发现该部分知识信息属于描述型知识元中的信息型知识元模型，可以运用多元组表达方法：

Project_Basis_Information_xxxx＝{Project_Name，Site_Location，Project_Size，Starting_Time，Duration，Project_Construction_Participants}

其中，Project_Base_Information_xxxx 为项目基本信息知识元，xxxx 为项目编码；Project_Construction_Participants 信息包含多个不同的参建单位，参建单位表达的顺序定义如下，一个参建角色有多个单位时，用“&”连接表达：

Project_Construction_Participants＝{Development_Firm，Engineering_Survey_Firm，Design_Firm，Supervision_Firm，Contractors}

(2)工程特征信息知识元模型。各特征知识元包含内容如下：

地质情境＝[勘察单位，勘察时间，地质条件，地形地貌，地层，岩性，地质年代，成因类型，构造特征，地基土类型，地质稳定性，地下有害气体]；

水文情境＝[地表水水位，流量，水质，以及补给、排泄条件与地下水的相互关系，地下水类型，地下水位，历年最高水位，埋藏条件，补给排泄条件，变化幅度，渗透性，流速，流向，有无异常涌水、突水、孔隙水压力]；

周边建筑物情境＝(建筑年代，使用状况(结构强度，材料退化程度)，建筑结构(层高，跨度，构造，基础形式，埋深)，建筑基础与地铁结构的平面位置)；

地下管线情境＝(管线类型，埋深，管径(或断面尺寸)，数量，材质，输送方式，用途，与地铁工程的平面位置，设计示意图，权属单位)；

周边交通情况情境＝(道路类型，路网饱和度)；

围护结构特征知识元＝(围护结构名称，围护结构属性集，围护结构属性取值)，例如，某方案围护结构采用钻孔灌注桩，则有围护桩的特征信息：围护桩采用钢筋混凝土钻孔灌注桩，桩径 1 200 mm，桩中心间距 1 500 mm，冠梁顶至桩底总长 20.00～28.10 m。围护桩混凝土：C35 水下混凝土。钢筋：采用 HPB300、HRB400 钢筋。钢筋保护层厚度：70 mm。地下连续墙施工中的墙宽、墙厚、墙深、成槽方式、接头方式等，这些特征信息影响着工艺工法方案内容的制定，工程特征信息表达是专项方案信息表达的重点之一。

某车站工程深基坑“某车站工程环境”信息如下：

拟建场地地貌单元为剥蚀堆积垄岗区(相当于长江冲洪积三级阶地)，场区内基岩埋藏较浅，老黏性土相对较薄，地面标高在 28.26～37.66 m 之间，场地地势起伏较大，随现状市政道路变化，呈现东高西低的特点。该深基坑穿越地层地质变化复杂，有多处断层、破碎带，地下水位高、裂隙水较发育。

本工程地处城市中心，多条城市主干道在此交汇，路段饱和度等级较高。车站紧邻既有地铁 2 号线的始发(终点)站，周边商业密集，人流、车流量巨大，受既有道路和建筑物的限制，交通疏解困难。

本工程区域为建成区，道路下现状配套管网设施较为完善，工程范围地下管线较多，地下管线错综复杂，相对布置关系复杂。经过现场调查及查阅有关资料，本工程沿线地下管线有：给水、排水、电力、电信、燃气、有线电视线路、路灯线及交通信号等管线。施工范围及周边管线密布，各类管线迁改数量大、推进难。

该基坑工程为近似长方形，基坑长度为 158 m，宽度为 35 m，车站主体工程基坑深度 16.3～29.4 m。

具体的工程地质和水文地质条件如下：

…………

在该专项方案中，对车站基坑工程围护结构体的描述如表 2-4 所示。

表 2-4　某车站基坑工程围护结构主要参数表

项目		标准段
基坑开挖深度		16.3～29.4 m
钻孔灌注桩	桩径	∅1200@1500
	材料	水下 C35 钢筋混凝土
支撑	道数	4/5
	材料	第一道砼支撑：1.2 m×1.4 m；第二道钢支撑：∅609 mm-16；第三道钢支撑：∅609 mm-16；第四道砼支撑：1.0 m×1.2 m；第五道钢支撑：∅800 mm-16；换撑：∅800 mm-16
	支撑长度	34.350～36.200 m
	水平间距	8 m/4 m/4 m/8 m

根据对专项方案中的工程特征分析，分别以 Project_Environment_Features 表示工程环境体参数知识元；Project_Body_Features 表示分部分项工程体参数知识元。定义 Project_Environment_Features 和 Project_Body_Features 的知识元如下：

Project_Environment_Features_xxxx ＝｛Project_Name，Excavation_Shape，Excavation_Size，Excavation_Depth，Surrounding_Environment，Geological_Environment，Hydrological_Environment｝

Project_Body_Features_xxxx ＝｛Activity_Name，Depth，Diameter，Grade_of_Concrete，Supporting_Type，Channels，Materials_of_Channels，Length_of_Supports，Vertical_Interval｝

其中，Project_Environment_Features 包含多个特征参数，本研究根据专项方案知识信息对特征进行了分析，确定上述 6 个特征为方案重用时应考虑的方面。当然，面向不同的需求，方案特征还可以进一步扩展。Project_Body_Features 的特征属性主要跟该分项工程体本身有关，例如，不同的围护结构地下连续墙、钻孔灌注桩、土钉墙等，描述其特征属性是不同的。因此，各分项工程体本身有其特征表达属性集。在特征属性集表达确定之后，要进行知识元信息的完整表达，还需要进一步确定属性取值的类型和单位。对于属性取值类型，主要有：整数型（INTEGER）、数值型（NUMBER）、字符串型（STRING）、布尔型（BOOLEAN）等。上述的属性可以分为两类：数值型和字符串型。数值型中主要包括：数量、长度单位、面积单位以及区间数值等；字符串型主要包括：描述词、逻辑词等。表 2-5 为工程环境特征和部分工程体特征常用的属性取值类型和取值单位。基于上述的分析，工程特征信息可以完整有效表达。

表 2-5　工程环境特征和部分工程体特征及其取值

序号	取值类型	属性名称	属性取值集	备注
1	数值型	Excavation_Depth	$(h_1, h_2), h_1, h_2 \in [0, +\infty]$	开挖深度
2		Excavation_Size	$s \in [0, +\infty]$	开挖平面规模
3		Diameter_of_Piple	$d \in [0, +\infty]$	桩径大小
4		Length_of_Supports	$l \in [0, +\infty]$	支撑长度
5	字符串型	Excavation_Shape	{ Square, Irregular form}	开挖形状
6		Hydrological_Environment	{Very-complex, complex, Medium-complex, Simple}	属性取值根据相关标准而确定，标准主要为水文地质方面的规范以及以往专家的经验
7		Geological_Environment	{Very-complex, complex, Medium-complex, Simple}	
8		Surrounding_Environment	{Very-complex, complex, Medium-complex, Simple}	
9		Grade_of_Concrete	{C15, C20,C25,…,C80}	混凝土等级

(3)工艺工法知识元模型、安全措施知识元模型。

以某车站深基坑工程围护结构专项方案中的钻孔灌注桩施工设计要求及工艺工法为例，分析如下：

“1. 钻孔灌注桩施工

(1)钻孔桩施工前，必须试成孔。数量不得少于两个，以便核对地质资料，检验所选的设备，施工工艺及技术措施是否适当。试成孔经测试后，若孔径、垂直度、孔壁稳定和回淤等指标不符合要求时，应考虑技术改进措施及重新考虑施工工艺。

(2)成孔应严格控制缩径、塌孔、孔斜现象。若超过规定要求，应进行处理后方可施工。

(3)支护桩如需采用泥浆护壁,成孔需采用优质泥浆,以防泥皮过厚,成孔后的孔底沉渣厚度不得大于 200 mm,如与主体结构一同作为永久结构使用时,孔底沉渣厚度不得大于 100 mm。

(4)混凝土如在水下浇筑时,应按照规范采用相应的施工配合比,混凝土的充盈系数不得小于 1.0,但不宜大于 1.15。

…………

…………

(15)钻孔桩挖出的泥渣应泥水分离后,再及时运走,废弃的泥浆、渣按环境保护的有关规定处理,孔口四周 2 m 范围内不得堆放淤泥等杂物;机动车辆通行时,应做出预防措施或暂停孔内作业,以防积压塌孔。

(16)施工允许误差:

①主筋间距偏差不宜大于 10 mm,箍筋间距偏差不宜大于 20 mm;

②钢筋笼直径偏差不宜大于 10 mm,钢筋笼长度偏差不宜大于 50 mm;

③钢筋保护层偏差不宜大于 10 mm;

④钻孔桩的垂直度偏差不大于 1/100,桩位和桩径偏差不大于 50 mm。

…………

(18)围护桩、立柱桩应进行桩身完整性检测,检测数量不宜少于总桩数的 30%,且不少于 20 根。此外,立柱桩按不少于总桩数 10%的比例采用声波透射法或钻芯法检测。"

以下为该设计方案要求下的施工方法及步骤。

"钻孔灌注桩施工方法及步骤如下:

(1)场地平整。钻孔场地应清楚地表绿化等附着物,并平整压实。必须先探测地下管线,紧邻管线时要注意对管线采取保护措施。

(2)测量定位。根据图纸,结合现场平面控制桩……

…………

(5)钻孔。桩机就位前,要事先检查桩机的性能状态是否良好,保证桩机工作正常。……

…………

(9)混凝土灌注。垂直导管法灌注桩身水下混凝土。灌注前,孔底沉渣检查;检查标准:柱桩孔底沉渣厚度应不大于 5 cm,摩擦桩孔底沉渣厚度不应大于 20 cm。二次清孔一般采用抽渣法进行清孔。然后开始灌注混凝土。"

根据工艺工法知识元表达模型,上述的施工方案表达模型可以表达如下:

Construction_Technical_Process_xxxx = {Process_name, Process_steps, Safety_Measures，Emergency_Measures}

Process_Stepsxz_xxxx_xxxx = {Step_Name，Equipments_of_Steps，Specifications_of_Steps，Requirement_of_Steps}

Safety_Measures_xxxx_xxxx = {Process_Name，Risk_Factors，Risk_Assessment，Control_Measures，Effectiveness_of_Measures}

Emergency_Measures_xxxx_xxxx = {Process_Name，Risk_Events，Specifications_of_Measures，Effectiveness_of_Measures}

其中，工艺工法知识元 Construction_Technical_Process_xxxx 主要由工序名称(Process_name)、工序步骤(Process_Steps)、安全保障措施(Safety_Measures)和应急救援措施(Emergency_Measures)功能单元构成，xxxx 为工艺工法知识元案例编号。工序步骤知识元 Process_Steps 模型，由以下功能单元定义：步骤名称(Step_Name)、使用设备(Equipments_of_Steps)、工序条款(Specifications_of_Steps)、工序步骤要求(Requirement_of_Steps)；安全保障措施知识元 Safety_Measures 模型，由以下功能单元定义：工序名称(Process_Name)、风险因素识别(Risk_Factors)、风险评价(Risk_Assessment)、控制措施(Control_Measures)和措施效果(Effectiveness_of_Measures)；应急救援措施知识元 Emergency_Measures 模型，由以下功能单元定义：工序名称(Process_Name)、风险事件(Risk_Events)和措施条款(Specifications_of_Measures)。

运用该知识元模型，对钻孔灌注桩施工方案案例工艺工法信息表达如下：

钻孔灌注桩施工知识元={施工活动名称，工序步骤，安全措施，应急措施}；

(1)工序步骤知识元_xxxx_xxxx={工序流程名称，工序名称，工序内容，工序要求}

例，钻孔灌注桩工序步骤知识元_0021_0012={钻孔灌注桩施工流程，场地平整，测量定位，埋设钢护筒，泥浆制备，钻孔，终孔，清孔，钢筋笼制作、安装，混凝土灌注}；

①工序要求知识元_xxxx_xxxx={工序名称，工序要求}。

例，混凝土灌注工序要求知识元_0021_0026={混凝土灌注，孔底成渣满足设计要求：h(柱桩孔底沉渣)$\leqslant$5 cm，h(摩擦桩孔底沉渣)$\leqslant$20 cm}。

②工序内容知识元_xxxx_xxxx={工序名称，工序内容}。

例，钻孔工序内容知识元_0021_0021={钻孔，工序内容：a. 钻孔桩机性能检查，确保性能状态良好；b. 检查钻头保径装置，钻头直径，钻头磨损，施工过程中对钻头磨损超标的及时更换；c. 钻机旋转钻孔取土，直至设计深度；d. ……}。

③安全措施信息知识元。

安全措施知识元_xxxx_xxxx={工序名称，问题/隐患名称，措施方法，措施效果}

例，孔内坍塌风险安全措施知识元_0021_0102={孔内坍塌风险，措施方法：上下钻头必须轻稳，以防钻头刮损护壁；及时补浆，保证泥浆供给，使孔内泥浆面稳定；加快钢筋笼安装和灌注混凝土速度，防止空孔时间过长；措施效果良好}

④应急措施知识元={工序名称，风险事件名称，应急措施，措施效果}。

例，应急措施知识元={孔内坍塌，应急措施：钻孔塌孔，立即停止冲进，采取回填重冲措施处理；措施效果良好}。

知识元的有序组合则构成了更高一个层次的知识单元，比如，工法步骤知识元+安全保障措施知识元+应急措施知识元，可以形成一个完整的工艺工法知识元；工程特征知识元+工艺工法知识元，可以形成一个完整的知识单元。通过对专项方案知识信息描述层次分析，构建了专项方案知识信息表达的专项方案知识元模型体系，该模型体系能有效地对专项方案知识信息内容进行规范、完整、统一表达。

2.4 基于知识元的安全专项方案表达模型

安全专项方案知识信息整体呈现出层次性、先后顺序、搭接联系以及相互独立等特征，而知识元模型为知识信息处理提供了一种系统有效的方法，能对专项方案知识信息进行规范化的整理与表达，并基于此表达，得到满足共享和重用需求的细粒度知识信息。专项方案文档可以看作由若干知识元按照一定逻辑关系排列而成的结构，把知识元抽取出来以一种规范的形式存储，通过特征检索时，输出相应的新知识元或者是基于组织逻辑重组后的新知识单元。以文档知识信息为例，专项方案知识信息表达主要有两步骤：①文档物理结构分析。将文档中知识信息的内容进行分析，运动知识元模型对不同知识进行表达。例如，将方案知识信息中的特征信息进行单独表达，将这些特征信息按照信息充分表达、满足检索函数计算、表达规范清晰等要求进行表达。这个特征信息主要包含整个方案文档（工程）的特征信息以及对应知识元的特征信息，这个属于知识信息内容层面的建模分析。②文档知识信息逻辑结构分析。找出各知识单元与各段内容的对应关系，从各主题段落中提取不同类型的知识元，以建立知识元的索引向量$\boldsymbol{E}(t_1, t_2, \cdots, t_n)$。这样，从逻辑结构层面构建知识元的导航层次信息，从而建立起知识元之间、知识元与文档之间的链接。安全专项施工方案信息表达指在对工程方案知识信息的规范表达、统一完整、层次清晰，以期满足对知识信息重用的需要。

2.4.1 安全专项方案知识信息结构特征

危险性较大的分部分项工程施工作业中有着明确的工序逻辑关系，在不同的工序施作阶段，往往面临着不同的工程环境，对应地完成同样的工序作业内容，其操作参数不同，对应的安全措施也不同，应急措施也不同，不同工序作业的变换，也是关键的决策点。因此，在知识元模型的基础上，专项施工方案案例是可以被看成是由一系列的工序作业情境片段 T_i，T_i 按照工序作业演化规律和时间规律形成了一个情景演化序列：$T = \{T_1, T_2, \cdots, T_i, \cdots, T_n\}$。其中，$T_i$ 即是案例中的情景片段（$1 \leqslant i \leqslant n$），$n$ 表示某一工序活动的发生、发展和演化过程中的关键情景数量。专项方案知识信息可以看成是特定情景下的知识信息集合，从不同的角度观察，对专项方案知识信息的情景特征可以总结如下：

(1)多维特征：指的是工程方案中的信息都是在时间维、空间维、情境维等多维下的知识信息。

时间维(T)指的是专项方案中知识信息指导工程活动的时间逻辑关系，对于某一具体的工程活动，其有着紧前工作和紧后工作，且工序施工活动中存在着相应的搭接关系。在专项方案知识信息中，工序活动之间的时间维特征是比较清晰的，工序活动在文档中表达时一般都是按照正常的逻辑关系，且时间维的逻辑关系往往会用一个流程步骤表达。

空间维(R)指的是工程施工活动在施工现场的三维空间变化带来的知识信息表达维度。可以理解为三个方面：在不同的三维空间位置上开展的工序活动不同；在同一个区域内开展的工序活动不同；同一样的工序活动往往需要在多个区域同时展开或先后展开。这样，就使得专项方案知识信息的表达多在考虑时间维的基础上，需要考虑空间维度的表达，即对工序在空间上的特点以及工序之间的空间关系。通常，在专项方案中，工序活动的空间维关系主要由工序活动本身的位置和工序之间的物理位置联系体现，常采用语言或者位置示意图表达。

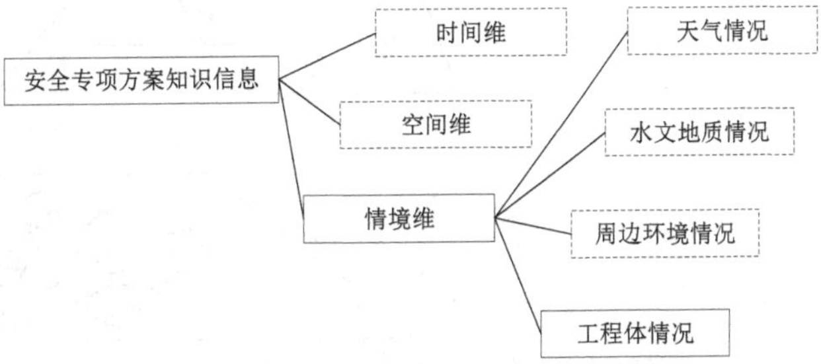

图 2-4 安全专项方案知识信息维度特征关系

情境维(S)主要指任何的工序活动都是在一定的工程环境下进行的，工序活动的完整描述应对情境维进行关联表达。工程环境主要指的是工序活动开展是在人、材、机、环等要素背景下的工序活动内容。一般而言，后三者往往是情境维表达的主要对象，在专项方案知识信息表达时，往往需要对情境维信息进行精细表达，这个是支持对知识信息重用的关键之一。例如，当基坑施工现场发生基坑壁渗水情况时，应采取相关的安全措施（泄水减压、泄水封堵、加强基坑降水等）；当施工现场发生降雨天气时，则要重点关注施工现场的降水与排水情况，采取相应的措施保证排水及时。图 2-4 为安全专项方案知识信息维度特征关系。

(2)多层特征:主要是指安全专项方案中知识信息从总体到局部而提出的知识信息的层次特点。这个特点与地铁车站危大基坑工程的工作结构分解密切相关,地铁车站危大基坑工程的工序活动表现出明显层次性的特征;也就决定了专项方案知识信息还体现出了层次性的特征;而这个特征也符合且有利于使用者对知识信息的认知和理解。例如,地铁车站危大基坑施工中基坑围护工程施工、基坑土方开发施工、基坑支护施工等,都有着分项子分项工程,各分项工程还有着诸多平行可选的方案。这些知识信息间既有联系又相互独立,这些要求知识信息建模体系中能良好地表达出层次结构。图 2-5 为安全专项方案知识信息的多层特征表达示意图,从图中可以看出,根据工程工作结构分解,顶层是指专项方案知识元整体系统,第二层次为专项方案各工序知识元的情境要素和属性,第三层次则为各子工序下特定知识元情境要素和属性,三个层次结构完整地构成了专项方案集成情境知识信息。专项方案知识信息间的多维多层特征分析,为理解专项方案知识信息关联关系提供了有效的视角,为专项方案知识信息表达模型构建提供了基础。

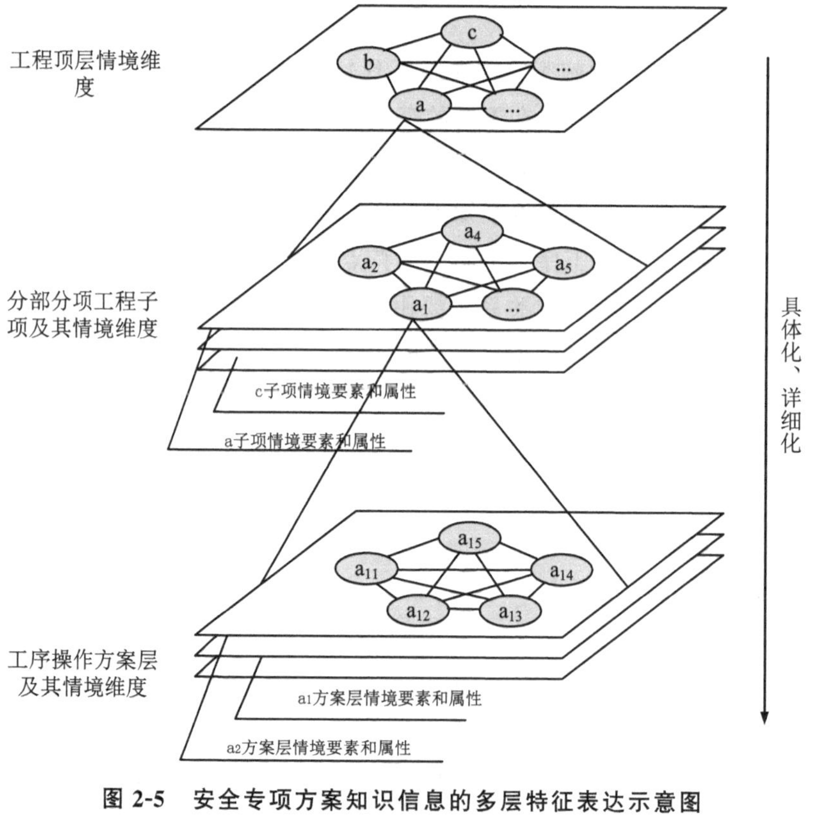

图 2-5 安全专项方案知识信息的多层特征表达示意图

2.4.2 安全专项方案知识信息框架模型

在物理结构分析中,首先,从建立元数据和结构化文本,即对知识信息的模型表达，包括对知识信息的名称、特征等模型构建和对知识信息的内容描述，是进行知识信息重用的基础。其次，还要在物理结构基础上，继续向上对文档逻辑结构进行分析，这样，文档知识信息就从知识元层次和文档逻辑层次进行完整表达。本书收集了众多的地铁车站危大基坑安全专项方案案例，对专项方案知识信息的组织形式、段落主题特征进行分析。在文档的组织形式上，完整的安全专项方案主要包括以下内容：编制依据、分部分项工程概况、施工计划、施工工艺技术、施工安全保证措施、应急措施等，可将段落视为体现组织形式的独立单位，并对方案内容主题特征进行归类。

框架表示法是以框架理论为基础的一种描述某种状态的结构化知识表示法[125]。框架结构符合人们在生活中对知识的认识，框架结构表示方法结构清晰，符合人们对知识的认知，能够很好地描述案例，适合于案例推理在复杂问题的应用。框架由框架头和槽部分表达，即：＜框架＞::=＜框架头＞＜槽部分＞[＜约束部分＞]；而框架由描述事物的各个方面的槽组成，槽表述为：＜槽＞::= ＜槽名＞＜槽值＞|＜侧面部分＞，即每个槽由若干个侧面组成，侧面表述为：＜侧面＞::= ＜侧面名＞＜侧面值＞，而每个侧面又可以拥有若干个值，即：＜侧面值＞::= ＜静态描述＞|＜过程＞|＜谓词＞|＜框架名的值＞|＜空＞ 、＜静态描述＞::= ＜数值＞|＜字符串＞|＜布尔值＞|＜其他值＞。这些内容可以根据具体问题的具体需要来取舍，在框架的表示中通常还需要加入约束条件，主要是给框架、槽、侧面附加一些约束，指明什么样的值才能填入槽或侧面中。结合知识元表达模型，框架法的巴科斯范式（Backus Nomral Form，BNF）格式如下：

知识元框架数目：整数型

词条的数目：整数型

值抽取函数：缺省或一个函数

可信度因子：0～1

子框架数目：整型数

值：缺省或一个特殊值

样式：{标记，字符，字，词组，数字，数值，字符串}中之一

实例：字符串目录

模式数目：整型数

模式函数：一个函数

可信度因子：0～1

最大长度：整型数

最小长度：整型数

工程施工方案信息伴随着工程建设以多种存储形式和多种表达方式的持续产

生，直至竣工验收。主要包括：勘察设计报告及图纸，工程施工图纸，工程施工技术方案，工程质量检查等记录，相关的标准、规范；存储格式则主要包括：文档、图纸、表格、图片等。按照建设过程的逐层细化，将方案中具有一定联系、处于同一层次中的方案知识，组成一个集合，基于知识元和框架法的知识表达形式，使知识间的逻辑关系清晰化和条理化，有利于知识信息的管理。

结合知识元模型的特点和框架表达方法的优点，本书提出“框架-知识元”结合的表达模型，充分结合知识元内容表达单一、独立，具有高内聚、低耦合、框架方法的全局内容层次逻辑关系明确、易于理解的优点。在专项方案知识表达形式上，采用知识元模型，基于知识元模型的表达，提出了专项方案框架知识单元的知识组织形式。框架知识元专项方案模型，根据知识信息自身特征以及满足知识信息管理和利于知识信息重用要求，构建的模型表达体系如图 2-6 所示。

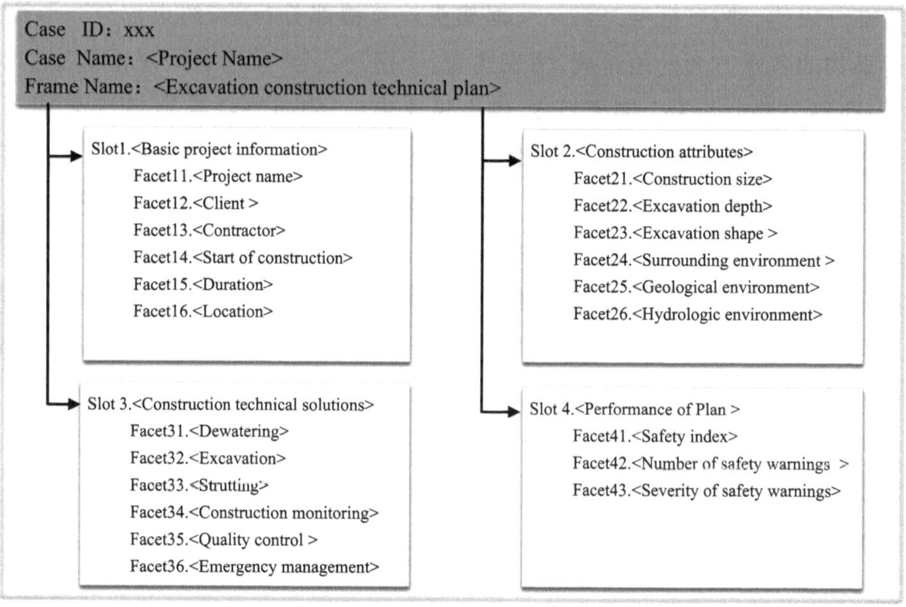

图 2-6　专项方案知识信息的框架法表达结构

图 2-6 为专项方案知识信息的框架法表达结构，该图表达了专项方案多层知识信息的整体结构，专项方案的分部分项、工序操作层等方案知识信息可以用框架法类似表达，采用标准化建模语言 Express 按照相应标准的应用协议进行建模，图 2-7 为工程专项方案模型集成框架 Express-G 图，图 2-8 为工程项目顶层集成情境 Express-G 图。

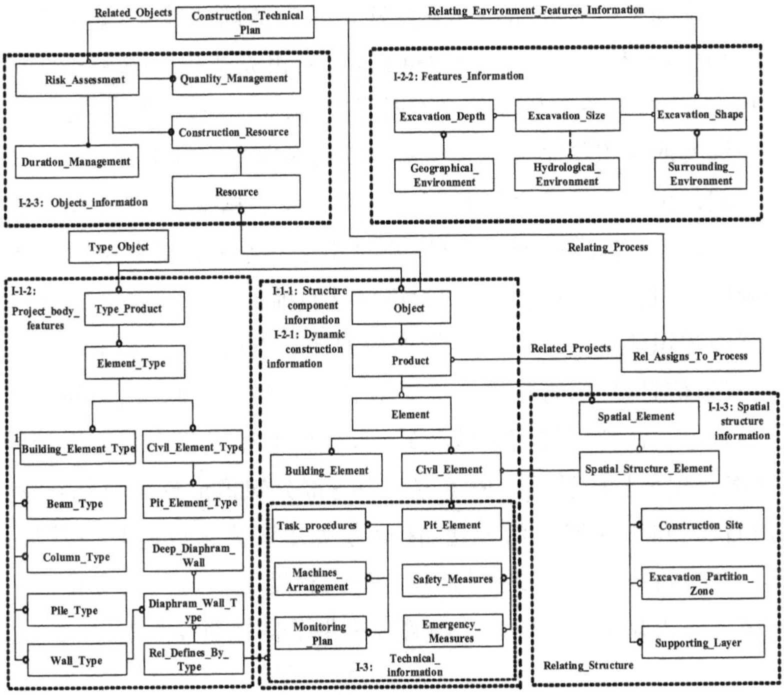

图 2-7　工程专项方案模型集成框架 Express-G 图

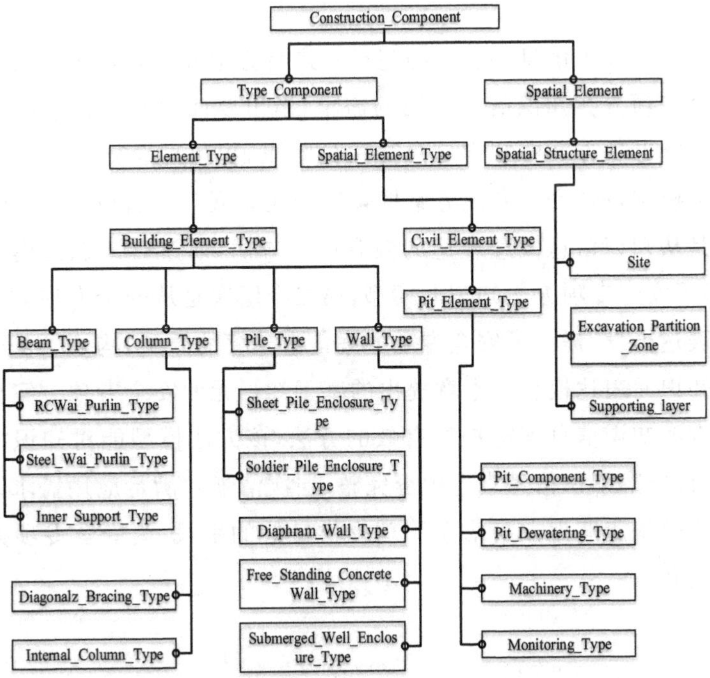

图 2-8　工程项目顶层集成情境 Express-G 图

安全专项方案知识信息的知识元库以知识元为基础和核心，建立方案知识信息知识元间、知识元与其他知识载体间的链接，集成相关知识信息管理和知识服务功能，通过知识组织和知识整合技术建立不同层次的、面向不同用户需求的方案知识元数据库。基于框架的知识信息表示方法构建的数据库具有以下优点：(1)有利于方案建模过程的实现。由于知识信息往往可以由多个模块构成，当某个具体的知识信息模块被确认使用之后，除了该知识信息以外的其他任何一个模块，都可以单独被建模过程的不同阶段使用。(2)有利于方案知识信息的维护。基于框架的表示方法，使得包含多维多层的知识信息的维护变得简单而方便。例如，对于某个方案知识信息的更新，可通过知识信息检索，直接运用替换算法来实现。规则组、知识单元的基本工程模块思想的表示都体现了知识模块化结构，有利于加强知识信息系统性管理[126]。(3)有利于方案知识信息的重用。由于方案中各部分知识信息模块化存储，与特定的算法独立且细化到知识元层次的表达，使得方案知识信息可以被高效灵活地重用。知识获取模块和逻辑推理模块功能的实现，很大程度上提升了信息检索的能力与效率。框架知识元法为知识信息的表达与管理提供了良好的技术支撑。

2.5 本章小结

安全专项方案知识信息的表达与建模是进行方案知识重用的重要基础。本章首先分析了安全专项方案知识信息建模的需求，指出要面向知识信息特点和领域问题求解。根据安全专项方案中知识信息建模的需求，提出结合知识元模型和框架法表达的方案信息模型，即“安全专项方案框架知识元模型”。该模型主要包含两个层次，第一个层次是从知识信息概念表达的微观内容方面，通过对知识元模型的表达方法的分析，构建了安全专项方案知识元模型；第二个层次是从安全专项方案知识信息知识整体关系表达出发，提出了安全专项方案信息建模的原则，构建了基于框架法的安全专项方案知识元表达模型。本章提出的基于知识元的安全专项方案框架模型为能为安全专项方案知识信息表达提供有效的方法，该方法模型能对知识方案信息进行有效组织，使得方案知识信息表达内容完整、层次清晰并满足应用需求。本章构建的知识信息表达模型能够为方案信息管理提供良好的手段，为安全专项方案知识信息重用奠定了基础。

第 3 章

危大基坑工程安全专项方案知识信息重用方法

在第 2 章中，提出了基于知识元法的基坑工程安全专项方案框架表达模型对专项方案案例结构化表达建模，形成危大基坑工程安全专项方案案例库。在新建工程施工准备阶段，根据该工程施工特征，运用相关相似检索方法，从专项方案案例库中查找以往类似工程所使用的安全专项方案，包括该方案所采用的工艺工法、监测方案、风险管理措施方案、应急救援方案等，为新建工程安全专项方案编制以及施工现场重大风险管理提供支持。然而，工程实践中，蕴含价值知识信息的安全专项方案由于缺乏规范的管理和重用检索方法，方案编制工程师往往难以找到以往相似的工程案例，常常直接生搬硬套以往工程方案，再进行局部修改形成新的方案，经常导致新建工程安全专项方案编制耗时长、质量不高、内容不合理、指导效果差等。因此，针对以上问题，迫切需要一种支持以往相似方案案例重用的检索方法，规范以往专项方案案例重用管理，以有效提升新工程安全专项方案的编制效率和质量。新建车站危大基坑工程在安全专项方案指导下完工后，归档工程施工阶段安全专项方案资料，将该新方案案例补充更新到专项方案案例库中。这个专项方案案例知识重用的过程就可是案例推理模型(Case-based Reasoning，CBR)。作为 CBR 模型的核心，相似案例检索的目标是根据新案例特征与案例库中的案例进行特征相似度计算，提供候选相似案例，常用检索方法模型有 k 邻近(k Nearest Neighbour，kNN)法等多种方法，以 kNN 法应用最为广泛。

本章从影响案例检索效果的属性取值、相似函数选取、邻近案例权重等参数出发，提出加权 kNN 法模型以提升案例检索效果。包括：(1)针对危大基坑工程特征信息不确定及模糊性的问题，提出基于区间二型模型逻辑的工程特征信息处理方法，以改善一型模糊逻辑对不确定及模糊性属性精准刻画的不足；(2)针对基坑工程属性取值转换后选择单一相似函数带来的信息损失，提出了基于特征属性取值特点的相似函数选择方法并构建集成相似度函数；(3)针对现有研究中检索案例对目标案例的非线性影响特点考虑的不足，提出了检索案例权重前馈优化方法确定邻近案例参考度。

本研究提出从 kNN 法从模型的输入、模型处理函数和模型的输出 3 个方面并行优化，能有效提升案例检索的效果。获得最优相似方案后，为满足案例调整重用需要，构建了基于相似度融合的知识信息融合方法和基于规则的知识信息调整方法。本研究构建的危大基坑工程安全专项方案知识信息重用推理方法，可为工程师编制安全专项方案提供有力的工具方法支持。

3.1 k 邻近相似检索方法

案例推理技术是人工智能领域中一种重要的基于知识的问题求解和学习方法，用过去案例中求解类似问题的经验知识来解决当前新问题。CBR 模型主要包含 4 个步骤：检索(Retrieve)、重用(Reuse)、调整(Revise)、保留(Retain)，其中，案例检索和案例调整是方案知识信息重用的重要步骤[99]。与传统的基于规则推理(RBR)比较，CBR 模型将难以规则化的知识信息关系隐含到实例中，克服了知识获取、形式化表示的困难，增量式学习方式逐步完善案例库，提高问题求解精度。地铁危大基坑工程专项方案中涉及的工程环境、工程活动等方面多，知识信息丰富，相互关系复杂，专项方案编制的关系规则往往不易提取，采用基于案例推理应用模式比较适合这类“弱理论强经验”的应用领域[109]。

为了提高基于案例推理的效率和准确性，将知识和案例联系起来实现协同运作，充分发挥 CBR 和 RBR 在处理特定问题的优势[127]，本章构建了基于改进的 CBR 地铁车站危大基坑工程安全专项施工方案重用模型，如图 3-1 所示：

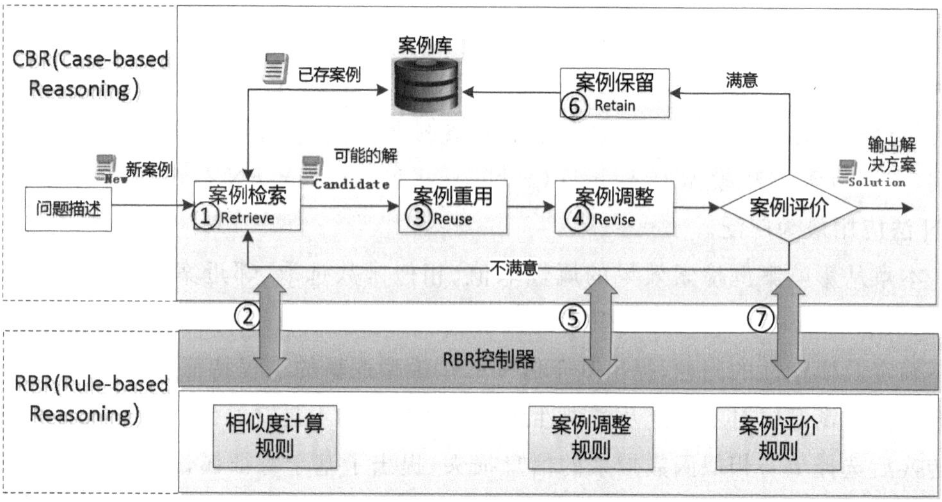

图 3-1 基于规则改进的 CBR 安全专项方案重用模型

在该重用模型中，步骤①③④⑥体现 CBR 的检索(Retrieve)、重用(Reuse)、修正(Revise)、保留(Retain)4 个典型过程[99]。在步骤①输入新问题描述，根据案例的分类属性、工程特征属性调用 RBR 控制器中的相似度计算规则(步骤②)进行相似度计算。其中，相似度计算方法可由系统预留人工接口进行干预，检索得到的以往相似案例解无法满足待求解问题时，则调用 RBR 中的调整规则(步骤⑤)支持案例调整(步骤④)，得到向 CBR 系统调整结果。最后，求解方法应用后，将该案例保存更新(步骤⑥)至案例库中，以支持案例增量式学习与维护。基于规则改进的案例推理模型核心是案例检索和案例调整，案例检索的目标是根据新案例特征与案例库中的案例进行特征相似度计算，提供满足重用要求的候选相似案例，常用检索方法为 k 邻近法。案例调整则是在已获得的相似案例基础上，进行重用案例知识的调整以适应差异性工程问题的应对与解决。

本章从影响案例检索效果的属性取值、相似函数选取、邻近案例权重等方法规则中的参数出发，提出加权 kNN 法模型以提升案例检索效果，得到检索案例后，再运用基于规则的案例调整以提升方案案例重用效果。案例检索作为该模型的首要步骤，该操作的关键是方案间特征相似性度量规则。相似度是方案间进行特征严格比较的一种结果，相似度模型则是进行特征相似度比较的方法。在结合检索结果的选择策略，则形成了 kNN 法模型。

kNN 法是一种用来进行数据挖掘分类和回归的非参数化方法[128]，该算法的核心思想根据待测样本的特征，寻找出与该特征类似的 k 个邻近案例，待测样本的类或值由周围有限的 k 邻居的计算得到。该算法的主要步骤如下：

步骤 1. 构建样本集合：$D=\{(x_{ij},\ y_i),\ i=1,\ 2,\ \cdots,m;\ j=1,\ 2,\ \cdots,\ n\}$；其中：$D$ 为 n 维空间 R_n 中的样本点集；样本 $\boldsymbol{x}_i$ 表示为特征向量 $\boldsymbol{x}_i=\{x_{i1},\ x_{i2},\ \cdots,\ x_{in}, y_i\}$；$x_{ij}$ 表示样本 x_i 的第 j 个特征取值。并将样本划分成训练集 D' 和测试集 D''。

步骤 2. 初步确定邻近案例数 k 的初始值。

步骤 3. 选择距离(相似度)函数，以欧氏距离作为相似度计算函数，定义 $d(x_{pj},\ x_{qj})$、$d(x_p,\ x_q)$ 分别为两个样本 x_p 和 x_q 的第 j 个特征值距离和案例间距离；w_j 为属性 j 权重，满足 $\sum\omega_j=1$。

$$d(x_{pj},x_{qj})=\sqrt{(x_{pj}-x_{qj})^2}$$

$$d(x_p,x_q)=\sum_{j=1}^{m}w_j\cdot d(x_{pj},x_{qj})$$

$$Sim_{pq}=1-d(x_p,x_q) \tag{3-1}$$

步骤 4. 运用训练集数据对邻近案例数 k 优化。当样本集中标签值为离散变量时，其函数为 F：$R_n \to v_i$，$V=\{v_1, \cdots, v_s\}$，$v_i \in V$；对于样本集中标签值为连续和离散两种情况时，则待判断样本 x_s 的类属(值)为：

$$F(x_s)'_k \begin{cases} \underset{v \in V}{\operatorname{argmax}} \sum_{i=1}^{k} \delta(v, f(x_i)), Sim_{sk} > \lambda \cap \mathrm{Num}(Sim_{sk}) \leqslant k \\ \sum_{i=1}^{k} \omega_i \cdot y_i, Sim_{sk} > \lambda \cap \mathrm{Num}(Sim_{sk}) \leqslant k \end{cases} \tag{3-2}$$

$$Q = \min \left| y_i - F(x_q)'_k \right| \tag{3-3}$$

式中：w_i 为样本 i 的权重，表示该案例对目标案例的影响程度，一般与相似度成比例，案例与目标案例的相似度越大，案例被赋予的权重也越大；$\delta(a,b)$ 为类属判断函数，当 $a=b$ 时，$\delta(a,b)=1$；否则，$\delta(a,b)=0$；w_i 为检索案例的权重，满足 $\sum_{i=1}^{k} \omega_i = 1$。运用多折交叉验证方法，求得预测值与样本值最小差值的优化检索模型。Sim_{sk} 为基于相似度函数或距离函数计算得到的相似度值，λ 为相似度的阈值，N 为满足相似度的案例数，k 为设定的邻近案例数量值。

Step5. 根据邻近案例 k 的样本值确定待分类样本的预测值。给定一个新的待分类样本 x_q，x_1，…，x_k，表示训练样本数据集中与 x_q 满足距离要求且距离最近的 k 个样本。

$$x_t = \{x_i \mid Rank(Sim_{qi}),\ i=1,\ 2,\ \cdots,\ m;\ t=1,\ 2,\ \cdots,\ k\} \tag{3-4}$$

依据公式(3-4)，可计算得到待分类样本的预测值 $F(x_a)'k$。

kNN 法适用于各种类型的数据样本，能直接有效地利用样本点之间关系，性能稳定；对于噪声或有缺失数据样本，算法有良好的健壮性；当给定足够大的训练集合或海量的数据库，该算法仍然非常有效。此外，该方法不需要事先建立分类模型进行模型训练，运算模型时直接调用已知的训练集，且训练集数据库维护方便[129]。kNN 法的优点使得该方法在案例检索中广泛应用。然而，kNN 法也有其不足之处，从 kNN 法的模型可以看出，影响 kNN 法检索效果的主要有以下参数：属性取值(x_j)、距离函数(f_{Sim})、检索案例权重(w_i)和近邻案例数量(k)。

(1)属性取值(x_j)。首先，确定领域问题表征属性后，则要考虑属性取值。当求解问题领域的属性众多时，传统 kNN 法中的距离度量效果往往较差，需要考虑对高维数据进行转换处理，而由于量纲维度不同，归一化处理往往会导致属性信息损失。通常，案例样本多维属性都有自己的定义域和取值范围，其取值类型往往多样，对于模糊取值属性，取值确定困难，经验取值做法容易造成属性信息的损失[130]。

(2)距离函数(f_{Sim})。也称为相似度函数，主要用来判断案例特征间的“距离”远近，其本质也是样本相似程度的一种度量，常用的距离函数有多种，如欧氏距离、曼哈顿距离、马氏距离、杰卡德距离等。一般情况下，距离函数的选择通常取决于案例属性的含义和取值情况；如对于连续变量取值类型，可以选择欧氏距离作为距离度量函数[131]。

(3)检索案例权重(w_i)。检索得到的满足相似度的案例对目标案例的影响是不同的[132]，相似度越大，表示目标案例可更大程度地参考检索案例，应赋予更大权重。通常，案例权重值可根据案例相似度的取值来确定，主要有线性关系和非线性关系两类。而例如，w_j 取案例 j 的相似度与 k 个相似度案例的加权均值的比值，该权重关系为线性关系；如 w_j 随着案例相似度的增大而对该案例赋予指数级的增长，则权重关系为非线性关系，该权重取值往往需要根据邻域问题进行分析选择[133]。研究文献指出在研究提高 kNN 分类性能时，需要充分考虑高维数据中的高阶统计量和非线性特征[134-136]。

(4)近邻案例数量(k)。k 值影响案例检索效果，为一个自定义的常数。常用的选择 k 值的方法是交叉验证(Cross-Validate)误差统计选择法，该法能有效地确定邻近案例 k 的取值。

安全专项方案案例的检索是运用方法将新建工程的多维特征属性与以往工程施工过程多维情境特征匹配计算，检索得到基坑工程施工方案案例知识，以此作为新建工程安全专项方案编制生成的重要参考。特征匹配问题可以转化成分类问题，针对通常的分类或者回归问题，kNN 模型可以简化表达为公式(3-5)：

$$\begin{aligned} Y_t &= \sum_{i}^{k} w_i \cdot Y_i \,|\, Sim_{ti} \\ Sim_{ti} &= \sum_{j=1}^{n} w_j \cdot Sim(x_{tj}, x_{ij}) \end{aligned} \tag{3-5}$$

式中：Y_t 和 Y_i 分别为目标案例 t 和案例 i 的标签值；w_i 为被检索案例 i 的权重，表示为检索案例对待分类案例的影响程度；Sim_{ti} 为目标案例 t 与案例 i 的相似度；w_j 为案例中属性 j 的权重；$Sim(x_{tj}, x_{ij})$为案例 t 和案例 i 的属性 j 的相似度值；k 为确定的邻近案例数量；n 为属性的数量。

可以看出，影响 kNN 方法模型效果的参数包括：属性取值、相似度函数、检索案例权重和邻近参数 k。为了提升案例检索的效果，应充分考虑属性取值、距离计算方法和相似案例影响程度，包括邻近案例数(k)的选择。针对传统 kNN 法应用的不足，本章拟从方法模型中的属性取值、相似度函数和案例影响权重 3 个因素出发，根据安全专项方案案例检索的特点和需求，构建改进的 kNN 法模型，以提高满足要求的安全专项方案案例检索效果。

3.2 基于改进的 k 邻近法专项方案检索模型

3.2.1 安全专项方案知识重用属性分析

基坑工程施工方案的特征属性主要指需要在施工考虑的相关指标参数,包括影响工程施工方案制定的外部环境特征和工程体本身特征。危大基坑工程专项施工技术方案,主要包含降水、土方开挖和围护结构施工等子安全专项方案。安全专项方案的制定主要关注施工工法工艺、安全措施方案、监测方案以及应急救援方案等内容。工程项目位置的独特性与差异性,使得安全专项方案内容编制时,要考虑并依据工程的外部环境特征和工程体本身特征[20][137]。

(1)基坑工程外部环境特征主要指的是施工现场的环境,主要包括:基坑规模(基坑开挖的面积)、基坑深度(基坑开挖深度)、基坑形状(方形和不规则的异形)、周边环境(管线、建筑物、交通等)、水文环境(地下水类型、埋藏情况、周边水情况等)和地质环境(土质类型、厚度、分层情况等)[138]。

(2)工程体本身特征主要指的是工程活动本身对该施工方案的制定同样有着重要的影响参数[139]。以基坑工程围护结构施工为例,表 3-1 为常见围护结构施工类型的特征属性,当围护结构采用地下连续墙工法时,则要关注地下连续墙的属性特征,即:墙厚度、墙深度、接头类型、混凝土等级。同样的,编制基坑工程施工降水、基坑工程土方开挖安全专项方案则应该考虑对应的活动本身的特征属性。例如,基坑降水则要考虑的因素有降水深度、土质类型以及地下水情况,土方开挖则要考虑开挖深度、土质类型、地下水情况、围护结构类型等。

表 3-1　围护结构类型特征属性表

序号	子分部工程	属性特征
1	地下连续墙	墙厚度、墙深度、接头类型、混凝土等级
2	钻孔灌注桩	桩长、桩径、混凝土等级
3	人工挖孔桩	桩长、桩径、混凝土等级
4	SMW 工法桩	导槽、桩径、混凝土等级
5	高压旋喷桩	桩长、桩径、混凝土等级

上述的工程特征信息可以通过查阅该工程项目的地质勘查报告或相关图纸设计文件获得,在施工方案中,工程概况部分往往有详细的介绍和描述。

分析确定的影响基坑工程施工的多维特征属性后，下一步则需要讨论不同属性取值类型和取值范围，以此作为距离（相似度）函数选择的依据。统计学中变量数据类型有 4 类[140]：定类尺度、定序尺度、定距尺度和定比尺度。这 4 种尺度所能进行的运算和适用的范围不同，如表 3-2 所示。

表 3-2　4 种量化尺度可以进行的运算

是否能用于本项计算	定类尺度	定序尺度	定距尺度	定比尺度
频率分布	是	是	是	是
数值和百分位数	否	是	是	是
加或减	否	否	是	是
均值和标准差	否	否	是	是
变化率和变化系数	否	否	否	是

其中，定类尺度是按样本的某种属性对其进行平行的分类或分组，可测度事物之间的类别差；定序尺度是对样本之间等级差别和顺序差别的一种测度，可测度类别差和次序差，但无法测量类别之间的准确差值，只能比较大小，不能进行加减乘除数学运算；定距尺度是对事物类别或次序之间距离的测度，该尺度通常使用自然或物理单位作为计量尺度，可加减运算，不能进行乘除运算。定比尺度有绝对零点（定比尺度中的“0”表示没有或理论上的极限，如面积），定比数据一般取非负值，可进行加减乘除运算。

方案属性取值类型可以依据上述类别划分，如，基坑形状为定类数据，取值类型为字符型；基坑深度为定距数据，取值为数值型。而对于单一数值和区间值的两种数值型以及确定型字符，在地铁危大基坑工程中，取值为数值型的属性取值过程较为简单，一般可依据工程信息取值。而对于模糊字符型的属性取值，则较为复杂，往往需要进行处理。工程方案中工程周边环境、工程水文、工程地质 3 个属性语言表达含义复杂、模糊和不确定。以工程地质为例，基坑工程在开挖深度内，从上至下往往分布着不同厚度的土质，工程报告中一般用自然语言描述，自然语言是人们最方便、最有效的表达方式，这种模糊系统的表达方式不需要建立精确的数学模型，那如何表达这个地质的情况，以能用在方案检索模型中。模糊理论具有模糊不确定性信息的非线性复杂系统的建模和分析中的巨大应用潜力，如图 3-2 为模糊取值属性值与语义字典的关系图，通过此关系进行语义匹配处理得到属性模糊值。模糊逻辑系统因其基于自然语言的描述，能有效地处理模糊概念以及对非线性函数建模，因此，其能快速方便地描述与处理问题。

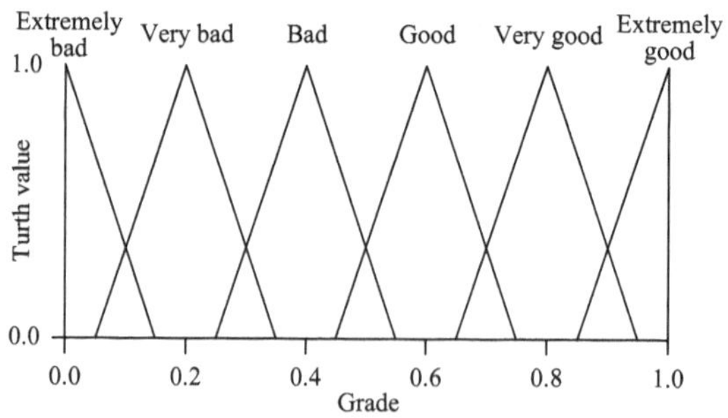

图 3-2 模糊取值属性值与语义字典的关系

然而,常规的对上述自然语言用上述简单化的方法(如,Very good=0.8、Good=0.6、Bad=0.4 等)把语言变量处理为数据,会遗漏对回归模型而言的重要信息,那么该如何解决这类模糊情形下的参数估计问题呢。上述的方案属性模糊取值是一项典型的在模糊规则下进行语言信息处理的过程。不同经验的工程师(专家)在特征属性评价标准或规则的基础上对属性的语言描述进行语义评价,这一过程中存在着两层的模糊性,即描述语言的模糊性和评价规则的模糊性[141]。传统对属性经验赋值和取值直接转换等一维模糊处理方法,无法较好地表达属性模糊特性,属性信息失真较大[142]。文献[143-144]研究中的一型隶属度函数的相似计算应该考虑属性取值的两层模糊性。

一型模糊集以隶属度函数表达语言信息的模糊性,而二型模糊集则引入新隶属度函数对隶属度进行表达,以进一步考虑语言信息转化时语言转化规则的不确定与模糊性,增强了对语言信息的刻画和表达,更符合实际情况[145]。二型模糊集法的提出为描述模糊信息和处理模糊问题提供了有力的工具[148],已应用于控制决策[146]、语言处理[147]等领域。二型模糊集在无法精确给出变量隶属函数的情况下,依然可以用来描述变量的不确定信息,方法模型如下:

定义 1 给定论域 X 及其元素 $\chi\in X$,二型模糊集由其隶属度函数表示如下:

$$\widetilde{A}=((x,u),\mu_{\widetilde{A}}(x,u)\mid\forall u\in j_x\subseteq[0,1]) \tag{3-6}$$

其中,有 $0\leqslant\mu_{\widetilde{A}}(x,u)\leqslant 1$,当 $\mu_{\widetilde{A}}(x,u)=1$ 或 0,则有区间二型模糊集:

$$\widetilde{A}=\int_{\chi\in X}\int_{u\in j_x}1/(x,u)j_x\subseteq[0,1] \tag{3-7}$$

其中:x 为主变量;X 为目标论域;j_x 为主隶属度;u 为次变量;$\widetilde{A}$ 为二型模糊集合;$\mu_{\widetilde{A}}(x,u)$为主变量 x 的次隶属度函数。二型模糊集的不确定由二型模糊集的上下限隶属度函数围成的区域来刻画,记为$\left(\mu_{\widetilde{A}},\mu_{\widetilde{A}}\right)$。

定义 2 若区间二型模糊数的上下界隶属函数为梯形模糊数,称其为区间梯形二型模糊数[148],即

$$A=(A^U,A^L)=((\alpha_1^U,\alpha_2^U,\alpha_3^U,\alpha_4^U,H_1(A^U),H_2(A^U))((\alpha_1^L,\alpha_2^L,\alpha_3^L,\alpha_4^L,H_1(A^L),H_2(A^L)) \tag{3-8}$$

其中：$H_j(A^U)$和 $H_j(A^L)$分别表示 A^U,A^L 中的第 $j+1$ 个元素 $\alpha_{j+1}^U,\alpha_{j+1}^L(1\leqslant j\leqslant 2)$的隶属度。二型模糊数加法运算规则和常数的乘法运算规则可参见文献[148]。

通常，确定语言变量的度量标度来满足语言模糊使用的需要，表 3-3 为语言变量的语言术语命名规则，根据确定的某一语言度量的标度和表 3-3 可确定各语言术语的名称，如“高”“很高”等。

表 3-3　语言变量的语言术语命名规则

标度号	1	2	3	4	5	6
语言术语个数	2	3	5	5	7	9
很低			Y		Y	Y
低-很低						Y
低	Y	Y	Y	Y	Y	Y
较低				Y	Y	Y
中等		Y	Y	Y	Y	Y
较高				Y	Y	Y
高	Y	Y	Y	Y	Y	Y
高-很高						Y
很高			Y		Y	Y
注：Y 表示某一标度应包含对应的语言术语。						

在确定上述语言变量体系后，要建立每个语言术语对应的区间二型模糊数。为了对模糊属性定量表示，需提出相应的属性语言评价参考标准。根据《工程建设水文地质勘察标准》[149]《岩土工程勘察规范》[150]以及相关文献[138]，提出了基坑安全专项方案工程特征属性取值评价参考标准，如表 3-4 所示。

表 3-4　基坑安全专项方案工程特征属性取值评价参考标准

序号	特征项目	简单 S [0，0.25)	中等复杂 MC [0.25，0.50)	复杂 C [0.50，0.75)	非常复杂 VC [0.75，1.00]
1	周边环境特征	管线情况简单，周边建筑对施工影响小，道路车流较少	管线对施工影响程度一般，周边建筑影响施工程度一般，道路车流中等	管线对施工影响较大，周边建筑情况较复杂，道路车流较大	管线复杂，周边建筑情况复杂，对施工影响大，道路车流大

续表

序号	特征项目	简单 S [0，0.25)	中等复杂 MC [0.25，0.50)	复杂 C [0.50，0.75)	非常复杂 VC [0.75，1.00]
2	水文特征	地下水类型简单，埋藏简单，无周边水影响	地下水类型清晰，埋藏清晰，周边水影响较小	地下水类型多样，埋藏复杂，边界条件较复杂，受周边水的影响较大	地下水类型复杂，埋藏复杂，边界条件复杂，受周边水影响大
3	地质特征	土质分层较少，开挖土质好，较少有软土和粉土等	土质分层较多，开挖土土质一般，含一定软土和粉土等	土质分层复杂，开挖土质较差，开挖土质含有软土和粉土等	土质分层复杂，开挖土质差，开挖土含有大量软土、粉土等

工程施工方案属性确定与取值分析作为方案案例检索的基础步骤，运用基于知识元的方案案例信息表达模型，能够自动地抽取工程属性相关描述，对于确定型的属性取值，可直接作为检索模型的输入对象；而对于自然语言描述的属性模糊取值问题，区间二型模糊法能够进一步描述属性的模糊信息，更符合工程实际中对专项方案的应用与管理情况，有利于提升方案重用检索的效果。根据方案属性取值集，建立属性描述的语言标度及其对应的区间二型模糊数关系[148]，如表 3-5 所示。

表 3-5 语言标度及其对应的区间二型模糊数关系

语言标度	区间二型模糊数
简单	((0,0,0.1,0.2;1,1), (0,0,0.1,0.15;0.85,0.85))
中等复杂	((0.1,0.3,0.4,0.5;1,1), (0.15,0.3,0.4,0.45;0.85,0.85))
复杂	((0.4,0.6,0.8,0.9;1,1), (0.45,0.6,0.8,0.85;0.85,0.85))
非常复杂	((0.8,0.9,1,1;1,1), (0.85,0.9,1,1;0.85,0.85))

对于周边环境(X_4)、水文环境(X_5)和地质环境(X_6),邀请多位经验丰富的工程师 D_i 参考表3-5评价语言描述规则,在查阅各项目的设计勘察资料和项目概况等信息后,对属性的取值进行评价。根据得到的语言模糊评价二型模糊值,运用综合评价矩阵计算得到最终二型区间属性取值。

在方案属性集和取值集确定的基础上,基于语言标度及其对应的区间二型模糊数关系,计算安全专项方案特征属性综合取值。然后,构建属性取值综合评价矩阵并计算得到工程属性的二型模糊值。至此,影响安全专项方案重用检索的多维属性信息、属性类型及其取值被完整表达,为下一步专项方案相似度函数选择和计算提供了基础。继续以围护结构施工安全专项方案为例来说明,确定的案例检索模型输入变量工程特征环境属性主要有:

基坑规模 X_1:连续取值的数值型变量;

基坑形状 X_2:离散字符串型;

基坑深度 X_3:连续取值的数值型;

周边环境 X_4、水文特征 X_5 和地质特征 X_6:自然语言处理后的区间二型模糊取值;

其中,模型中的属性取值、相似函数选取可以根据下节的分析确定。属性权重参数是表明各个属性在评价中的重要性的权数,表示各个属性指标在总体中所起的不同作用,权重可用统计平均法、变异系数法和层次分析法等计算给出。

3.2.2 安全专项方案检索相似函数选择

在案例检索流程中,方案属性确定和取值类型分析后,下一步是相似度(距离)函数的选择。k 邻近法中运用相似度(距离)函数进行计算得到案例的总体相似度,相似度(距离)函数选择影响着相似度计算效果。目前,计算样本间的相似性(距离)度量方法有多种,包括:闵可夫斯基距离、马氏距离、杰卡德距离、Person相关系数以及余弦相似度等,主要方法如下:

定义:样本属性取值集合为$\{x_{ij}, y_i\}$,其中:$i=1, 2, \cdots, m$;$j=1, 2, \cdots, n$;i 表示第 i 个案例;j 表示第 j 个属性;

(1)闵可夫斯基距离,也称闵式距离,是一组距离的定义。设有两个 n 维变量,$X_1(x_{11}, x_{12}, \cdots, x_{1n})$和$X_2(x_{21}, x_{22}, \cdots, x_{2n})$,两变量之间的闵式距离定义为:

$$d_{12}=\sqrt[p]{\sum_{j=1}^{n}|x_{1j}-x_{2j}|^p} \tag{3-9}$$

式中:常量 p 是一个变参数;当 $p=1$ 时,公式(3-9)为曼哈顿距离;当 $p=2$ 时,公式(3-9)为欧氏距离,当 $p\to\infty$时,公式(3-9)为切比雪夫距离,见表3-6。

表 3-6 项目或对象之间的相似性(距离)度量方法

曼哈顿距离($p=1$)	欧氏距离($p=2$)	切比雪夫距离($p\to\infty$)
$d_{12}=\sum_{j=1}^{n}\lvert x_{1j}-x_{2j}\rvert$	$d_{12}=\sqrt[2]{\sum_{j=1}^{n}\lvert x_{1j}-x_{2j}\rvert^2}$	$d_{12}=\max^{j}(\lvert x_{1j}-x_{2j}\rvert)$

(2)马氏距离。是一种计算两个未知样本集的相似度方法,表示样本数据的协方差距离。马氏距离实际上是利用 Cholesky transformation 来消除不同维度之间的相关性和尺度的不同。有 M 个样本向量 $\boldsymbol{X}_1\sim\boldsymbol{X}_m$,协方差矩阵记为 $\boldsymbol{S}$,则向量 $\boldsymbol{X}_1$ 与 $\boldsymbol{X}_2$ 之间的马氏距离定义为:

$$d_{12}=\sqrt{(\boldsymbol{X}_1-\boldsymbol{X}_2)^{\mathrm{T}}\boldsymbol{S}^{-1}(\boldsymbol{X}_1-\boldsymbol{X}_2)} \tag{3-10}$$

(3)杰卡德距离。两个集合中不同元素占所有元素的比例,用来衡量两个集合的相似度。设有两个元素集合 X_1 和 X_2,该距离 d_J 定义如下:

$$d_J(X_1,X_2)=1-Sim_J(X_1,X_2)=\frac{\lvert X_1\cup X_2\rvert-\lvert X_1\cap X_2\rvert}{\lvert X_1\cup X_2\rvert} \tag{3-11}$$

式中,Sim_J 表示集合 A,B 的交集元素在 A,B 的并集中所占的比例,称为两个集合的杰卡德相似系数。通常,杰卡德距离 d_J 可取相似系数的相反数。

(4)区间二型模糊数的相似度表达的是两组模糊数之间的相似度。根据 3.1.1 节中的区间二型模型模糊数的定义,设有两个区间梯形二型模糊数 X_1 和 X_2 属于

$$X_1=(x_{11}^U,x_{12}^U,x_{13}^U,x_{14}^U;H_1(x_1^U),H_2(x_1^U)),(x_{11}^L,x_{12}^L,x_{13}^L,x_{14}^L;H_1(X_1^L),H_2(X_1^L))$$
$$X_2=(x_{21}^U,x_{22}^U,x_{23}^U,x_{24}^U;H_1(x_2^U),H_2(x_2^U)),(x_{21}^L,x_{22}^L,x_{23}^L,x_{24}^L;H_1(X_2^L),H_2(X_2^L)),$$

则有区间二型模糊数 X_1,X_2 相似度计算公式[148]:

$$\begin{aligned}&d(X_1,X_2)=(d_1+d_2)/8\\&Sim(X_1,X_2)=1-d(X_1,X_2)\end{aligned} \tag{3-12}$$

式中,$d(X_1,X_2)$为 Hamming 距离,d_1,d_2 计算依据公式(3-13):

$$\begin{aligned}d_1=(&\lvert x_{11}^U-x_{21}^U\rvert+\lvert x_{12}^U\cdot H_1(X_1^U)-x_{22}^U\cdot H_1(X_2^U)\rvert+\\&\lvert x_{13}^U\cdot H_2(X_1^U)-x_{23}^U\cdot H_2(X_2^U)\rvert+\lvert x_{14}^U-x_{24}^U\rvert\end{aligned} \tag{3-13}$$

$$\begin{aligned}d_2=(&\lvert x_1^L1-x_2^L1\rvert+\lvert x_1^L2\cdot H_1(X_1^L)-x_{22}^L\cdot H_1(X_2^L)\rvert+\\&\lvert x_1^L3\cdot H_2(X_1^L)-x_{23}^L\cdot H_2(X_2^L)\rvert+\lvert x_{14}^L-x_{24}^L\rvert\end{aligned}$$

(5)余弦相似性。夹角余弦相似度方法将变量看成一组向量,用两个向量 $\boldsymbol{a}_i$ 和 $\boldsymbol{b}_i$ 夹角的余弦值作为衡量两个体间差异的大小,取值范围为[−1, 1],Sim_c 定义如下:

$$Sim_c(a,b)=\frac{\sum_i \boldsymbol{a}_i \boldsymbol{b}_i}{\sqrt{\sum_i \boldsymbol{a}_i^2}\sqrt{\sum_i \boldsymbol{b}_i^2}}=\frac{<a,b>}{\| a \| \| b \|} \tag{3-14}$$

从上述的多种相似度计算模型可以看出，不同的相似度计算模型适用于不同的数据类型。而基于向量视角的余弦距离和基于距离函数的相似度计算模型都可适用于数组类型数据，但是二者存在着明显的差别，如图 3-3 所示。从图 3-3 看出，以欧氏距离为代表的距离类模型衡量的是空间各点（A、$B(B')$）的绝对距离（$d(A, B)$、$d(A, B')$），与各点所在的位置坐标直接相关，体现个体数值特征的绝对差异，主要用于要从维度的数值大小中体现差异的分析。而余弦距离衡量的是空间向量的夹角余弦值（$\cos\theta$），体现为两变量在方向上的差异，对绝对的数值不敏感，适宜多变量为统一类型的变量集（例如，二元取值的变量集）。

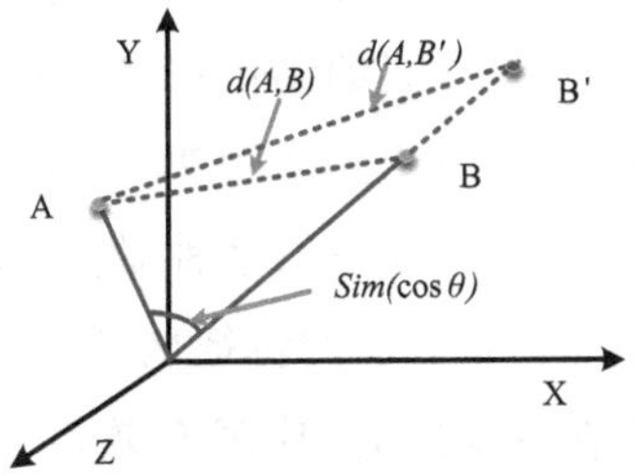

图 3-3　余弦相似度与空间距离度量示意图

基坑工程安全专项施工方案知识信息是具有多个特征的多维情境知识集，专项方案属性相似度计算，强调样本属性取值的差异程度。对于多特征的样本相似度计算，以往研究常用做法是将各属性特征变量转换成同一种类型值，选用单一相似函数模型计算各个属性特征的相似度并加权计算得到两个样本间的多特征综合相似度。然而，该方法将属性取值转换成同一类型值过程中往往存在着属性信息的损失，且无法充分发挥不同相似度函数的优点，往往导致相似检索效果较差。为了弥补上述方法模型的不足，可根据专项方案属性取值相似比较的要求，基于各属性取值类型特点选择距离（相似）函数计算属性间相似度，定义基于属性相似度求取案例综合相似度公式（3-15）如下：

$$Sim(x_t,x_i)=\sum_{j=1}^{n} w_j * f_j(x_{tj},x_{tj})=j=1,2,\cdots,n$$

$$Subf_j(x_{tj},x_{ij})=\begin{cases}1-\sqrt[p]{\sum_{j=1}^{n}|x_{tj}-x_{ij}|^p},x_{ij}\in R_n\\ 1-\dfrac{|X_1\cap X_2|}{|X_1\cup X_2|},X_1\neq\Phi\\ 1-\dfrac{(d_1+d_2)}{8},x_{ij}\in\omega\end{cases} \tag{3-15}$$

式中：$Sim(x_t, x_i)$ 为专项方案案例 t 和 i 之间的综合相似度值；w_j 为属性 j 的权重；$f_j(\ )$为方案属性 j 的相似度（距离）函数模型，根据属性的取值特点和类型选择；对于数据属性取值 $x_{ij} \in R_n$，可选择闵氏距离模型；对于属性取值 $X_i \neq \Phi$，即非空元素集时，可选择杰卡德距离模型；对于 $x_{ij} \in \omega$，ω 为论域 U 上的一个连续区间二型模糊集合，可选择区间二型模糊相似度模型。

根据工程安全专项方案案例重用检索相似度计算的要求，提出了基于相似度函数选择的集成相似度计算方法，该方法能够减少属性特征信息转化度量的损失，有效提升相似度计算和重用检索效果。

3.2.3 基于 k 邻近法优化的检索模型构建

安全专项方案检索的核心是要检索出与新工程特征相似的有价值的方案，将这些方案按照以往应用表现推荐至新方案编制供参考重用。案例推理法有一个前提假设，即类似特征的问题，往往可以采用相同的做法，能达到相似的解决效果。然而，在实际过程中，类似特征的问题，往往可以采取多种做法，这种情况下，不同的做法将会产生不同的效果。理论上而言，基坑工程的特征属性不会完全一样，不同方案做法的效果也会有差异，当案例检索结果输出时，应就有效性进行排序，以此作为新问题求解做法选择的重要参考。这样的问题特征可以归结为特征与结果的非线性映射关系，因此，如何处理这个非线性的影响关系，成为案例检索模型中另一个重要问题。

传统的方法往往疏于考虑这个问题，导致设计的案例检索模型难以产生良好的应用效果。例如，地铁车站危大基坑施工中，以围护结构施工为例，假设两个基坑的特征集分别为$\{x_i\}$和$\{x_t\}$，两个基坑可能有着不同的围护结构类型，不同的结构类型还对应着不同的施工方法，且产生着不同的安全表现。方案制定者需要找到的是最优方案的做法，即要考虑方案特征与方案措施之间的关系，分析方案特征是如何影响方案措施选择的。如果这样的关系是一种简单的线性关系，那么一般相似的特征则会有着相似的解决方法；但如果这个关系是一种复杂的而且是非线性，那么依赖于相似特征则往往难以求解到最优的相似解，图 3-4 表达了特征与解的非线性映射关系。

在工程实践中，确实出现一些突然的因素影响了方案的实施，导致方案的变化并且有着不同的方案表现。这个时候直接给案例赋予影响权重，则往往效果较差难以反映这种非线性复杂度。应寻找一个合适的方法表示这种非线性关系，即关系特征的映射函数：

$$Sim_{it} = d'_{it} = f(d_i t, x_i, x_j) \tag{3-16}$$

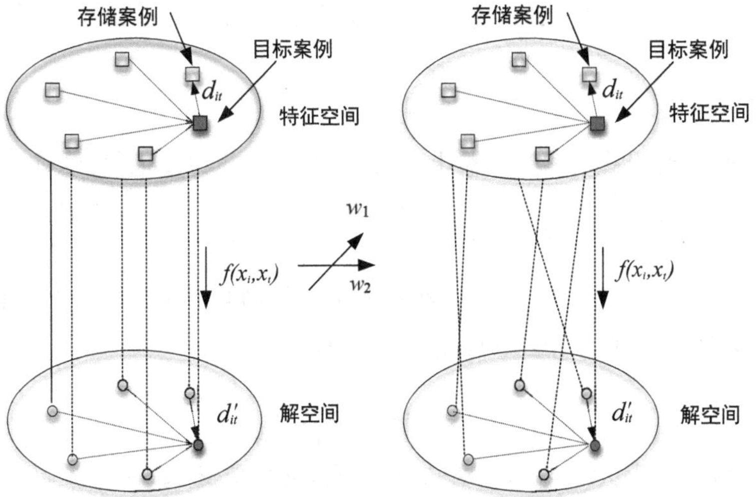

图 3-4　特征与解的非线性映射关系

对于非线性问题的求解，常用的方法有神经网络[151-152]、支持向量机[153]等方法，这些方法通过输入变量和输出变量在训练集中的学习，得到最优模型参数，进而在测试集中直接计算使用，这样的方法往往具有良好的非线性映射能力，非常适合求解内部机制复杂的问题。其中，神经网络方法是模拟生物大脑神经系统的信息处理机制建立起来的一种智能信息处理模型[151]，该模型具有很强的适应复杂约束的自学习能力，且具备以任意精度逼近非线性连续函数的特征。BP 神经网络[153]，作为应用最为广泛的人工神经网络模型，其思想是通过反向传播算法机制对网络的权值和偏差反复地调整训练，使得输出的向量与期望向量尽可能接近，当满足设定的误差要求时，保存网络的权值和偏差，新的样本输入该网络模型，则可以得到样本输出。BP 神经网络方法计算具体步骤如下：

步骤 1：网络初始化。随机给各连接层权重 w_{ji} 为输入层第 j 个节点和隐含层第 i 个节点之间的权值，$w=[0,1]$，设定误差函数 e，误差阈值 $\varepsilon>0$。根据神经网络的思想，设有样本数据的输入 x_i 与输出 $y_i(t)$ 关系的数学表达式模型为：

$$y_i(t)=f(\sum_{j=1}^{n}\omega_{ij}x_i+\theta_j) \tag{3-17}$$

式中：θ_j 为神经元单元的偏置值；ω_{ji} 为连接权系数；n 为输入变量数；t 为时间；f 为变换函数；

步骤 2：随机选择第 k 个输入样本 (x_k, y_k)，$x_k=(x_{1k}, x_{2k}, \cdots, x_{mk})$，$y_k=(y_{1k}, y_{2k}, \cdots, y_{nk})$，$y_k$ 为对应的期望输出，计算隐含层各神经元的输入和输出。节点 i 在第 k 组样本输入时，经第 t 次权值调整后，输出为 $y_{ik}(t)$：

$$y_{ik}(t)=f[x_{ik}t]=f[\sum_{j=1}^{n}\omega_i j(x)x_j k] \tag{3-18}$$

式中：x_{jk} 是第 k 组样本输入时节点 i 的第 j 个输入；$f(\cdot)$是取可微的 s 型作用函数式：

$$f(x)=1/(1+\mathrm{e}^{-x}) \tag{3-19}$$

步骤 3：基于期望输出和实际输出，计算误差函数，取 L2 范数，可有：

$$E_k(t)=\frac{1}{2}\parallel y_k-y_k(t)\parallel_2^2=\frac{1}{2}\sum_{i=1}^{n}[y_{ik}-y_{ik}(t)]^2=\frac{1}{2}\sum_{i=1}^{n}\mathrm{e}_{ik}^2(t) \tag{3-20}$$

式中：$y_{ik}(t)$是在第 k 组样本输入时，经过 t 次权值调整后的第 i 个节点值。设有网络的总目标函数作为对网络学习状况的评价，即

$$J(t)=\sum_{k=1}^{n}E_k(t) \tag{3-21}$$

步骤 4：判别。若 $J(t)\leqslant\varepsilon$，算法结束；否则，进行步骤 5。

步骤 5：反向传播计算。由输出层 J，按照梯度下降法反向计算，逐层调整权值。通过式 $\alpha_{k+1}=\alpha_k-\eta_k\dfrac{\partial J(\alpha_k)}{\partial\alpha_k}$，取步长 η_k 为常数，可得到神经元 j 到神经元 i 的连接权 $t+1$ 次调整算式：

$$w_{ij}(t+1)=w_{ij}(t)-\eta\frac{\partial J(t)}{\partial w_{ij}(t)}=w_{ij}(t)-\eta\sum^{k}\frac{\partial E_k(t)}{\partial w_{ij}(t)}=w_{ij}(t)+\Delta w_{ij}(t) \tag{3-22}$$

m_1 是节点 i 后面一层的第 m_1 个节点；I_{jk} 是节点 m_1 的第 j 个输入(第 k 组样本输入时)，δ_{mk} 为第 i 个节点的状态 x_{ik} 对 E_p 的灵敏度；有 $\delta_{mk}=\partial E_n/\partial x_{in}$；$\eta$ 为步长，也称学习算子。通过步骤 5，可以对权值进行调整计算。

BP 神经网络方法采用优化中的梯度下降法用迭代的运算来计算出权重，加入的隐藏节点数使得优化问题的可调参数增加，以便计算得到更精确的解。BP 神经网络实现了从输入空间到输出空间的非线性映射，通过若干简单的非线性处理单元的复合映射，可以获得复杂的非线性处理能力。

考虑被检索出的案例方案对目标方案影响的非线性以及属性与措施关系的非线性，研究提出基于数据驱动的反向邻近案例参考度(权重)参数寻优方法。运用神经网络方法，考虑距离影响的非线性，对相似案例的参考权重进行优化，寻优得到的相似案例参考权重参数，带入检索模型，为新建工程项目安全专项方案制定提供支持。定义基于加权 k 邻近法的邻近案例权重变化的模型如下：

$$\begin{gathered}w_i=Ann\left(\sum_{i=1}^{m}\sum_{j=1}^{n}w_j\cdot f_k(x_{tj},x_{ij})\right)\\ \text{Sub to }\min\left|S_t-\sum_k w_i\cdot S_i\right|\end{gathered} \tag{3-23}$$

式中：x_{tj} 表示目标案例 t 的属性 j 取值；x_{ij} 为案例 i 的属性 j 取值；f_k 为相似度(距

离）函数；w_j 为属性 j 的权重；$\sum_{i=1}^{m}\sum_{j=1}^{n} w_j \cdot f_k(x_t, x_{ij})$ 为目标案例 t 和案例库中案例 i 的综合相似度；Ann 为神经网络方法；w_i 为案例 i 对目标案例的影响权重；S_t 为案例 t 的安全指数；S_i 为案例 i 的安全指数；k 为确定的检索邻近案例数。

基于 kNN 模型，本书从影响 kNN 模型检索效果的属性取值（x_{ij}）、相似函数（f_k）、案例权重（w_i）等 3 个主要参数出发，提出改进 kNN 检索方法，称为加权 k 邻近法（Weighted k-Nearest Neighbor，WkNN），提出的 WkNN 模型思想如下：

①确定方案检索特征属性后，分析属性取值特点。其中，对于属性特征的取值模糊性特点，引入区间二型模糊逻辑方法进行模糊属性取值确定。根据不同的特征属性对方案的表征程度不同，确定特征属性权重。

②针对不同类型属性取值转换成同一类型取值带来的信息损失，提出根据属性取值类型计算距离与集成相似度的计算方法。

③针对不同相似程度案例对目标案例影响程度的不同和 k 取值的不确定，引入基于反向计算案例权重确定方法并计算最优的 k 值。通过上述步骤，得到案例检索 WkNN 模型（式 3-24）：

$$\begin{cases} d(x_{ij}, x_{tj}) = \begin{Bmatrix} (\sum_{i=1}^{n} |x_{ij} - x_{tj}|^{q}) \dfrac{1}{q}, j \text{ 适用距离函数} \\ 1 - \sum_{i=1}^{n} f(x_{ij}, x_{tj}), j \text{ 适用相似函数} \end{Bmatrix} \\ d(x_i, x_t) = \sum_{j=1}^{n} w_i \times d(x_{ij}, x_{tj}) \\ D_i = D(x_i, x_t) = \dfrac{d(x_i, x_t)}{d(x_{(k+1)}, x_t)} \\ \quad w'_i = \mathrm{BPANN}(D_{(i)}) \\ \quad V_t = \sum_{i=1}^{n} w'_i \times V_i \\ Sim(i, t) = 1 - d(x_i, x_t) \end{cases} \tag{3-24}$$

式中：$f(x_{ij}, x_{tj})$为检索案例 i 与目标案例 t 之间属性 j 的相似度，$f(x_{ij}, x_{tj}) \in [0, 1]$；$f(\cdot)$为相似函数；$d(x_{ij}, x_{tj})$为属性的距离，$d(x_{ij}, x_{tj}) \in [0, 1]$，且满足 $f(x_{ij}, x_{tj}) + d(x_{ij}, x_{tj}) = 1$；$q$ 为常数；w_i 为属性权重；$d(x_i, x_t)$为检索案例 i 与目标案例 t 的距离；$Sim(i, t)$为检索案例 i 与目标案例 t 的相似度；D_i 为检索案例 i 与目标案例 t 之间的距离转换；w'_i 为候选案例的参考权重；V_t 为新制定方案的风险指数；S 为候选方案的安全指数。

为满足方案检索面向安全的需求，提出专项方案安全指数概念。专项方案编制主要目标是指导施工现场活动并提供安全保障措施，在安全、质量、成本和进度等管理目标中，安全是最重要的目标，其次分别为进度、成本和质量。地铁工程一般都有着明确的时间节点，尤其是通车时间节点较为确定，因此进度成为工程管理中仅次于安全的管理目标；而地铁工程作为政府投资的公共项目，有着较为严格的概预算，而当前地铁工程概预算编制一般都保留有较大的费用空间，项目的费用基本能得到控制。质量目标是基本要求，满足现行的相关标准规范和合同中质量约定的要求。地铁车站危大基坑施工过程中，由于各专项工程在各自专项方案指导下施工时，进度信息交叉比较复杂，往往难以分项进行统计分析。在此背景下，本书以安全情况作为施工方案在施工现场应用效果的表征，定义为施工方案安全指数，指施工过程中，非安全预警次数与总检查次数的比值，或者是安全预警次数与总检查次数比值的相反数；安全指数公式如下：

$$V = 1 - \sum_{i=1}^{n} z_i / n \tag{3-25}$$

式中：V 为安全指数，V 取值范围为[0, 1]，取值越大，说明方案实施下风险越小，安全性越高，相反，取值越小，则表明风险越大，安全性越低；n 为方案实施下施工中安全预警发生的次数；z_i 为施工中发生的安全预警风险事件以及事故 i 的风险程度。考虑风险损失的严重程度，建立风险损失的等级标准，如表 3-7 所示。

表 3-7　风险事件风险程度 z 估值表

风险等级	风险指数	描述	经济损失 EL/万元	工期损失 T/天	伤亡数 SI、F/人
一级	0.00～0.01	损失很小或者无损失	$EL<500$	$T<10$	$SI<5$
二级	0.01～0.10	有一定的损失，少量财产损失，无人员伤亡	$500 \leqslant EL < 1\,000$	$10 \leqslant T < 30$	$5 \leqslant SI < 10$ 或 $F<3$
三级	0.10～0.20	损失较大，较大财产损失，少量人员伤亡	$1\,000 \leqslant EL < 5\,000$	$30 \leqslant T < 60$	$10 \leqslant SI < 50$ 或 $3 \leqslant F < 10$
四级	0.20～0.40	损失很大，重大财产损失和较多人员伤亡	$5\,000 \leqslant EL < 10\,000$	$60 \leqslant T < 90$	$50 \leqslant SI < 100$ 或 $10 \leqslant F < 30$
五级	0.40～1.00	损失极大，造成恶劣影响	$EL \geqslant 10\,000$	$T \geqslant 90$	$SI \geqslant 100$ 或 $F \geqslant 30$
注：SI＝重伤人数，F＝死亡人数(含失踪)。					

根据安全专项方案指导下的整体风险等级划分标准，可以反映出安全专项方案的安全表现程度，不同等级的风险采用不同的风险控制对策与处置措施，不同等级风险的接受准则如表 3-8 所示。

表 3-8　风险水平等级及对应的专项方案管理准则

风险分级	安全指数	风险指数	专项方案管理准则(含风险决策)
Ⅰ级	>0.99	$\leqslant 0.01$	专项方案可以实施,注意落实风险控制措施
Ⅱ级	$0.90<s\leqslant 0.99$	$0.01<r\leqslant 0.1$	专项方案可以实施,关注施工情况,可对方案措施进行适当优化
Ⅲ级	$0.80<s\leqslant 0.90$	$0.1<r\leqslant 0.2$	专项方案进行优化,密切根据施工现场对风险控制措施进行优化,高度重视,落实实施
Ⅳ级	$0.60<s\leqslant 0.80$	$0.2<r\leqslant 0.4$	专项方案进行调整,施工中必须优化风险控制方案,严密监控,落实风险控制措施
Ⅴ级	$0<s\leqslant 0.6$	$0.4<r\leqslant 1$	专项方案进行调整或重新制定,风险控制措施不可接受方案被拒绝

通过上述模型,可从安全专项方案案例库中检索得到最优相似案例方案,通过相关性排序输出作为新工程安全专项方案制定的候选方案。相似案例中,根据案例表示结构,包含了相应的工序做法和安全措施活动进展过程及对应的应急措施,从而为工程技术人员提供编制方案的决策支持。

本书依据搜集的地铁车站危大基坑工程安全专项方案案例数据集作为模型方法有效性的验证集,案例样本情况如表 3-9 所示。

表 3-9　安全专项方案案例信息

数据集名称	样本总数	属性数量	分类	最小类/样本数	最大类/样本数
围护结构施工专项方案	160	6	4	1/25	4/58
降水施工专项方案	138	6	6	1/10	6/52
土方开挖施工专项方案	140	6	—	—	—

本案例库中主要包含 3 类专项方案,分别为围护结构施工专项方案、降水施工专项方案、土方开挖施工专项方案。围护结构施工是明挖地下车站的重要分部分项工程,围护结构类型的选择受车站工程地质水文条件、周边建构物环境、基坑的规模等因素影响,围护结构施工专项方案按照围护结构类型,常见的有:地下连续墙、钻孔咬合桩、钻孔灌注桩、SMW 工法桩。基坑降水类型主要包括:集水坑降水、截渗幕墙、轻型井点、管井井点、喷射井点以及电渗井点等。土方开挖施工专项方案无明显差异的工艺类型划分,故不做类型划分。

案例检索分类是一类典型的机器学习过程,本书选用机器学习的标准来衡量分

类效果，常用的性能指标有准确率、召回率、F_1 值等[154]。设有样本 $C=\{c_1, c_2, \cdots, c_{|C|}\}$ 中的每一类 c_i 下的二值分类关系表如表 3-10 所示。

表 3-10 单一类别 c_i 分类结果列联表

	属于该类	不属于该类
判定属于该类的	TP_i	FP_i
判定为不属于该类的	FN_i	TN_i

其中，精确率、召回率以及 F_1 值的计算方法如下：

(1) 准确率：衡量系统分类的准确程度，为分类正确样本数与实际分类的样本数比值。

$$精确率公式=\frac{分类正确样本数}{实际分类的样本数}=\frac{TP}{(TP+FP)} \tag{3-26}$$

(2) 召回率：衡量系统分类的完备性，为分类的正确样本数与属于该类的样本数比值。

$$召回率=\frac{分类正确样本数}{属于该类的样本数}=\frac{TP}{(TP+FN)} \tag{3-27}$$

(3) F_1 测度是综合考虑准确率和召回率两个指标对分类性能的整体评价，F_1 测度越大，表明分类性能越好，公式如下：

$$F_{it}=2\left(\frac{P_i \times R_i}{P_i+R_i}\right) \tag{3-28}$$

通过上述评价的指标，可进一步评价案例检索模型的检索效果。

3.3 安全专项方案检索案例知识元相似融合

知识元模型为安全专项方案知识信息表达提供了一种有效的方法。然而，安全专项方案知识信息管理活动具有开放性，工程师往往具有不同知识背景、文化程度、工程经验等，工程师在编制并应用专项方案知识信息中，即使有专项方案知识信息表示的要求，但对于同样的客观事物，仍然会被抽象成带有不同使用习惯的知识表示形式。面向方案知识信息重用的方案检索模型，依据问题的特征和方案的效果，从案例库中检索输出了优选的潜在价值方案案例。

为提升检索方案知识信息的使用效率，需要对检索方案知识信息进行同源融合，即针对本质相同的对象的不同抽象知识表示，依据信息融合的相关理论，将多样化的知识信息表示融合成一个内涵丰富、概念清晰、更准确的知识信息[155]。同源知识融合主要分为两步骤：第一，在相似案例检索的基础上对检索出的知识元完整信息进行相似程度判别；第二，如何对高相似的知识融合聚类。知识元信息相似融合能有效弥补开放性知识产生及采集带来的不足，为控制检索结构的知识规模和优化知识分类表达提供支持，实现知识输出端的有效管理[156]。

(1)知识元的相似度计算。

在知识元描述模型中，表达知识元信息的是知识元名称和知识元描述。设有三元组(X，Y，F)知识元，其中，X 表示问题的论域，即基本元素的集合；F 为属性函数，定义为 $F:X\rightarrow Y$，定义为论域中各个基本元素之间的关系；Y 表述基本元素的属性集合。知识相似融合就是把性质相近的元素看成是等价的，把它们归入一类，整体作为一个知识元，也就是分别对 X、Y、F 进行聚类，融合成 X'、Y'、F'。这样就能够大幅减少知识信息集的规模，减少知识信息重用的计算消耗，提高检索效率。

以典型的三元组知识元模型为例，定义三元组知识元模型中 $K_m=(N_m, A_m, R_m)$，N_m 为概念名称集，A_m 为属性状态集，R_m 为映射关系集(措施关系集)，知识元的相似度主要是判断两个知识元在此三个方面的相似度 $Sim(K_{m_i}, K_{m_j})$。图 3-5 为知识元相似融合机制。

通过对安全专项方案中各知识元的概念名称、属性状态、映射关系等主要知识元的定义及相似度计算($SimN_m$，$SimA_m$ 和 $SimR_m$)，根据设定的知识元相似度阈值(S_n，S_a 和 S_r)，对满足相似度的知识元进行知识元融合。主要分为知识元相似度判断和知识元融合规则设定两个步骤，模型如下：

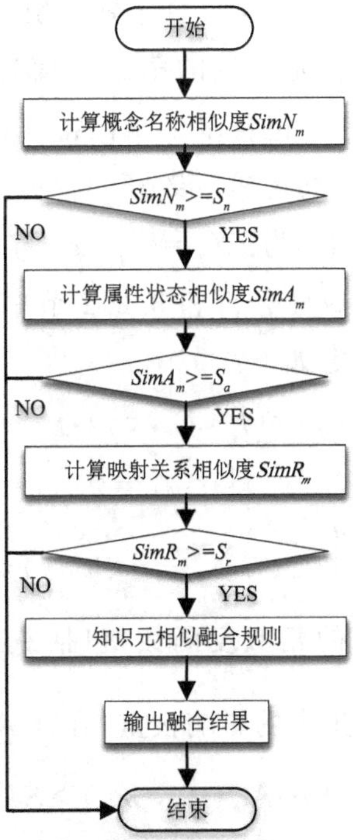

图 3-5　知识元相似融合的流程

①概念名称相似度计算模型 $Sim_{N_m}(m_i, m_j)$。概念名称集是知识元信息最重要的信息之一，是认知层次中区分不同事物的最直接标签。设有两个知识元 K_{m_i}，K_{m_j}，根据相似度计算模型和概念名称集特点，得到 $Sim_{N_m}(m_i, m_j)$ 的计算公式如下：

$$Sim_{N_m}(m_i,m_j)=\begin{cases}1(N_{m_1}\subset S_k)\text{or } N_{m_i}\subseteq N_{m_j}\text{ or } N_{m_j}\subseteq N_{m_i}\\ \dfrac{|N_{m_i}\cap N_{m_j}|}{|N_{m_i}\cap N_j|+\alpha|N_{m_i}-N_j|+(1-\alpha)|N_{m_j}-N_i|},\text{others}\end{cases} \tag{3-29}$$

式中：α 为对于知识元的关注度，其中，$0\leqslant\alpha\leqslant1$；$S_k$ 为概念名称集，公式 3-29 表明，当概念名称属性集满足前者时，说明知识元的概念名称集属于同一个知识元领域，表达的是同一个客观事物的可能性很高，取相似度值为 1，当两个知识元的概念名称集呈现非包含关系时，则需要计算相似度，采用经典的特征相似度计算的 Tversky 模型，即将相似度度量对象整理成集合的形式，然后比较集合的相似度，与杰卡德相似度计算方法类似。设有相似度阈值 S_n，取值范围为(0, 1)，可由专家依据经验给出，当概念名称集相似度 $Sim_{N_m}(m_i, m_j)>S_n$ 时，则表明这两个知识元的概念名称集是描述同一对象的可能性较大，继续计算其他知识元信息的相似度；否则，说明这样两个知识元表示的是不同的对象，不能进行聚类融合。

②属性状态集相似度 $Sim_{A_m}(m_i, m_j)$ 计算模型。当 $Sim_{A_m}(m_i, m_j)$ 满足设定的相似度阈值时，则对表达知识元信息的第二个信息属性状态集进行相似度计算 $Sim_{A_m}(m_i, m_j)$，属性状态集往往包含多个属性特征，不同属性特征的取值不同，相似度计算模型应根据属性的特征而选择。设 $q\in A_m(m\in M)$，q 为一个属性状态，根据知识元表达模型，属性知识元可以表达为：$X_q=\{n_q, x_q, f_q\}$，其中，$q=1, 2, 3,\cdots$

根据 3.2.1 节的方案特征属性分析和 3.2.2 节中的相似度函数分析，属性状态相似度计算模型可依据公式确定如下：

$$Sim(x_{it},x_{ij})=f_i(x_{it},x_{ij}),j=1,2,\cdots,m \tag{3-30}$$

$$Sim\ A_m(m_i,m_j)=\begin{cases}1,A_{m_i}=A_{m_j}\\ \sum_{i=1}^{n}w_i\cdot Sim(x_{it},x_{ij}),\text{other}\end{cases} \tag{3-31}$$

式中：f_i 为满足不同属性特征的相似度函数，包括欧式距离、杰卡德距离等相似度(距离)；w_i 为不同属性在属性集中的影响权重，且有 $\sum_{i=1}^{n}w_i=1$；设有 S_a 为属性相似度临界阈值，取值为[0, 1]。当 $SimA_m(m_i, m_j)>S_a$ 时，则说明属性知识元满足相似度的要求，可以进行下一步的知识元知识信息相似度计算；否则，该两个知识元为非相似知识元，不能进行知识融合。

③映射关系属性相似度 $SimR_m(m_i,m_j)$ 计算模型。当 $SimN_m(m_i,m_j)>S_n$，且 $SimA_m(m_i, m_j)>S_a$，表明知识元在概念名称和属性状态知识元方面相似度较高，继续进行知识元映射关系集相似度计算。设有映射关系知识元 $r\in R_m(m\in M)$，表示 $A_m\times A_m$ 上的一个映射关系，一般情况下，根据映射关系知识元的定义为：$K_r=(H_r,A_{r_i},A_{r_o},f_r)$。其中，$H_r$ 为映射描述，A_{r_i} 为输入属性状态集，A_{r_o} 为输出属性状态集，f_r 为映射函数 4 个特征，$Sim_H(r_{m,j},r_{m,k})$，$Sim_A{}^i(r_{m,j},r_{m,k})$，$Sim_A{}^o(r_{m,j},r_{m,k})$ 和 $Sim_{f_r}(r_{m,j},r_{m,k})$ 分别为 4 个元素的相似度。其中，前三者元素的相似度计算模型参考式(3-29)、式(3-30)和式(3-31)。对于 $Sim_{f_r}(r_{m,j},r_{m,k})$，设有 r_{m_i},r_{m_j} 分别为知识元 R_{m_i},R_{m_j} 的映射集，R_{m_i} 当中有 m 个属性状态元素，r_{mi1} 为 R_{m_i} 当中的第 1 个映射关系；则映射关系知识元相似度计算如下：

$$Sim_{f_r}(r_{m,j},r_{m,k})=\frac{|K_{fm_i}\cap K_{fm_i}k|}{|K_{fm_i}\cap K_{fm_j}k|+\alpha|K_{fm_i}-K_{fm_j}k|+(1-\alpha)|K_{fm_j}-K_{fm_i}k|} \tag{3-32}$$

基于上述 4 个要素的相似度计算 $Sim_{H_r}(r_{m_i}l,r_{m_i}k)$，$Sim_{A_r^i}(r_{m_i}l,r_{m_j}k)$，$Sim_{A_r^o}(r_{m_i}l,r_{m_j}k)$，和 $Sim_{f_r}(r_{m_i}l,r_{m_i}k)$，可得到两个映射关系知识元的相似度模型：

$$\begin{aligned}SimR_x(m_i,m_j)=&w_1*Sim_{H_r}(r_{m_i}l,r_{m_j}k)+w_2*Sim_{A_r}{}^i(r_{m_i}l,r_{m_j}k)+\\&w_3xSim_{A_r}{}^o(r_{m_i}l,r_{m_j}k)+w_4*Sim_{f_r}(r_{m_i}l,r_{m_j}k)\end{aligned} \tag{3-33}$$

式中：w_i 为要素的相似度贡献权值，有 $\sum_{i=1}^{n}w_i=1$。设有 S_r 为映射关系相似度临界阈值，当 $Sim(r_{m_i}l, r_{m_j}k)>S_r$ 时，则说明这两个知识元为描述同一个客观对象的概率足够大，可认为是同一个知识对象。否则，则认为两个知识元不相似、不融合。

(2)方案知识元信息的融合机制。

在上述的方案知识信息相似度计算方法判断之下，如果判断知识元信息非相似，则直接进行知识信息的存储；如果判断得到相似的知识信息，则应进行知识信息的融合，进而约减相关知识信息。知识元信息融合规则如下：

当 K_{m_i},K_{m_j} 为知识元库中储备知识元时，对知识元进行如下规则的处理：

规则一：如果 K_{m_i},K_{m_j} 为相同知识元，则对 K_{m_j} 知识元进行虚化，即将 K_{m_j} 作为知识链接关联于 K_{m_i} 进行存储，该存储方式占用数据库存储空间，但是系统检索等处理时不参与计算。此方法能极大程度地提高知识库中知识信息检索的效率，且不会导致知识信息的损失。

规则二：如果 K_{m_i},K_{m_j} 为低相似知识元，则对知识元不操作。

规则三：如果 K_{m_i},K_{m_j} 为高相似知识元，则对 K_{m_i},K_{m_j} 进行融合处理，由于专项方案中知识领域的复杂性，故邀请专家对高度相似知识元进行分析。如果判断为本质相同的知识元，则转按规则一进行处理；否则，判断两个知识元为高相似但非同一对象知识元,转按规则二进行处理。

当新的知识元 K_{m_j} 采集后,需要保存进案例库时,则需要将该知识元与库中已有知识元进行融合,按如下规则处理:

规则四:如果 K_{m_i} 与库中的 K_{m_j} 为相同知识元,则运用上述规则一对知识元 K_{m_i} 虚化并存储,处理方法与规则一相同。

规则五:如果 K_{m_i} 与库中的 K_{m_j} 为低相似知识元,则 K_{m_j} 入库存储。

规则六:如果 K_{m_i} 与库中的 K_{m_j} 为高相似知识元,则对该知识元进行融合操作,操作方法与规则三相同。

通过对案例库中知识元的相似融合处理,能减少知识元库数据的冗余并精简知识元,有效提升知识元的规范性。新建工程项目特征属性知识元确定后,进行类似工程案例知识元信息的检索,相似融合处理后的知识元库有利于知识元检索效率的提升。检索得到的相似知识元信息可通过虚化、高相似度归类方式,将知识元信息清晰地输出和表达,支持知识信息的重用。

3.4 基于规则推理的方案案例知识调整方法

工程安全专项知识重用中,基于 CBR 法得到了与新建工程对象特征相似的候选可用方案实例,理想状况是检索的案例特征与新对象特征完全一致,此时只需要将实例参数以及输出参数赋予新对象便完成了方案制定。然而,由于车站基坑工程面临工程水文、地质以及周边环境等不确定带来的工程施工复杂性,且由于部分有价值的经验知识难以显性化而存在于经验丰富的工程师大脑中,使得对于候选可重用的方案案例知识,往往需要根据工程特征以及相关的工程施工知识信息进行调整。通常,由经验丰富的工程师针对当前初步制定的专项方案,从整体到局部进行审查,是否存在需要强调的重点信息遗漏、知识信息不完整等,对存在的问题由编制工程师再行补充完善。为了提升案例调整的效率和质量,提出了基于规则方法的方案案例知识调整模型,即充分利用已有规则知识信息对案例知识信息进行补充、调整和优化。基于规则推理(Rule Based Reasoning,RBR)是指按照一定的知识表示方法,将国家规范以及获得的知识信息整理成的知识库写成规则库,在控制策略和执行规则指导下进行推理的过程。简单来说,就是将初始输入的前提条件与规则库中的规则进行匹配的推理技术[157]。规则推理的重点是如何从推理得出的规则集中通过冲突消解,得到用户满意的解决方案。一个典型的 RBR 系统主要由推理机、规则库和数据库 3 个部分组成。产生式表达方法(IF……THEN……)因其表达形式简便清晰,容易被人理解,在规则推理中被广泛应用。基于本书运用的知识元知识表达方法与产生式表达方法中 if 和 then 的知识元的内在一致性和易转换特性，可以方便地构建规则库中的规则知识信息。根据 RBR 系统的逻辑，方案知识信息调整具体流程如图 3-6 所示。

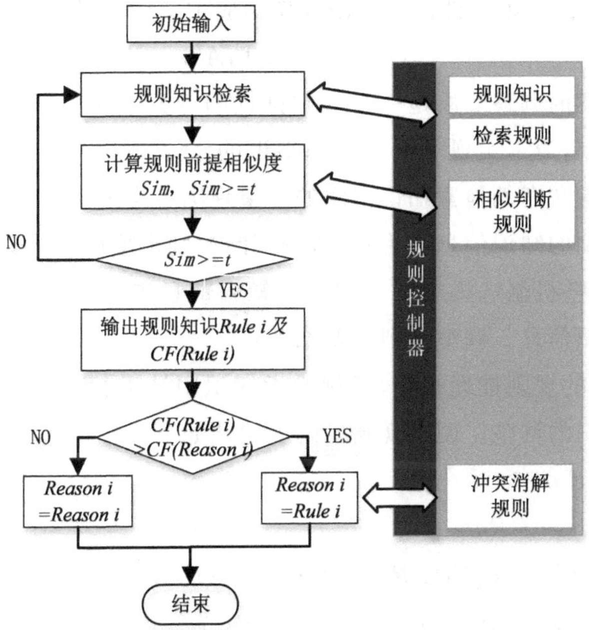

图 3-6　基于规则推理的专项方案知识信息调整算法流程

工程安全专项方案知识信息调整过程中主要依据以往的经验值以及现行的相关工程施工管理标准、规范、法律法规等知识信息。基于 RBR 的专项方案知识信息检索匹配推理算法能有效提供方案调整所需的相关知识，辅助专项方案调整决策。其主要步骤如下：

(1)获取工程设计方案中的工程特征参数和工程体参数，以此作为检索推理条件，根据输入的工程特征参数，基于规则知识调用相似度计算规则检索。

(2)得到方案知识检索集后，调用相似度判断规则，筛选满足要求的规则知识，即 $Sim>=t$；满足前提相似度。相似度判断规则采用本章 3.3 节相似度计算方法。

(3)调用规则结论判断规则，对满足前提相似度的规则知识信息判断，即是否 $CF1>=\lambda$，满足，则输出规则知识信息。规则结论的置信度一般由专家判断给出，经整理后存储于数据库中。

(4)对于满足规则特征的多条规则知识，对规则知识按规则结论置信度进行排序，并输出置信度最大的作为排序结果。返回检索得到的规则集，继续下一条规则知识判断；直至完成所有规则知识信息的判断。

(5)调用案例冲突消解规则，基于人工交互方式进行案例推理得到的知识信息调整。通常，冲突消解规则如下：Rule: If　X　is　A　Then　Y　is　$C(t)$

其中，t 为规则预先设定的阈值，用以判断该规则是否可以启用。假设所给观测值为 A'，计算规则前件 A 与 A' 的相似度 $Sim(A,A')$，若 $Sim(A,A')\geqslant t$，则规则被触发，推理结果 C' 由规则后件按调整函数作相应调整后获得，调整函数如式 3-34：

$$C'=C\cdot S(A,A') \tag{3-34}$$

安全专项方案的调整实质是一个规则推理的专家系统，而规则推理作为案例推理系统的补充机制，为了实现对案例推理知识的修改，则需要引入调整机制，即对规则推理得到的知识和案例检索知识之间的调整规则。当案例推理方法得到的知识信息与规则推理得到的知识信息不一致时，即判断规则推理信息的置信度，当置信度大于阈值时，冲突调整机制选择规则推理下的知识信息进行调整；否则，冲突调整机制选择案例推理知识信息。调整规则主要如下：

(1)对于得到的规则推理知识，案例检索知识中缺乏相关知识，可直接进行基于规则推理得到知识的调整。调整规则代码表达式如下：

```
Definit New Rule i
Input attributes of Rule i
Compute Sim(Rule i,New Rule i) and CF(Rule i)
If New Rule i not corret or accury
or New Rule i missing
Then New Rule i= Rule i
        End
Output New Rule i
```

(2)对于基于规则推理得到的规则知识，且在案例检索中存在相关的知识元，则进行基于可信度的判断方法，决定是否进行规则知识替换案例知识。如果规则知识可信度高于案例知识，则调整；否则，保留原案例知识。调整规则代码表达式如下：

```
Definit New Rule i
Input attributes of Rule i
Compute Sim(Rule i,New Rule i) and CF(Rule i)
If Sim(Rule i, New Rule i)> =t and CF(Rule i)>=λ
Then
New Rule i= Rule i
Else
New Rule i= Rule i
End
Output New Rule i
```

通过上述的规则推理方法，能有效地提供方案重用案例推理以外的相关规则知识信息，RBR 推理输出结果有着表达方式清晰、解释能力强的特点，各条规则之间相互独立，具有良好的模块特性。基于工程施工管理标准规范等的大量已有知识，能有效构建完善的专项方案规则库。基于 RBR 推理方法将能有效地辅助工程师对方案内容知识的调整与修订。

3.5 本章小结

在工程安全专项方案知识信息表达的基础上，本章针对安全专项方案知识信息重用的核心需求——如何获得与问题特征匹配的最优方案，提出了基于改进 CBR 法的地铁车站危大基坑工程安全专项方案应用模型。针对传统 k 邻近法案例检索效果差的不足，本研究考虑了影响 k 邻近法检索的影响因素，提出了面向属性取值、相似函数选择以及候选案例影响权重三个因素综合考虑的改进 k 邻近检索模型。

在改进 k 邻近模型进行方案案例检索中，针对属性取值类型为模糊语言型的特征，引入区间二型模糊逻辑对模型语言进行处理，使得属性取值更加贴近属性的真实情况。在属性取值的基础上，针对传统属性取值后还将进行同一类型的转化操作带来的属性信息损失，提出了集成相似函数计算方法，以此提高相似计算的效果。针对检索得到的候选方案，考虑特征与解的非线性关系，引入基于负向反馈寻取的候选案例参考权重，最后检索得到最优化的相关性排序方案，为工程师制定工程方案提供参考。

基于相似度融合方法，对案例库中知识元的相似融合处理，精简知识元，该操作有利于提升知识元检索效率，提升知识元的规范性，清晰地输出和表达知识元信息，支持知识信息的重用。最后，为支持案例调整，提出了基于规则的专项方案案例调整方法。针对已经得到的候选安全专项方案知识信息解，提出基于方案规则知识信息的冲突调整机制。该模型方法有利于新项目专项方案编制质量的提高，能够有效提升安全专项方案案例知识信息重用的程度和效果。

第 4 章 危大基坑工程安全专项方案风险评审模型研究

基坑工程安全专项方案制定完成后，根据危大工程相关管理规定，需要进行专项方案的安全评审，通过邀请领域专家，结合工程项目实际情况，对安全专项方案指导下的工程项目建设风险进行评估，根据评估结果对安全专项方案进行修订。本章以危大基坑工程施工安全风险为对象，分析讨论工程安全专项方案知识自动风险评审的模型方法。首先，分析建立单个安全风险评审规则方法，获得安全风险在初始阶段的风险评估价值；其次，评价风险量随时间的积累效应和其他相关联安全风险的耦合效应，得到全施工期各时点上的安全风险评估价值。该构建方法的基本思路为先建立原始决策表，以一个具体安全风险为例，对其列出所有可能的致险因素取值组合，每个组合都标注类标号(风险发生可能性等级)，类标号的标注依据历史数据整理获取，然后，通过对决策表的约简，得到该安全风险的评审知识，即简化的评审规则，以此为安全专项方案自动评审数据库和系统建立提供支撑和基础。

4.1 安全专项方案风险评审规则决策表构建

安全专项方案风险评审工作，在理论上可以简要描述为基于已知信息，评价风险大小。已知信息为水文地质、施工设计、环境条件等几个方面的信息，决策信息则为风险的大小。基于以上特征，此问题可以简化为一个特殊的知识表达系统——决策表，即 $S=(U, A, V, f)$，$C \cap D \neq \Phi$，C 称为条件属性集，D 称为决策属性集。此决策表的处理目标为，通过对条件属性和论域空间的约简，从中挖掘出最简化的规则，用于判断各地铁车站基坑工程施工安全风险的大小。

粗糙集是波兰数学家 Z · Pawlak 于 1982 年提出[158]，粗糙集理论是处理模糊和不确定知识的数学工具，其主要思想就是在保持分类能力不变的前提下，通过知识约简，导出问题的决策或分类规则[159]。目前，粗糙集理论已被广泛地应用于机器学习、决策分析、过程控制、模式识别与数据挖掘等领域[160]。概率方法、模糊集方法和证据理论方法，在处理数据挖掘和知识发现问题时，需要数据集合外的先验信息，而粗糙集则不需要先验信息；但粗糙集的基本原理并不包含处理不精确和不确定信息的机制，因此，粗糙集与其他一些处理模糊信息的方法具有良好的互补性[161]。

在安全专项方案安全风险评审中，已知信息大多为地铁施工过程中积累的和在各类规范和文献中存在的与安全有关的信息，也包括一部分专家头脑中的经验知识，有很多信息的值域具有模糊性。此外，风险评价本身具有一定的模糊性。人工评审时，专家组的各专家对同一问题的判断也会存在一些差异，只是讨论之后将认为可能性最大的风险水平作为评审结果。而粗糙集理论本身并不具备处理模糊信息的能力，因此，将模糊集与粗糙集结合起来，利用模糊集处理模糊信息的能力和粗糙集的分类能力共同处理基坑工程安全专项方案风险评审的问题[162]。

为方便描述，选择基坑工程施工中常见的坑底涌水涌砂风险事件为例，已知该风险至少有几个关键致险因素，形式化的表达如下：

基坑底涌水涌砂＝基坑底土质∧地下水情况∧围护结构入土比∧基坑内外水头差∧基坑底是否加固∧围护结构是否入岩

风险等级由风险发生可能性和风险损失 2 个量确定，《城市轨道交通地下工程建设风险管理规范》(GB 50652-2011)中规定了风险等级确定方法[3]，规范中对风险等级的判断如表 4-1 所示：

表 4-1　工程安全风险等级确定表

风险损失等级		A	B	C	D	E
风险发生概率	可能性等级	灾难性的	非常严重的	严重的	需考虑的	可忽略的
≥0.1	频繁的	Ⅰ	Ⅰ	Ⅰ	Ⅱ	Ⅲ
0.01～0.1	可能的	Ⅰ	Ⅰ	Ⅱ	Ⅲ	Ⅲ
0.001～0.01	偶尔的	Ⅰ	Ⅱ	Ⅲ	Ⅲ	Ⅳ
0.000 1～0.001	罕见的	Ⅱ	Ⅲ	Ⅲ	Ⅳ	Ⅳ
＜0.000 1	不可能的	Ⅲ	Ⅲ	Ⅳ	Ⅳ	Ⅳ

根据管理规范要求，风险发生可能性分为 5 个评价等级，即频繁的、可能的、偶尔的、罕见的和不可能的。通过风险发生可能性等级和风险损失等级确定风险等级。风险按照其评价等级的不同，有不同的应对原则和措施。如表 4-2 所示：

表 4-2　风险管理原则表

等级	接受准则	处置原则	控制方案
Ⅰ	不可接受	必须采取风险控制措施降低风险，至少应将风险降低至可接受或不愿接受的水平	应编制风险预警与应急处置方案，或进行方案修正或调整等
Ⅱ	不愿接受	应实施风险管理降低风险，且风险降低的所需成本不应高于风险发生后的损失	应实施风险防范与监测，支持风险处置措施
Ⅲ	可接受	宜实施风险管理，可采取风险处理措施	宜加强日常管理与监测
Ⅳ	可忽略	可实施风险管理	开展日常安全巡查检查

安全专项风险评审规则提取，其类标号是“风险可能性等级”。但是规范中对于风险发生可能性等级的定义缺乏可操作性。为此，提出两种思路方法来确定风险发生可能性等级：第一种，依据施工方案安全评审结果确定。地铁车站基坑工程施工项目在施工前需要对安全专项施工方案进行安全评审，专家组通过研究施工方案中的各项技术文件，确定项目在施工中可能发生的风险及风险大小，并形成评审结果。因此可以从各项目施工方案安全评审结果中确定风险发生可能性等级。第二种，依据工程施工日常管理信息确定。有些施工方案评审结果内容并不完备，可能没有明确指出各风险的发生可能性等级，但可以从日常管理积累的技术文件中寻找线索。在实际工作中，施工现场管理方会针对感受到的不同风险程度采取不同的管理措施，这些措施在日常施工文件中都有表述（如施工日记和监理日记等）。地铁施工安全预警系统中，每个工点每天都有安全形势分析，在安全形势分析中有相应的风险管理措施。地铁施工安全案例汇编也集中了典型安全风险的管理措施。

通过以上几个途径获得的基坑工程施工相关的客观信息，以风险管理措施为线索，间接确定不同的风险发生可能性等级。参照《地铁工程施工安全评价标准》（GB 50715-2011）中对各预警等级管理措施的规定[163]，对应到《城市轨道交通地下工程建设风险管理规范》中的 5 个风险发生可能性等级，可以定义各风险发生可能性等级对应的管理措施特征，如表 4-3 所示。

表 4-3　风险发生可能性等级标准

等级	可能性等级	管理措施特征
1	频繁的	各参建单位应共同研究应对措施，降低风险发生可能性
2	可能的	重新检查完善施工方案，并在日常工作中重点关注，严密监视各种事故征兆
3	偶尔的	作为重点关注的风险，加强现场巡视
4	罕见的	不作为重点关注的风险，管理仅限于日常一般巡视
5	不可能的	不列入风险清单，不认为有发生的可能性，完全不关注

按照表 4-3 的评价术语，即可针对过去施工中积累的各种实际发生的情况，以当时的管理措施为依据，确定在当时各致险因素取值组合下的风险发生可能性等级。然后，构建决策表，基坑底涌水涌砂主要由 6 个致险因素共同引发，如表 4-4 所示，有的致险因素取值为离散值，有的为连续值。

表 4-4　致险因素取值值域划分表

参数名称	值域			
基坑底土质	淤泥质土	砂性土	黏性土	岩层
地下水	有承压水	无承压水	无水	
围护结构入土比	≤0.4	(0.4,0.7)	≥0.7	
基坑内外水头差	≥4 m	(2 m,4 m)	≤2 m	
基坑底加固	有	无		
围护结构入岩	入岩	不入岩		

在表 4-4 的基础上，将 6 个致险因素按照各自值域进行全排列，组成了包含 432 条记录的论域空间，即是 432 条原始评审规则，每条规则都标注了类标号(风险发生可能性等级)。决策表的部分内容如表 4-5 所示：

表 4-5　安全风险评审规则原始决策表(部分)

序号	基坑底土质	地下水	入土比	水头差	坑底加固	入岩	风险发生可能性等级
1	淤泥质土	承压水	≤0.4	≥4 m	无	不入岩	频繁的
…	……	……	…	…	……	……	……
37	淤泥质土	无承压水	≤0.4	≥4 m	无	不入岩	罕见的

续表

序号	基坑底土质	地下水	入土比	水头差	坑底加固	入岩	风险发生可能性等级
38	淤泥质土	无承压水	≤0.4	≥4 m	无	入岩	罕见的
39	淤泥质土	无承压水	≤0.4	≥4 m	有	不入岩	罕见的
40	淤泥质土	无承压水	≤0.4	≥4 m	有	入岩	罕见的
41	淤泥质土	无承压水	≤0.4	(2 m,4 m)	无	不入岩	罕见的
…	……	……	…	…	……	……	……
73	淤泥质土	无水	≤0.4	≥4 m	无	不入岩	不可能的
74	淤泥质土	无水	≤0.4	≥4 m	无	入岩	不可能的
75	淤泥质土	无水	≤0.4	≥4 m	有	不入岩	不可能的
…	……	……	…	…	……	……	……
432	岩层	无水	≥0.7	≤2 m	有	入岩	不可能的

4.2 安全专项方案风险评审规则集约简分析

4.2.1 基于粗糙集的评审规则约简

(1)安全风险评审决策表初约简。

表 4-5 包含了 432 条规则，如果每个风险都有数百条规则，评审规则将变得庞大复杂，对计算机系统运算处理提出了挑战。另外，从知识提取的角度，对决策表进行规则约简，也有利于研究该风险的关键致险因素和对风险影响显著的取值，将人工难以自行总结的经验进行提取，有益的经验可以得到推广。

考察表 4-5，发现凡是地下水为无水的记录中，风险判断都为不可能的；地下水为无承压水的记录中，风险判断都为罕见的。通过与专家的交流，专家也给出了确定的答案，即凡是没有地下水的时候，是不可能发生基坑底涌水涌砂风险的；凡是在没有承压水的时候，该风险也是非常罕见的。这样的判断与工程技术原理是符合的，也是实际工作中的处理方式。因此这些规则是确定的，且其致险因素只有一个，即地下水，与其他致险因素无关。采用产生式表示法，其规则形式可以表示如下：

规则 1:IF 地下水＝无水

THEN 风险发生可能性等级＝不可能的

规则 2:IF 地下水＝无承压水

THEN 风险发生可能性等级＝罕见的

根据以上分析,可以将符合规则 1 和规则 2 的记录从决策表中全部删除。剩下的决策表包含 144 条记录,这些记录有一个共同特点,即地下水取值均为有承压水。这表明地下水为有承压水是一个先决条件,该属性并不影响决策结果。因此,可以将地下水属性从决策表中删除。得到初步约简后的决策表,如表 4-6 所示,为方便起见,将这些规则的序号进行了重新编排。

表 4-6　有承压水条件下的决策表(部分列举)

序号	基坑底土质	入土比	水头差	坑底加固	入岩	风险发生可能性等级
1	淤泥质土	≤0.4	≥4 m	无	不入岩	频繁的
2	淤泥质土	≤0.4	≥4 m	无	入岩	可能的
3	淤泥质土	≤0.4	≥4 m	有	不入岩	可能的
4	淤泥质土	≤0.4	≥4 m	有	入岩	偶尔的
5	淤泥质土	≤0.4	(2 m,4 m)	无	不入岩	频繁的
6	淤泥质土	≤0.4	(2 m,4 m)	无	入岩	可能的
7	淤泥质土	≤0.4	(2 m,4 m)	有	不入岩	可能的
8	淤泥质土	≤0.4	(2 m,4 m)	有	入岩	偶尔的
9	淤泥质土	≤0.4	≤2 m	无	不入岩	可能的
10	淤泥质土	≤0.4	≤2 m	无	入岩	偶尔的
11	淤泥质土	≤0.4	≤2 m	有	不入岩	偶尔的
12	淤泥质土	≤0.4	≤2 m	有	入岩	偶尔的
13	淤泥质土	(0.4,0.7)	≥4 m	无	不入岩	频繁的
14	淤泥质土	(0.4,0.7)	≥4 m	无	入岩	可能的
15	淤泥质土	(0.4,0.7)	≥4 m	有	不入岩	可能的
16	淤泥质土	(0.4,0.7)	≥4 m	有	入岩	偶尔的
17	淤泥质土	(0.4,0.7)	(2 m,4 m)	无	不入岩	可能的

续表

序号	基坑底土质	入土比	水头差	坑底加固	入岩	风险发生可能性等级
18	淤泥质土	(0.4,0.7)	(2 m,4 m)	无	入岩	偶尔的
…	……	…	…	……	……	……
142	岩层	≥0.7	≤2 m	无	入岩	不可能的
143	岩层	≥0.7	≤2 m	有	不入岩	不可能的
144	岩层	≥0.7	≤2 m	有	入岩	不可能的

表 4-6 的内容就是在地下水为有承压水的条件下，各种致险因素取值组合对应的风险发生可能性等级。这 144 条记录仍然是剩下的 5 个条件属性取值的全排列。

(2)安全风险评审决策表属性约简。

表 4-6 包含了有承压水条件下的所有属性值组合及决策结果，这个简化了的决策表还可以进一步约简。首先进行属性约简，设表 4-6 中的前提属性集合为 P，决策属性集为 Q。因为整个论域中的 144 条记录是所有前提属性取值的全排列，所以没有前提属性完全相同的两个记录。从而：

$$\mathrm{ind}(P)=\{\{1\},\{2\},\cdots,\{144\}\} \tag{4-1}$$

因此，不论在 P 中减去任意一条属性，都会产生部分前提属性集合相等的记录，则有：

$$\mathrm{ind}(P)\neq\mathrm{ind}(P-R) \tag{4-2}$$

从而

$$\mathrm{red}(P)=\mathrm{core}(P)=\{\{P_1\},\{P_2\},\{P_3\},\{P_4\},\{P_5\}\} \tag{4-3}$$

其中，$\{P_1\},\{P_2\},\{P_3\},\{P_4\},\{P_5\}$分别代表 5 个前提属性。

由以上分析，可以得到如下结论：

$$\mathrm{ind}(P\cup Q)=\mathrm{ind}(P) \tag{4-4}$$

即知识 Q 依赖于知识 P，知识 P 导出知识 Q，所以，以下等式也成立：

$$\mathrm{pos}_p(Q)=U=\mathrm{ind}(P)=\{\{1\},\{2\},\cdots,\{144\}\} \tag{4-5}$$

$$P\Rightarrow Q \tag{4-6}$$

这与表 4-6 中数据的生成方式是相符的。

基于以上结果，从条件属性相对于决策属性的角度，也可以得到如下结论：

$$\mathrm{pos}_p(Q)\neq\mathrm{pos}_{P-\{R\}}(Q) \tag{4-7}$$

所有条件属性 P 相对于决策属性 Q 是独立的，即 P 为 Q 独立的，或 P 相对于 Q 独立。

表 4-6 的条件属性约简结果中，5 个条件属性都是不可缺少的知识，条件属性集

是独立的。从相对约简的角度，条件属性集相对于决策属性集也是不可缺少的知识，也是相对独立的。其相对核与约简为：

$$\mathrm{core}_Q(P) = \bigcap \mathrm{red}_Q(P) = \{\{P_1\},\{P_2\},\{P_3\},\{P_4\},\{P_5\}\} \tag{4-8}$$

其中，$\{P_1\}$，$\{P_2\}$，$\{P_3\}$，$\{P_4\}$，$\{P_5\}$分别代表 5 个前提属性。

综上所述，决策表 4-6 的属性不能约简，决策表各列保持原样不变。事实上，4.1 节中讨论的对决策表 4-5 的初步化简过程即剔除了多余属性“地下水情况”。

(3)决策表的属性值约简。

决策表 4-6 从列方向(属性)不能约简，但是从行方向(论域)还可以进行约简，即约简属性值，减少记录数量，从而减少规则数量。属性值约简的基本思路为：

①选取决策表中的一个属性考察，如果某个记录的该属性值删除后，新的决策表发生了决策冲突，则表示此属性值是核值，不能被删除，应该恢复该属性原来的属性值；如果新决策表出现了重复记录，且决策值相同(不冲突)，则表示此属性值不影响该记录的决策，可以删除该属性值，并将该属性值标记为“*”。

②然后将重复的记录保留一条，其余删除。

③继续重复以上操作，所有属性考察完毕，即可得到属性值化简后的决策表。这个决策表所包含的规则数量(论域)将会比原决策表少。

注意，属性值的约简包括两种情况，即属性值的直接删除以及相邻属性值的合并。仅有两种可能取值的离散型属性值直接删除，而连续型属性值和有两种以上可能取值的离散型属性值应进行合并。举例如下：

①只有两种可能取值的离散型属性值约简。

以“围护结构入岩”这一属性为例。将决策表 4-6 的“围护结构入岩”列取出，再将其余的决策表各列重新排列，保持相同的属性值组合在一起。由于表格有 144 行，因此将部分结果列出，如表 4-7 所示：

表 4-7　围护结构入岩部分属性值约简表(1)

序号	基坑底加固	水头差	入土比	土质	围护结构入岩	可能性等级	围护结构入岩(原值)
137	无	(2 m,4 m)	≥0.7	岩层	*	罕见的	不入岩
138	无	(2 m,4 m)	≥0.7	岩层	*	罕见的	入岩
29	无	(2 m,4 m)	≥0.7	淤泥质土	不入岩	可能的	
30	无	(2 m,4 m)	≥0.7	淤泥质土	入岩	偶尔的	
101	无	(2 m,4 m)	≥0.7	黏性土	*	偶尔的	不入岩
102	无	(2 m,4 m)	≥0.7	黏性土	*	偶尔的	入岩

续表

序号	基坑底加固	水头差	入土比	土质	围护结构入岩	可能性等级	围护结构入岩(原值)
57	无	≤2 m	(0.4,0.7)	砂性土	不入岩	可能的	
58	无	≤2 m	(0.4,0.7)	砂性土	入岩	偶尔的	
129	无	≤2 m	(0.4,0.7)	岩层	*	罕见的	不入岩
130	无	≤2 m	(0.4,0.7)	岩层	*	罕见的	入岩

表 4-7 中规则 137 和 138、规则 101 和 102、规则 129 和 130，其 4 项前提条件取值组合两两完全相同，决策也两两完全相同。因此，都可以将其围护结构入岩的属性值标记为“*”。其余规则虽然规则前提相同，但决策有冲突，因此，“围护结构入岩”的原属性值不能删除。约简后的表 4-7 如表 4-8 所示，删除了 3 条规则。

表 4-8　围护结构入岩部分属性值约简表(2)

序号	基坑底加固	水头差	入土比	土质	围护结构入岩	可能性等级
137	无	(2 m,4 m)	≥0.7	岩层	*	罕见的
29	无	(2 m,4 m)	≥0.7	淤泥质土	不入岩	可能的
30	无	(2 m,4 m)	≥0.7	淤泥质土	入岩	偶尔的
101	无	(2 m,4 m)	≥0.7	黏性土	*	偶尔的
57	无	≤2 m	(0.4,0.7)	砂性土	不入岩	可能的
58	无	≤2 m	(0.4,0.7)	砂性土	入岩	偶尔的
129	无	≤2 m	(0.4,0.7)	岩层	*	罕见的

②连续型属性值约简。

以基坑内外水头差为例。将决策表 4-6 的“基坑内外水头差”列取出，再将其余的决策表各列重新排列，保持相同的属性值组合在一起。由于表格有 144 行，只列出部分结果，如表 4-9 所示。

表 4-9　基坑内外水头差部分属性值约简表(1)

序号	围护结构入岩	基坑底加固	入土比	土质	水头差	可能性等级	水头差（原值）
53	不入岩	无	(0.4,0.7)	砂性土	*	可能的	(2 m,4 m)
57	不入岩	无	(0.4,0.7)	砂性土	*	可能的	≤2 m
49	不入岩	无	(0.4,0.7)	砂性土	*	可能的	≥4 m
17	不入岩	无	(0.4,0.7)	淤泥质土	<4 m	可能的	(2 m,4 m)
21	不入岩	无	(0.4,0.7)	淤泥质土	<4 m	可能的	≤2 m
13	不入岩	无	(0.4,0.7)	淤泥质土	≥4 m	频繁的	≥4 m

表 4-9 中规则 53、57 和 49 的 4 项前提条件取值组合完全相同，且决策也完全相同，因此都可以将其水头差的属性值标记为“*”。规则 17、21 和 13 的规则前提相同，且规则 17 和 21 决策相同，而这 2 条规则的原始水头差属性值相邻，因此可以将这 2 条规则的水头差属性值改写为原属性值的并集，即“水头差<4 m”，填入各自属性值位置。这样规则 17 与 21 的前提属性值和决策属性值就完全相同，可以删除其中 1 条。规则 13 决策属性值与另 2 条有冲突。因此，“水头差”的原属性值不能被删除。约简后的表 4-9 如表 4-10 所示，删除了 3 条规则。

表 4-10　基坑内外水头差部分属性值约简表(2)

序号	围护结构入岩	基坑底加固	入土比	土质	水头差	可能性等级
53	不入岩	无	(0.4,0.7)	砂性土	*	可能的
17	不入岩	无	(0.4,0.7)	淤泥质土	<4 m	可能的
13	不入岩	无	(0.4,0.7)	淤泥质土	≥4 m	频繁的

有 2 种以上可能取值的离散型属性值约简与连续型属性值约简方法相同。

按照以上的约简方法，将表 4-6 中的 5 个属性值全部约简一遍，得到了有承压水条件下的 64 条评审规则，如表 4-11 所示(部分)：

表 4-11　有承压水条件下的评审规则表(部分)

编号	可能性等级	土质	水头差	入土比	加固	入岩
141	不可能的	岩层	≤2 m	≥0.7	*	*
68	罕见的	砂性土	*	≥0.7	有	入岩
60	罕见的	砂性土	≤2 m	(0.4,0.7)	有	入岩
114	罕见的	岩层	(2 m,4 m)	≤0.4	无	入岩
115	罕见的	岩层	(2 m,4 m)	≤0.4	有	*
137	罕见的	岩层	(2 m,4 m)	≥0.7	*	*
125	罕见的	岩层	<4 m	(0.4,0.7)	*	*
117	罕见的	岩层	≤2 m	≤0.4	*	*
122	罕见的	岩层	≥4 m	>0.4	无	入岩
123	罕见的	岩层	≥4 m	>0.4	有	*
32	罕见的	淤泥质土	<4 m	≥0.7	有	入岩
92	罕见的	黏性土	<4 m	<0.7	有	入岩
104	罕见的	黏性土	>2 m	≥0.7	有	入岩
106	罕见的	黏性土	≤2 m	≥0.7	无	入岩
107	罕见的	黏性土	≤2 m	≥0.7	有	*
53	可能的	砂性土	*	(0.4,0.7)	无	不入岩
41	可能的	砂性土	<4 m	≤0.4	无	不入岩
65	可能的	砂性土	>2 m	≥0.7	无	不入岩
39	可能的	砂性土	≥4 m	≤0.4	有	不入岩
38	可能的	砂性土和黏性土	≥4 m	≤0.4	无	入岩
109	可能的	岩层	≥4 m	≤0.4	无	不入岩
29	可能的	淤泥质土	*	≥0.7	无	不入岩
17	可能的	淤泥质土	<4 m	(0.4,0.7)	无	不入岩
6	可能的	淤泥质土	>2 m	≤0.4	无	入岩
7	可能的	淤泥质土	>2 m	≤0.4	有	不入岩
9	可能的	淤泥质土	≤2 m	≤0.4	无	不入岩
14	可能的	淤泥质土	≥4 m	(0.4,0.7)	无	入岩
15	可能的	淤泥质土	≥4 m	(0.4,0.7)	有	不入岩
89	可能的	黏性土	(2 m,4 m)	<0.7	无	不入岩

有承压水条件下的评审规则与前面已经得到的 2 条规则，共同组成了关于“基坑底涌水涌砂”风险的全部评审规则。此 66 条规则覆盖了与此风险相关的 6 个致险因素取值的全部组合，即只要致险因素及其值域定义没有变化，则这 66 条规则可以覆盖各种情形。从约简的角度来说，简化后的规则数量相比原 432 条规则数量大大减少，而且很多规则仅需要 1 至 3 条属性值即可进行风险评价。对于计算机处理来说，减少了规则存贮空间、检索时间和计算时间。

值得注意的是，决策表 4-5 和表 4-6 的论域都是全部前提条件属性值的全排列，因此没有完全相同的两条记录，前提属性集的不可区分关系就是 432 条记录，因此决策表 4-5 和表 4-6 的决策属性集都是其前提属性集的可定义集，其上下近似集相等，这样每条规则的近似精度等于 1，产生这样的结果是因为决策表 4-5 和表 4-6 都进行了数据预处理，其论域空间由前提条件属性集取值的全排列组成，没有具有相同前提条件属性值组合而决策属性不同的情况发生，从而不存在评价结论矛盾的情况。如果不对原始数据中相同的前提条件属性值组合的类标号进行预处理(统一类标号)，则几乎肯定会出现同一个前提条件属性值组合有不同风险判断结果的情况，这样，决策属性的上下近似集就不相等，产生粗糙集，很多规则近似精度会在(0,1)区间内。

4.2.2 基于模糊粗糙集的安全评审规则约简

模糊集是美国控制论专家扎德(Zadeh L.)于 1965 年提出[164]，从数学的角度出发，模糊集理论的隶属函数将传统集合的特征函数的值域从{0,1}扩展到了[0,1]。经典集合的运算可以用其特征函数代替完成，而隶属函数是特征函数的推广，因此，经典集合应该说是模糊集合的特殊化。模糊集合可以描述边界不清的概念，适合于处理具有模糊性的研究对象[162]。基于 4.2.1 节规则约简中存在的问题，如果将模糊集与粗糙集相结合，希望克服规则非此即彼的弱点，即原来基于粗糙集约简后的规则直接使用会丢失部分有用的评审信息，在实际应用中会对风险评审结果产生影响；而 2 个方法的结合，则能取得较好的规则约简结果，获取更多有益的信息。

基于模糊粗糙集的评审规则约简，其基本思路是：首先，提取模糊评审规则，即构建决策属性值的模糊集，利用原始决策表确定各前提条件属性值的隶属度。表 4-5 有 5 个决策属性值，即可构建 5 条模糊评审规则。然后，构建待评审项目条件属性集，以项目的实际前提条件属性取值组成条件属性集，将其中的连续型变量模糊化，并为每个前提条件属性值标注相应隶属度。最后，计算 5 条模糊评审规则相对于待评审项目条件属性集的近似集，进而计算近似集与各模糊评审规则之间的距离，得到待评审项目条件属性集相对于各模糊评审规则的隶属度，对各隶属度进行排序，按照择近原则确定待评审项目的决策值。

(1)原始模糊评审规则集构建。

表4-5中有288条记录被整理成了两条确定规则，因此可以不包含在模糊集范围之内。只考察表4-6的144条记录。

各决策属性值的原始模糊集可以表示如式4-9所示：

$$A_i=\left\{\sum_{j=1}^{4}\frac{\mu_{P_{1j}}(X_i)}{P_{1j}}+\sum_{j=1}^{3}\frac{\mu_{P_{2j}}(X_i)}{P_{2j}}+\sum_{j=1}^{3}\frac{\mu_{P_{3j}}(X_i)}{P_{3j}}+\sum_{j=1}^{2}\frac{\mu_{P_{4j}}(X_i)}{P_{4j}}+\sum_{j=1}^{2}\frac{\mu_{P_{5j}}(X_i)}{P_{5j}}\right\}\tag{4-9}$$

其中：

A_i：某个决策属性值的原始模糊集，$i=$频繁的、可能的、偶尔的、罕见的、不可能的；

X_i：某个决策属性值；

P_{1j}：条件属性"基坑底土质"的各属性值；

P_{2j}：条件属性"围护结构入土比"的各属性值；

P_{3j}：条件属性"基坑内外水头差"的各属性值；

P_{4j}：条件属性"基坑底加固"的各属性值；

P_{5j}：条件属性"围护结构入岩"的各属性值；

$\mu_{P_{1j}}(X_i),\cdots,\mu_{P_{5j}}(X_i)$：各条件属性值 p_{mj} 相对于决策属性值 X_i 的隶属度。

各条件属性值相对于各决策属性值的隶属度可以按式4-10计算，以 P_{1j} 为例：

$$\mu_{P_{1j}}(X_i)=\frac{|P_{1j}(X_i)|}{P_{1j}}\tag{4-10}$$

其中：$|P_{ij}(X_i)|$ 为所有决策值为 X_i 的记录中，条件属性值为 P_{1j} 的记录频数；$|P_{1j}|$ 为条件属性值为 P_{1j} 的记录频数。

因此，根据表4-6，可以得到各条件属性相对于各决策属性的频数，如表4-12所示。

表4-12　各条件属性相对于各决策属性的频数

属性	不可能的	罕见的	偶尔的	可能的	频繁的	小计
岩层	4	25	6	1	0	36
黏性土	0	9	18	8	1	36
砂性土	0	4	22	9	1	36
淤泥土	0	2	19	12	3	36
小计	4	40	65	30	5	144
入土比≤0.4	0	9	22	13	4	48

续表

属性	不可能的	罕见的	偶尔的	可能的	频繁的	小计
入土比(0.4,0.7)	0	14	22	11	1	48
入土比≥0.7	4	17	21	6	0	48
小计	4	40	65	30	5	144
水头差≥4 m	0	8	20	16	4	48
水头差(2 m,4 m)	0	16	22	9	1	48
水头差≤2 m	4	16	23	5	0	48
小计	4	40	65	30	5	144
加固是	2	28	36	6	0	72
加固否	2	12	29	24	5	72
小计	4	40	65	30	5	144
入岩	2	28	36	6	0	72
未入岩	2	12	29	24	5	72
小计	4	40	65	30	5	144

根据表 4-12,可得到各决策属性的原始模糊集如表 4-13 所示：

表 4-13　各决策属性值的原始模糊集

属性	不可能的	罕见的	偶尔的	可能的	频繁的
岩层	4/36	25/36	6/36	1/36	0/36
黏性土	0/36	9/36	18/36	8/36	1/36
砂性土	0/36	4/36	22/36	9/36	3/36
淤泥土	0/36	2/36	19/36	12/36	3/36
入土比≤0.4	0/48	9/48	22/48	13/48	4/48
入土比(0.4,0.7)	0/48	14/48	22/48	11/48	1/48
入土比≥0.7	4/48	17/48	21/48	6/48	0/48
水头差≥4 m	0/48	8/48	20/48	16/48	4/48
水头差(2 m,4 m)	0/48	16/48	22/48	9/48	1/48
水头差≤2 m	4/48	16/48	23/48	5/48	0/48
加固	2/72	28/72	36/72	6/72	0/72

续表

属性	不可能的	罕见的	偶尔的	可能的	频繁的
未加固	2/72	12/72	29/72	24/72	5/72
入岩	2/72	28/72	36/72	6/72	0/72
未入岩	2/72	12/72	29/72	24/72	5/72

表 4-13 中的各列表示针对某个具体的决策值，各条件属性的隶属度，各列组成某个决策属性针对各条件属性的原始模糊集。以“罕见的”列为例，第一行，“岩层 25/36”表示如果土质为岩层，决策值为“罕见的”的隶属度为 25/36。

设各决策属性的原始模糊集为 A_i，根据表 4-13，各原始模糊集表述如下：

$$A_1=\text{不可能的}=\left\{\frac{4/36}{\text{岩层}}+\frac{4/48}{\geqslant 0.7}+\frac{4/48}{\leqslant 2\ \text{m}}+\frac{2/72}{\text{加固}}+\frac{2/72}{\text{未加固}}+\frac{2/72}{\text{入岩}}+\frac{2/72}{\text{未入岩}}\right\} \tag{4-10}$$

$$A_2=\text{罕见的}=\left\{\frac{2/36}{\text{淤泥质土}}+\frac{4/36}{\text{砂性土}}+\frac{9/36}{\text{黏性土}}+\frac{25/36}{\text{岩层}}+\frac{9/48}{\leqslant 0.4}+\frac{14/480}{(0.4,0.7)}+\frac{17/48}{\geqslant 0.7}+\frac{16/48}{\leqslant 2\ \text{m}}+\frac{16/48}{(2\ \text{m},4\ \text{m})}+\frac{8/48}{\geqslant 4\ \text{m}}+\frac{28/72}{\text{加固}}+\frac{12/72}{\text{未加固}}+\frac{28/72}{\text{入岩}}+\frac{12/72}{\text{未入岩}}\right\} \tag{4-11}$$

$$A_3=\text{偶尔的}=\left\{\frac{19/36}{\text{淤泥质土}}+\frac{22/36}{\text{砂性土}}+\frac{18/36}{\text{黏性土}}+\frac{6/36}{\text{岩层}}+\frac{22/48}{\leqslant 0.4}+\frac{22/480}{(0.4,0.7)}+\frac{21/48}{\geqslant 0.7}+\frac{23/48}{\leqslant 2\ \text{m}}+\frac{22/48}{(2\ \text{m},4\ \text{m})}+\frac{20/48}{\geqslant 4\ \text{m}}+\frac{36/72}{\text{加固}}+\frac{29/72}{\text{未加固}}+\frac{36/72}{\text{入岩}}+\frac{29/72}{\text{未入岩}}\right\} \tag{4-12}$$

$$A_4=\text{可能的}=\left\{\frac{12/36}{\text{淤泥质土}}+\frac{9/36}{\text{砂性土}}+\frac{8/36}{\text{黏性土}}+\frac{1/36}{\text{岩层}}+\frac{13/48}{\leqslant 0.4}+\frac{11/480}{(0.4,0.7)}+\frac{6/48}{\geqslant 0.7}+\frac{5/48}{\leqslant 2\ \text{m}}+\frac{9/48}{(2\ \text{m},4\ \text{m})}+\frac{16/48}{\geqslant 4\ \text{m}}+\frac{6/72}{\text{加固}}+\frac{24/72}{\text{未加固}}+\frac{6/72}{\text{入岩}}+\frac{24/72}{\text{未入岩}}\right\} \tag{4-13}$$

$$A_5=\text{频繁的}=\left\{\frac{3/36}{\text{淤泥质土}}+\frac{3/36}{\text{砂性土}}+\frac{1/36}{\text{黏性土}}+\frac{4/48}{\leqslant 0.4}+\frac{1/480}{(0.4,0.7)}+\frac{1/48}{(2\ \text{m},4\ \text{m})}+\frac{4/48}{\geqslant 4\ \text{m}}+\frac{5/72}{\text{未加固}}+\frac{5/72}{\text{未入岩}}\right\} \tag{4-14}$$

(2)待评审工程项目条件属性集构建。

该风险在地下水为承压水的条件下，有 5 个前提条件属性，其中有 3 个属性为离散型，2 个属性为连续型。对于连续型属性值，各区间有一个明确的边界值，但这个边界值在实际应用时不应精确化，而应模糊化处理。如基坑内外水头差为 2 m 时，应该将其划入≤2 m 区间还是(2 m，4 m)区间，可以常用的正态型隶属函数来描述某个具体值对于各连续型属性值区间的隶属度。

围护结构入土比的隶属函数可以表示如下：

$$\mu_{21}=e^{-k(x-0.25)^2} \tag{4-15}$$

$$\mu_{22}=e^{-k(x-0.55)^2} \tag{4-16}$$

$$\mu_{23}=e^{-k(x-0.85)^2} \tag{4-17}$$

式中：$k=30.81$，x 为围护结构入土比，

$$x=\begin{cases}0.25, & x<0.25\\ x, & 0.25\leqslant x\leqslant 0.85\\ 0.85, & x>0.85\end{cases} \tag{4-18}$$

基坑内外水头差的隶属函数可以表示如下：

$$\mu_{31}=e^{-k(x-1)^2} \tag{4-19}$$

$$\mu_{32}=e^{-k(x-3)^2} \tag{4-20}$$

$$\mu_{33}=e^{-k(x-5)^2} \tag{4-21}$$

式中：$k=0.693\ 15$，x 为基坑内外水头差，

$$x=\begin{cases}1, & x<1\\ x, & 1\leqslant x\leqslant 5,\\ 5, & x>5\end{cases} \tag{4-22}$$

k 值的选取标准，是保证在区间的分界点处，对于相邻两区间的隶属度都为 0.5。

以下以一组具体参数为例，来评价基坑底涌水涌砂的风险发生可能性大小。如果某个项目，基坑底土质为砂性土，围护结构入土比为 0.45，基坑内外水头差为 4.5 m，基坑底有加固，但围护结构没有入岩，则依据以上信息可以构建此项目的条件属性集，表示如下：

$$X=\left\{\frac{1}{\text{砂性土}}+\frac{0.292}{\leqslant 0.4}+\frac{0.735}{(0.4,0.7)}+\frac{0.007}{\geqslant 0.7}+\frac{0.0002}{\leqslant 2\ \text{m}}+\frac{0.21}{(2\ \text{m},4\ \text{m})}+\frac{0.841}{\geqslant 4\ \text{m}}+\frac{1}{\text{加固}}+\frac{1}{\text{未入岩}}\right\} \tag{4-23}$$

(3)原始模糊评审规则集的预处理。

各决策属性集为 $U/R_A=\{\{$不可能的$\}$，$\{$罕见的$\}$，$\{$偶尔的$\}$，$\{$可能的$\}$，$\{$频繁的$\}\}$，依据粗糙集原理，计算待评审项目条件属性集相对于各模糊评审规则集的上下近似集。但在进行近似集计算之前，必须对原始模糊评审规则集进行预处理，包括属性值预处理和隶属度预处理

①属性值的预处理。决策属性值的原始模糊集中有两个数值型属性，3 个符号型属性。2 个数值型属性的各属性值之间并不互斥，因此，这两个属性相应的属性值应全部保留在模糊集中；3 个符号型属性，在具体项目中，只能取其中一个，因此符号型属性值的保留标准，应以待评审项目条件属性集中的属性值来确定，不属于待评审项目条件属性集中的属性值应删除。条件属性集 X 中，基坑底土质是砂性土，基坑底未加固，围护结构未入岩。因此，决策属性值的模糊评审规则应只保留相应的属性

值。处理后的决策属性值模糊评审规则设为 A'_1，如“不可能的”和“偶尔的”模糊集：

$$A'_1=\text{不可能的}=\left\{\frac{0}{\text{砂性土}}+\frac{4/48}{\geqslant 0.7}+\frac{4/48}{\leqslant 0.4}+\frac{2/72}{\text{加固}}+\frac{2/72}{\text{未入岩}}\right\} \tag{4-24}$$

$$A'_3=\text{偶尔的}=\left\{\frac{22/36}{\text{砂性土}}+\frac{22/48}{\leqslant 0.4}+\frac{22/480}{(0.4,0.7)}+\frac{21/48}{\geqslant 0.7}+\frac{23/48}{\leqslant 2\ \text{m}}+\frac{22/48}{(2\ \text{m},4\ \text{m})}+\frac{20/48}{\leqslant 4\ \text{m}}+\frac{36/72}{\text{加固}}+\frac{29/72}{\text{未入岩}}\right\} \tag{4-25}$$

值得注意的是，如果原始模糊评审规则集中，离散型属性值有缺项，则应补上相应属性值并取隶属度为 0，而连续型属性值如有缺项，则删除。如在 A'_1 中，模糊评审规则集中没有砂性土这一属性值，这里就要补上砂性土属性值，并取隶属度为 0；这样处理是为了最大限度地保留有效信息，刻画与待评审项目条件属性集之间的差异；但在入土比和水头差 2 个连续型属性中，各有 2 个属性值缺项，在预处理时就删除缺项的属性值。这种处理是为了去除冗余信息，尽量保持近似集的精度。两种不同的处理方式，是由符号型属性值和数值型属性值的互斥和不互斥的特点决定的。

②隶属度预处理。表 4-6 中共有 144 条记录，涵盖了 5 个前提条件属性值的全排列。其中，“不可能的”(4 条)和“频繁的”(5 条)记录数量很少，这样导致这两个属性值的隶属度非常低，缺乏辨识度。因此，可将 5 个前提条件属性值的隶属度同时放大，增加后期的贴近度计算的有效性。

将各属性值的隶属度同时开三次方根，在放大隶属度的同时也使放大后的隶属度始终不大于 1，处理后的结果如表 4-14 所示。

表 4-14 放大后的各决策属性值隶属度表

属性	不可能的	罕见的	偶尔的	可能的	频繁的
淤泥土	0	0.383	0.808	0.694	0.437
砂性土	0	0.481	0.849	0.630	0.437
黏性土	0	0.630	0.794	0.606	0.304
岩层	0.481	0.885	0.551	0.304	0
入土比≤0.4		0.573	0.771	0.647	0.437
入土比(0.4,0.7)		0.664	0.771	0.612	0.277
入土比≥0.7	0.437	0.708	0.760	0.500	
水头差≤2 m	0.437	0.693	0.783	0.471	
水头差(2 m,4 m)		0.693	0.771	0.573	0.277

续表

属性	不可能的	罕见的	偶尔的	可能的	频繁的
水头差≥4 m		0.551	0.747	0.693	0.437
加固	0.304	0.730	0.794	0.437	0
未加固	0.304	0.551	0.739	0.693	0.411
入岩	0.304	0.730	0.794	0.437	0
未入岩	0.304	0.551	0.739	0.693	0.411

(4)计算待评审项目条件属性集相对于模糊评审规则集的上下近似集。

首先提取各模糊评审规则集，然后进行近似集计算。以“不可能的”和“偶尔的”为例，

$$A'_1=\text{不可能}=\left\{\frac{0}{\text{砂性土}}+\frac{0.437}{\geqslant 0.7}+\frac{0.437}{\leqslant 2\text{ m}}+\frac{0.304}{\text{加固}}+\frac{0.304}{\text{未入岩}}\right\} \tag{4-26}$$

则其上下近似集为：

$$\underline{R_{A'_1}}(X)=\overline{R_{A'_1}}(X)=\left\{\frac{1}{\text{砂性土}}+\frac{0.007}{\geqslant 0.7}+\frac{0.0002}{\leqslant 2\text{ m}}+\frac{1}{\text{加固}}+\frac{1}{\text{未入岩}}\right\} \tag{4-27}$$

$$A'_3=\text{偶尔的}=\left\{\frac{0.808}{\text{砂性土}}+\frac{0.771}{\leqslant 0.4}+\frac{0.771}{(0.4,0.7)}+\frac{0.76}{\geqslant 0.7}+\frac{0.783}{\leqslant 2\text{ m}}+\frac{0.771}{(2\text{ m},4\text{ m})}+\frac{0.747}{\geqslant 4\text{ m}}+\frac{0.794}{\text{加固}}+\frac{0.739}{\text{未入岩}}\right\} \tag{4-28}$$

则其上下近似集为：

$$\underline{R_{A'_1}}(X)=\overline{R_{A'_1}}(X)=\left\{\frac{1}{\text{砂性土}}+\frac{0.292}{\leqslant 0.4}+\frac{0.735}{(0.4,0.7)}+\frac{0.007}{\geqslant 0.7}+\frac{0.0002}{\leqslant 2\text{ m}}+\frac{0.21}{(2\text{ m},4\text{ m})}+\frac{0.841}{\geqslant 4\text{ m}}+\frac{1}{\text{加固}}+\frac{1}{\text{未入岩}}\right\} \tag{4-29}$$

(5)计算各模糊评审规则集与其上下近似集的距离。

两个模糊集的距离就是两个模糊集的贴近度。计算贴近度有多种方法，常用的有海明贴近度，欧几里得贴近度、最大最小贴近度、格贴近度和平均内外积贴近度等。本书首先采用多种贴近度计算，以便于比较和分析。以条件属性集与“可能”的为例，待评审项目条件属性集与各模糊评审规则集之间的贴近度计算，见表 4-15，其他的计算类似。各贴近度计算结果显示的评价结果排序如表 4-16 所示。

表 4-15　条件属性集与“可能的”评审规则集贴近度计算表

属性	$R_{A'_4}$	X	$R_{A'_4}(X)$	$R_{A'_4} \wedge R_{A'_4}(X)$	$R_{A'_4} \vee R_{A'_4}(X)$
砂性土	0.63	1	1	0.63	1
入土比≤0.4	0.647	0.292	0.292	0.292	0.647
入土比(0.4,0.7)	0.612	0.735	0.735	0.612	0.735
入土比≥0.7	0.500	0.007	0.007	0.007	0.500
水头差≤2 m	0.471 0	0.000 2	0.000 2	0.000 2	0.471 0
水头差(2 m,4 m)	0.573	0.210	0.210	0.210	0.573
水头差≥4 m	0.693	0.841	0.841	0.693	0.841
加固	0.437	1	1	0.437	1
未入岩	0.693	1	1	0.693	1
小计				3.574	6.767
海明贴近度	0.645				
欧几里得贴近度	0.619				
最大最小贴近度	0.528				
格贴近度	0.529				
内外积贴近度	0.611				

表 4-16　各贴近度计算结果排序表

属性	不可能的	罕见的	偶尔的	可能的	频繁的
海明贴近度	0.348	0.582	0.631	0.645	0.520
排序	5	3	2	1	4
欧几里得贴近度	0.315	0.538	0.544	0.619	0.436
排序	5	3	2	1	4
最大最小贴近度	0.159	0.481	0.568	0.528	0.365
排序	5	3	1	2	4

续表

属性	不可能的	罕见的	偶尔的	可能的	频繁的
格贴近度	0.304	0.427	0.240	0.529	0.437
排序	4	3	5	1	2
平均内外积贴近度	0.547	0.579	0.545	0.611	0.580
排序	4	3	5	1	2

从表 4-16 分析可以发现，海明贴近度、欧几里得贴近度和最大最小贴近度的结果基本一致，最大隶属度集中在“偶尔的”(最大最小贴近度)和“可能的”(海明贴近度和欧几里得贴近度)，而排名第二的隶属度也集中在这 2 个决策值上，决策结果很明显。而格贴近度和平均内外积贴近度的结果与前 3 种贴近度计算结果差异较大，而且相邻决策值之间的差异有的很小，缺乏辨识度。

分析各种贴近度的计算公式和各决策属性值的评审规则模糊集，可以发现：海明贴近度、欧几里得贴近度和最大最小贴近度的计算原理都是以直接测量 2 个模糊集之间各元素值的差异大小为指标来计算贴近度；而格贴近度和平均内外积贴近度是以 2 个凸集和凹集为特征的模糊值之间交点的位置为标准来计算贴近度。在本书所建立的模糊集中，5 个前提条件属性，只有 2 个数值型属性的隶属度是以正态隶属函数来刻画，具备凸集和凹集的特征，而另外 3 个属性都是符号型属性，其隶属度都是以频数为基础刻画，不具备凸集和凹集的特征。因此格贴近度和平均内外积贴近度的计算结果不可靠。应以海明贴近度、欧几里得贴近度和最大最小贴近度的计算结果为主要决策依据。

考察表 4-5 和表 4-16，按照精确的规则，本例待评审项目的评价结果应为“偶尔的”，与按照模糊粗糙集方法计算的结果基本贴合。以上是以普通前提条件组合为例，验证了模糊粗糙集方法处理风险评价问题的可行性，在一般的情况下效果是很好的。但如果在极端情况下，这种方法是否有效还需检验。以下以 2 种极端情况输入计算模型，考察计算结果是否符合实际情况。

前提条件组合(1)：岩层 $\wedge$ 入土比 $\geq 0.7 \wedge$ 水头差 ≤ 2 m $\wedge$ 加固 $\wedge$ 入岩

前提条件组合(2)：淤泥土 $\wedge$ 入土比 $\leq 0.4 \wedge$ 水头差 ≥ 4 m $\wedge$ 未加固 $\wedge$ 未入岩

前提条件组合(1)的计算结果显示在表 4-17 中；由于篇幅所限，前提条件组合(2)的计算结果只列出评价结果的排序表，如表 4-18 所示。本次计算只采用海明贴近度、欧几里得贴近度和最大最小贴近度。

表 4-17 条件属性集与“可能的”评审规则集贴近度计算表

属性	$R_{A'_4}$	X	$R_{A'_4}(X)$	$R_{A'_4} \wedge R_{A'_4}(X)$	$R_{A'_4} \vee R_{A'_4}(X)$
岩层	0.304	1	1	0.304	1
入土比≤0.4	0.647		0	0	0.647
入土比(0.4,0.7)	0.612		0	0	0.612
入土比≥0.7	0.500	1	1	0.500	1
水头差≤2 m	0.471	1	1	0.471	1
水头差(2 m,4 m)	0.573		0	0	0.573
水头差≥4 m	0.693		0	0	0.693
加固	0.437	1	1	0.437	1
入岩	0.437	1	1	0.437	1
小计				2.149	7.525
海明贴近度	0.403				
欧几里得贴近度	0.399				
最大最小贴近度	0.286				

表 4-18 前提条件组合(2)各贴近度计算结果排序表

属性	不可能的	罕见的	偶尔的	可能的	频繁的
海明贴近度	0.347	0.428	0.524	0.624	0.52
排序	5	4	2	1	3
欧几里得贴近度	0.233	0.416	0.455	0.585	0.503
排序	5	4	3	1	2
最大最小贴近度	0.157	0.336	0.471	0.478	0.384
排序	5	4	2	1	3

考察表 4-5、表 4-11 以及表 4-18，可以发现，按照精确规则，这 2 种情况的评价结果应为“不可能的”和“频繁的”。但用模糊粗糙集的评价结果显示，最大隶属度为“罕见的”和“可能的”。

造成这种不太符合精确规则情况的原因在于：

(1)符合两端决策值的记录很少，造成了这 2 个属性值的隶属度很低，即使经过放大，与其他决策属性值的差异也很大。这也反映了实际情况，即在有承压水的条件下，做出类似“不可能的”这样的极端决策是很困难并且需要审慎的。

(2)由于两端决策值模糊集本身属性值少，有缺项。因此，进行近似集计算时，造成待评审项目的条件属性值有丢失信息的情况。

但是，总的来看，在极端情况下，模糊粗糙集方法得出了较为满意的结果，综合普通情况下的评价结果，显示这种方法在处理此类问题时是有效的。

4.3 安全专项方案风险评审规则应用分析

综合 4.2 节内容。基于粗糙集和模糊粗糙集提取评审规则的结果基本贴合，但也有一些差异，事实上这种差异就是采用模糊粗糙集方法进行风险评价的优势，主要体现在：

(1)模糊粗糙集评价结果提供更多信息帮助决策。用普通粗糙集方法得到的结果是精确规则，每一个前提条件组合只能得到一个确定的结果；而采用模糊粗糙集可以得到每一个前提条件组合相对于 5 个决策属性值的隶属度。按照最大隶属度和择近原则，可以确定排在前两位的决策值，这时决策者可以依据自身经验判断更应相信哪个决策值。如果是风险保守型的决策者可以将决策值为“频繁的”4 条原始规则作为精确规则处理，不使用“频繁的”模糊评审规则进行评价，而只使用 4 条精确规则评价；对于其他 4 条模糊评审规则，可在隶属度排在前两位的决策值中选择较高的风险评估价值作为结论；如果是风险型决策者则可以直接在 5 个决策属性隶属度中选择最大的作为决策值。而采用精确规则只能得到一个结果，没有更多参考信息，因此决策者只能要么相信这个结果，要么拒绝。

(2)模糊粗糙集评价结果能为设计提供参考。考察表 4-13，表中显示了在有承压水的情况下，不同前提条件取值相对各决策值的隶属度。当设计单位在进行设计的时候，在已知水文地质条件的情况下，可以参考各决策属性值对应的前提条件属性值的隶属度，初步确定各致险因素的取值范围，以保证将“基坑底涌水涌砂”的风险度下降到可接受的范围内并达到设计规范要求。

(3)模糊粗糙集评价结果能表达难以归纳总结的知识。面对数量巨大的原始规则，人工很难进行归纳总结。按照前提条件属性值组合的全排列形成决策表，用模糊粗糙集方法处理，能够提取人脑难以归纳总结的评审规则，能够表达难以用语言描述的边界不清的规则。

(4)模糊粗糙集方法减少了评审规则数量。比较表 4-11 和表 4-13，可以发现，即使经过了属性和属性值约简，该风险的评审规则仍然有 66 条之多；但如果经过模糊粗糙集提取，就只剩下 5 条模糊规则和 2 条精确规则。这样在进行计算机处理时能大大减少规则检索时间，并能得到包含参考信息的评价结果供决策者使用，为最终决策提供良好的支持。

(5)基于粗糙集和模糊粗糙集都能完成对评审规则的约简，分别具有以下特征：

基于粗糙集的精确规则在评价计算时非常简单，只需查找具有相同前提条件取值组合的规则即可；但规则的数量则受安全风险自身的致险因素复杂程度影响，致险因素越多，取值越多，则评审规则数量呈现几何级数增长。

基于模糊粗糙集的模糊规则在评价计算时较为烦琐；但规则的数量只与决策属性值数量相关，在本章中，对于任何安全风险，模糊规则始终只有5条。

模糊规则与精确规则各有优缺点，适合不同情况的安全风险。对于致险因素较多(5个以上)的安全风险，适合采用模糊规则，这样可以严格控制规则数量。而对于其他相对简单的安全风险，适合采用精确规则，规则数量并不太多，且计算简单。

4.4 安全专项方案风险自动评审系统分析与设计

4.4.1 安全专项方案评审多维数据库构建

基于评审规则的安全专项方案自动评审方法的运用可以基于数据库支撑的评审系统实现。构建多维数据库则是评审系统设计的重要基础工作，图4-1为提出的地铁施工方案安全评审多维数据库逻辑结构图。数据层提供原始数据来源，原始数据主要来源于地铁车站施工中积累的客观数据，保证了数据库的科学性；信息层是对原始数据的结构化处理，即数据预处理。经过预处理的数据进行适当组合和关系定义，组成地铁基坑施工方案安全评审多维数据库；应用层是基于多维数据库，建立自动评审系统，实现评审工作自动化。

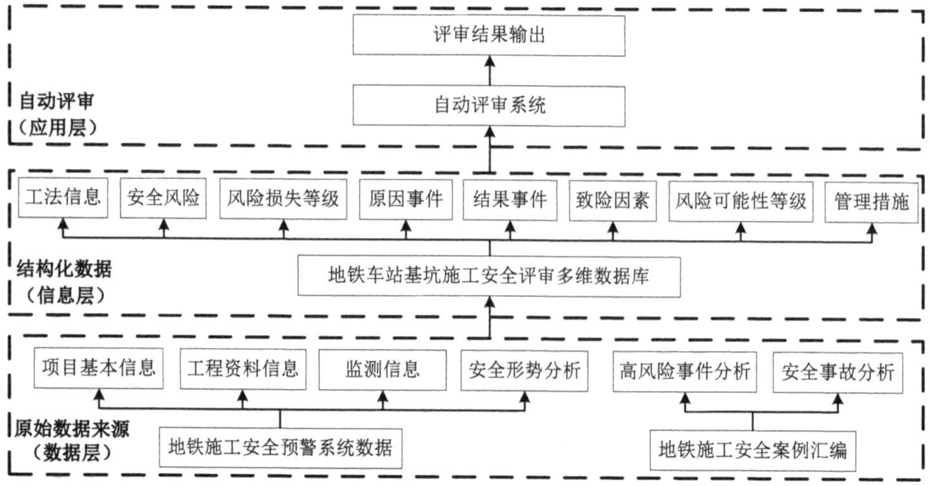

图4-1　地铁基坑施工方案安全评审多维数据库逻辑结构图

根据施工方案安全评审多维数据之间关联的需求，多维数据库模块如图 4-2 所示。采用二维关系表建立安全评审多维数据库的各子库，各子库及相互关系如图 4-3 所示。

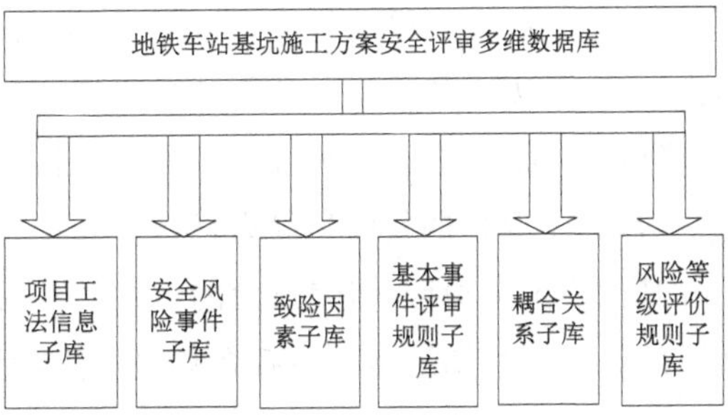

图 4-2　安全评审多维数据库模块图

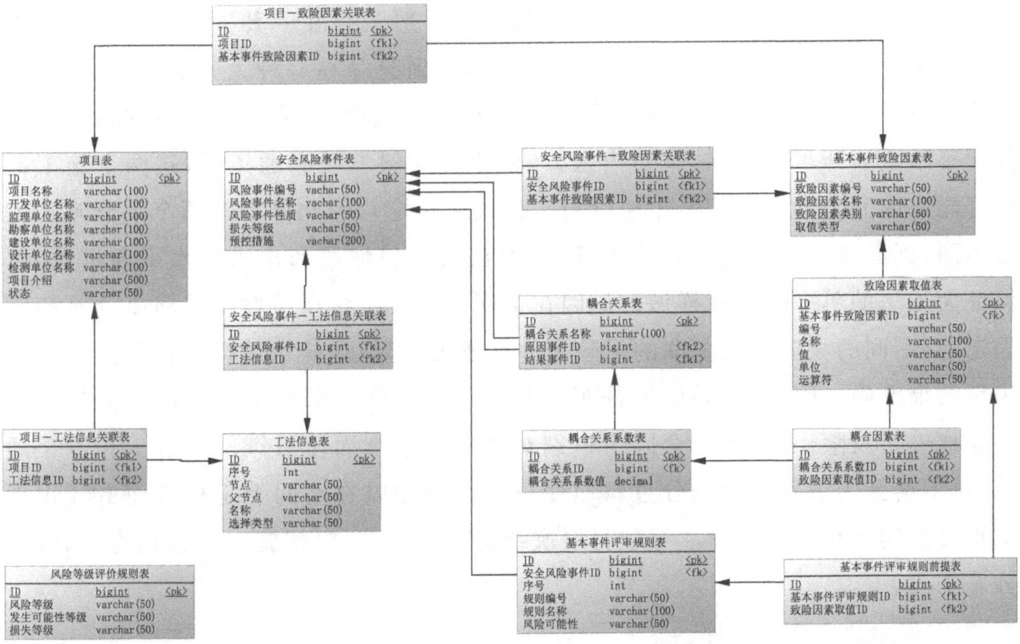

图 4-3　安全评审多维数据库结构图

(1)项目工法信息子库。

项目工法信息子库，其功能为待评审项目建立工法信息，以便快速识别风险，生成风险识别清单。该子库整合了“施工对象”“大工法”和“工法组合”信息。

在图 4-3 中，项目工法信息子库由“工法信息表”“项目-工法信息关联表”和“安全风险事件-工法信息关联表”组成。其中，“工法信息表”定义地铁车站施工工法的层次结构，“项目-工法信息关联表”为“项目表”和“工法信息表”建立关联，实现为待评审项目建立工法信息的功能。“安全风险事件-工法信息关联表”为“工法信息表”和

“安全风险事件表”建立关联，实现依据项目工法信息快速识别风险的功能。图 4-3 是工法信息与安全风险之间关系的数据库实现。

该子库的有效使用，须以合理地建立待评审项目为前提条件。项目新建应按照建设项目、单项工程、单位工程、分部工程和施工部位依次建立待评审项目的结构层次，以便在项目工法信息子库中以结构层次为对象进行待评审项目工法信息的确定。为了提高风险识别的科学性，项目划分必须遵循一定的原则。对施工项目进行有效的划分是风险识别的第一步，其主要目的是将风险事件在空间上定位。由于地铁车站基坑工程在空间上的庞大和其他主客观原因，将使风险的识别及其后的评价缺乏对施工的足够指导作用而失去实际意义。即只知道本项目存在哪些风险，但是不清楚各风险在什么施工部位出现。

对施工项目的划分应以分部工程为基础。地铁施工项目在分部工程层面上都具有大工法相对单一的特点，即一个分部工程一般只存在一种大工法。而当分部工程有多个大工法时，可以再细分施工部位，直到只存在一种大工法为止。例如，地铁车站主体工程一般都只有一种大工法，或明挖或盖挖，则只需将待评估项目划分到车站主体即可；而地铁车站出入口，由于分为斜坡段和通道段，这两个施工部位可能采取完全不同的施工工法（明挖、盖挖或暗挖），因此如果这两个部分施工工法不同，则必须将项目划分到施工部位，即出入口斜坡段和出入口水平通道段，以保证大工法的单一性。这样做的原因在于同一个大工法所关联的风险事件是相对固定的，不同的大工法其关联的风险事件有较大差异；这样做可以方便风险识别且识别结果准确。因此，如果以地铁车站分部工程或施工部位为对象则最能够方便快捷地进行风险识别，既不会因为识别对象划分过细而使后续的评价工作过于烦琐，也不会因为识别对象划分过粗而使识别结果难以在空间上定位进而造成识别结果失去实际意义。在建立好项目层次结构的基础上，根据施工方案信息，如实划分施工段。

(2)安全风险事件子库。

安全风险事件子库是整个多维数据库的核心模块之一，大部分安全评审所需参数信息都建立在安全风险事件子库中。该子库整合了“安全风险”“损失等级”“原因事件”“结果事件”和“预控措施”信息。安全风险事件子库中的风险事件是由基本事件、征兆事件和损失事件组成。安全风险事件子库定义所有安全风险事件的编号、名称和性质（基本事件、征兆事件和损失事件），定义各损失事件的损失等级，定义各安全风险的预防及处置建议。安全风险事件子库是进行地铁车站施工方案安全评审的核心。评审时，基于项目工法信息从安全风险事件子库中提取与待评审项目相关联的事件为安全风险识别清单建立一部分重要信息，包括待评审项目可能发生的风险事件名称及编码。安全风险事件子库将评审所需的关键信息以风险事件为对象进行结构化存储,成为安全评审多维数据库的核心之一。

安全风险事件子库在数据库中由“安全风险事件表”表达,如图 4-3 所示。安全风险事件子库存储的信息示例如表 4-19 所示。

表 4-19　安全风险事件子库信息示例表

风险编号	风险名称	风险性质	损失等级	预控措施
C.002	基坑底隆起	基本事件 征兆事件	无	①基坑底地层加固②加快垫层施工和底板施工……
	……	……		……

(3)致险因素子库。

致险因素子库,其功能是存储与基本事件关联的致险因素,定义致险因素的可能取值,定义致险因素与基本事件的关联。该关联事实上即为基本事件的评审规则形式。致险因素子库整合“致险因素”信息。在数据库中,如图 4-3 所示,致险因素子库由“安全风险事件-致险因素关联表”“基本事件致险因素表”“致险因素取值表”和“项目-致险因素关联表”组成。其中,“安全风险事件-致险因素关联表”为“基本事件致险因素表”和“安全风险事件表”建立关联,实现为所有基本事件匹配相应致险因素的功能;“致险因素取值表”将所有致险因素取值建立了规范的数据格式,“致险因素取值表”与“基本事件致险因素表”的关联,实现为各致险因素进行规范化取值的功能,用户可以通过人机交互依据地铁车站施工方案信息为各致险因素进行规范赋值。

致险因素子库可以依据基本事件名称,为其关联相应的致险因素,为建立多风险评价模型及评价计算做准备。通过建立致险因素子库,将与基本事件关联的各致险因素进行结构化存储,成为安全评审多维数据库的基础。

表 4-20 为致险因素子库存储的信息示例,其中的信息分别建立在以上提到的图 4-3 所示的表中。水文地质类、施工设计类和环境类致险因素存贮在致险因素子库中,每个致险因素有唯一的编码与取值库,取值库罗列各致险因素所有可能的取值,并对每个致险因素所影响的所有基本事件建立关联。这样,风险识别清单一旦确定,即可为其中的基本事件建立相关联的致险因素,形式上为建立起评审条件,即前提条件组合,为基本事件评价做好准备。

表 4-20　致险因素子库信息示例表

<table>
<tr><th>致险因素类别</th><th>工程参数编号</th><th>工程参数名称</th><th>取值库</th><th>关联基本事件编号</th><th>关联基本事件名称</th></tr>
<tr><td rowspan="5">水文地质</td><td rowspan="4">FID.003</td><td rowspan="4">地下水情况</td><td>上层滞水</td><td rowspan="4">C.002
C.006</td><td rowspan="4">基坑底隆起
围护结构涌水涌砂</td></tr>
<tr><td>承压水</td></tr>
<tr><td>上层滞水＋承压水</td></tr>
<tr><td>无地下水</td></tr>
<tr><td>…</td><td>……</td><td>……</td><td>…</td><td>……</td></tr>
<tr><td>施工设计</td><td>…</td><td>……</td><td>……</td><td>…</td><td>……</td></tr>
<tr><td>……</td><td>…</td><td>……</td><td>……</td><td>…</td><td>……</td></tr>
</table>

(4)基本事件评审规则子库。

基本事件评审规则子库的功能是存储约简后的各基本事件评审规则，在数据库中，如图 4-3 所示，基本事件评审规则子库由“基本事件评审规则表”和“基本事件评审规则前提表”组成。其中，“基本事件评审规则表”与“基本事件评审规则前提表”的关联，实现建立具体基本事件所有评审规则的功能，即针对一个具体基本事件，建立所有可能的致险因素取值组合，并标注每种组合的类标号。“基本事件评审规则表”与“安全风险事件表”的关联，实现为基本事件关联相应的评审规则的功能。

当待评价项目风险识别清单中所有的基本事件确定了致险因素及其取值之后，即可在基本事件评审规则子库中查找符合相应致险因素取值组合的规则，为基本事件标示风险发生可能性等级，为从项目整体层面进行风险评价建立原始数据。

(5)耦合关系子库。

耦合关系子库的功能是针对存在耦合关系的事件组，定义该事件组的原因事件和结果事件；定义事件组的耦合因素；定义耦合因素的不同取值组合；定义耦合因素各取值组合对应的耦合系数。在数据库中，耦合关系子库由“耦合关系表”“耦合关系系数表”和“耦合因素表”组成。其中，“耦合因素表”与“致险因素取值表”的关联，表达了耦合因素来源于致险因素，只是在模型评价计算中发挥的作用不同，其名称、取值与致险因素一致；“耦合关系系数表”为“耦合关系表”和“耦合因素表”建立关联，为不同耦合因素取值组合下标注了相应的耦合系数，即建立了耦合系数确定规则。“耦合关系表”包含耦合关系名称及相应的原因事件和结果事件，定义了耦合事件组，“耦合关系表”与“安全风险事件表”的关联，实现为识别出的安全风险建立耦合事件组的功能。

(6)风险等级评价规则子库。

风险等级评价规则子库的功能是按照《城市轨道交通地下工程建设风险管理规范》中对风险等级的确定标准建立风险等级判断规则。依据损失事件发生可能性等级和损失等级的不同组合，标注相应的风险等级类标号，就可以建立风险等级评价规则，这些规则被统一存储在风险等级评价规则子库中。

4.4.2 基于多维数据库的专项方案评审系统

地铁车站专项施工方案安全评审多维数据库建立 6 个功能子库，将地铁车站施工方案安全评审所需信息进行了有效管理，并为实现评审工作自动化建立了各子库数据间的关联。因此该数据库的构建改变了传统的评审工作方式，基于该数据库可开发相应的自动评审系统实现评审工作自动化。评审系统整合 Vensim 系统分析模块进行多风险评价模型的构建与计算。相应的安全专项方案自动评审工作流程如图 4-4 所示，专项方案风险自动评审系统框架如图 4-5 所示。

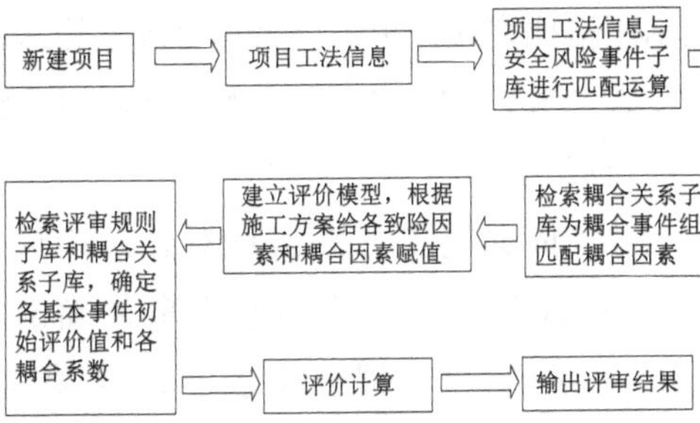

图 4-4　基于安全评审多维数据库的评审工作流程图

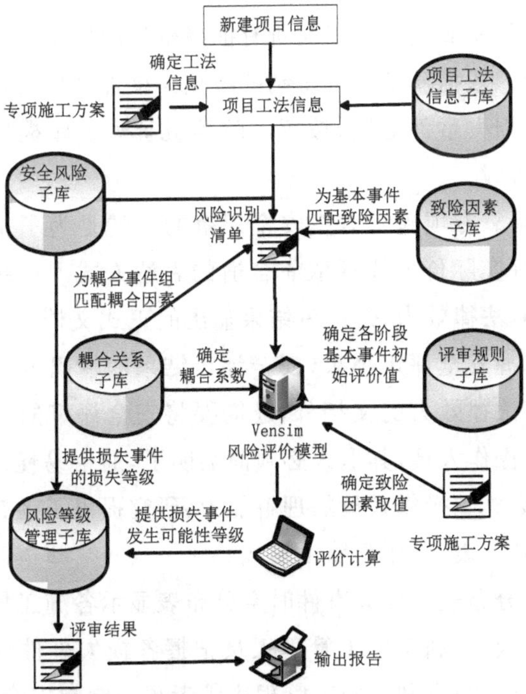

图 4-5　专项方案安全评审系统框架图

(1)新建项目,将项目按照分部工程或施工部位进行合理划分,即确定评审对象范围。

(2)根据施工方案提供的信息,确定待评审项目的工法信息,并在项目工法信息子库中将该工法信息规范化。

(3)依据规范化的工法信息在安全风险事件子库中检索与该工法信息相关联的所有安全风险事件(基本事件、征兆事件和损失事件),生成风险识别清单。风险识别清单列出了待评审项目所有可能发生的安全风险事件。

(4)按照风险识别清单所提供的安全风险事件信息,检索致险因素子库,提取出与风险识别清单中的基本事件相关联的所有致险因素,对应相应的基本事件,提示用户为完成评审需要的致险因素输入取值。

(5)依据风险识别清单中的安全风险事件,检索耦合关系子库,确定耦合事件组及其相应的耦合因素。这样就可以提示用户要完成评审需要为耦合因素输入取值信息。

(6)依据安全风险识别清单、基本事件致险因素、各耦合事件组和相应的耦合因素信息,进入 Vensim 模块建立评价模型。

(7)对评价模型进行赋值。首先,依据施工方案信息对各致险因素赋值,检索基本事件评审规则子库,对已赋值的各致险因素对应的基本事件确定初始评价值;其次,依据施工方案信息对各耦合因素赋值,检索耦合关系子库,对各耦合事件组确定相应的耦合系数。施工方案中的信息可以用自动提取技术从图形文件或文字文件中提取,也可以采用人工方式提取。

(8)开始评价计算,完成整个施工期所有征兆事件的发生程度评价和所有损失事件的发生可能性评价。依据模型评价得到的各损失事件发生可能性等级和安全风险事件子库中提供的各损失事件等级,按照风险等级管理子库提供的风险等级评定规则,确定各损失事件等级。

(9)输出评审结果。专项施工方案安全评审的目的是为了指导现场的施工安全管理,评审结果的良好实际价值体现依靠合适的表达方式。传统的评审报告具有较规范的内容和格式,有法律效力,是评审结果输出的正式文档。为了帮助施工一线的操作人员充分理解掌握安全评审结果,安全评审结果的输出方式除了以评审报告的形式形成正式的具有法律效力的文档外,还需要将安全评审的主要成果以合适的形式传达到施工一线的操作人员,其形式必须简洁明了,通俗易懂。根据对安全评审结果的要求,结合大多数施工操作人员的理解能力,研究提出了地铁车站基坑工程施工方案安全评审结果的“三表”以作为输出形式。

①损失事件时空分布表。损失事件时空分布表显示各施工段上损失事件在各施工阶段的风险评价等级,有利于施工管理人员把握各损失事件在整个施工期间和各施工段上的风险程度变化;有利于施工管理决策者预先制定安全管理计划,合理分配有限的安全管理资源到最需要的地方。损失事件时空分布实例如表 4-21 所示。

表 4-21　损失事件时空分布表(部分)

施工进度	标准施工段	风险等级
……	……	…
	……	…
第二层土方 (11～20 个工作日)	……	Ⅰ
	……	Ⅱ
	围护结构涌水涌砂、周边建(构)筑物损坏、围护结构坍塌	Ⅲ
	基坑底涌水涌砂、钢支撑失稳、周边水管渗漏	Ⅳ
……	……	…
	……	…
	……	…
	……	…

②风险事件控制措施表。风险事件控制措施表显示各事件的预防和控制措施，使施工各方从管理层到操作层明确与控制安全风险有关的操作原则与要求。风险事件控制措施实例如表 4-22 所示。

表 4-22　风险事件控制措施表(部分)

序号	事件名称	预防措施
1	基坑底涌水涌砂	预防措施:(1)施工前针对工程水文地质情况,科学计算承压水降低标准,合理布设井点;(2)保证围护结构入岩状态和入土比;(3)对基坑底软弱地层进行超前预注浆加固地层
2	围护结构变形	预防措施:(1)严格控制基坑周边堆载在设计范围以内;(2)保证支撑架设及时,切实做到先撑后挖;(3)加强基坑围护结构变形监测;(4)及时封底,减少基底暴露时间;(5)保证格构柱施工质量,确保与支撑连接可靠
…	……	……

③风险管理责任表。风险管理责任表将所有风险事件的管理责任落实到具体管理人员,从组织管理的角度避免出现无人落实管理措施的情况。风险管理责任如表4-23所示。

表 4-23　风险管理责任表

序号	风险源名称	直接责任人	责任领导
1	基坑底涌水涌砂	……	……
2	钢支撑失稳	……	……
3	围护结构涌水涌砂	……	……
4	周边水管渗漏	……	……
5	周边建(构)筑物损坏	……	……
…	……	……	……

4.5 本章小结

本章讨论分析安全专项方案安全风险评审规则的构建方法以及自动评审系统的设计。以地铁车站危大基坑工程施工中基坑底涌水涌砂风险事件为例,构建了该风险的原始决策表,然后用粗糙集方法,对决策表中的原始规则进行了约简,得到约简评审规则,每条规则可以得到一个确定的评价结果。为了进一步减少规则数量并提供更多有价值信息,采用模糊粗糙集方法,对决策表进行了规则约简,提取了5条模糊评审规则。构建待评审项目条件属性集,对3种前提条件组合进行计算,取得了较好的评价结果。对致险因素较多的基坑工程安全专项方案进行安全风险评价,适合使用模糊粗糙集建立评审规则,这样能严格控制规则数量,且能取得更多有价值的决策支持信息。安全风险的评审规则是工程施工方案安全评审多维数据库的主体部分,以地铁车站现场安全管理的需求为依据,明确了地铁车站基坑工程施工方案安全评审多维数据库的目标要求,详细研究了安全评审多维数据库的功能模块,定义了各子模块之间的关系,构建了多维数据库;研究了基于安全评审多维数据库的自动评审系统以实现评审工作自动化。基于一线操作人员的实际情况,设计提出“三表”以表达评审结果的最重要信息,以便安全评审成果能使一线操作人员理解掌握,保证评审结果能落到实处,充分发挥地铁车站基坑工程专项施工方案安全评审工作的作用。

第5章 危大基坑工程安全专项方案动态深化优化研究

危大基坑施工环境复杂、技术要求高，是地铁车站工程施工安全管理的重点。为了保障危大基坑施工安全，需要编制安全专项方案指导施工。在第3章专项方案重用推理机制的支持下，在施工前，工程师根据工程基本特征检索专项方案案例库，查找以往类似专项方案中的工艺工法、风险管理措施等，支持安全专项施工方案的编制，为施工现场重大风险管理、针对性的安全措施和应急救援等活动提供有效指导，保障施工安全。

然而，由于专项方案在施工前制定，施工前制定的静态专项方案在施工现场指导时，尽管对施工现场的动态变化已有一定的考虑，但是仍然缺乏对动态变化现场的针对性考虑。例如，针对危大基坑施工中的基坑坍塌风险考虑，提出的安全措施往往是笼统地列出，而实际工程中，影响基坑坍塌的风险因素的组合往往是随机、非确定性的，需要辨识现场风险因素、评价现场的风险情况，根据实际情况提出控制风险的安全措施。因此，在专项方案指导工程过程中，需要合适的方法考虑施工现场的情况对专项方案动态深化优化。安全保障措施，也称风险控制措施，作为专项方案中的重要内容之一，是现场动态变化性特点下最需要关注的优化内容。

本章以专项方案安全措施优化为目标，提出考虑基于施工现场信息的贝叶斯网络法施工现场安全风险建模，然后构建安全保障措施与风险因素的因果关系矩阵，提出将安全保障措施优化问题转化成安全措施的动态组合问题，并引入遗传算法对该组合优化问题进行求解。图5-1为基坑工程专项施工方案安全保障措施深化优化流程。主要内容包括：①施工现场风险评级与风险因素识别，基于贝叶斯网络的施工现场抗风险事件网络建模。通过反向推理，计算得到满足安全管理目标的风险因素发生概率，进行施工现场抗风险能力评价，输出施工现场的动态风险因素与控制措施总集。②构建安全保障措施与风险因素发生的矩阵关系。该矩阵描述的是安全措施采取带来的风险因素控制情况。③构建满足风险控制要求的安全措施优化模型并引入遗传算法求最优解。根据求得的最优解，对施工现场在安全措施实施下的抗风险能力进行评价，验证优化后的安全措施的有效性，以支持专项方案中安全保障措施的动态优化。

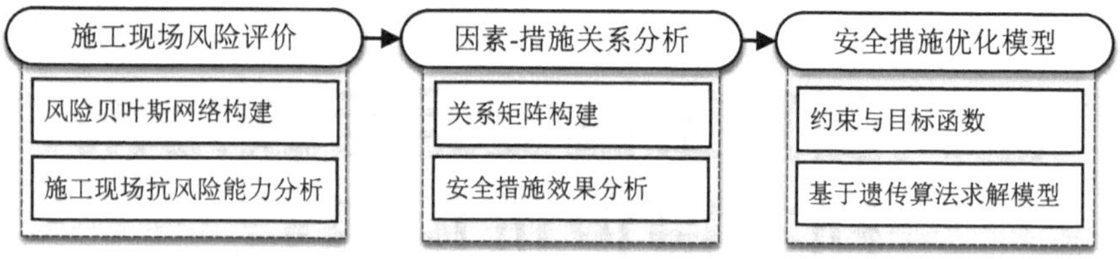

图 5-1　危大基坑工程安全专项方案动态深化优化流程

5.1 安全专项施工方案动态优化决策过程分析

随着施工现场进展阶段不同，其安全风险管理的特点和管理目标也不同。现场安全风险管理呈现三个阶段，即事前、事中和事后，分别对应着风险因素管理、风险警情管理和风险事故管理。其中，风险因素管理是基础，是安全风险管理中首要一步，风险因素管理效果直接影响着风险警情的发生，严重的话直接导致风险事故的发生。当风险因素没有采取有效的安全措施进行控制，发生了风险警情时，则进入安全管理的第二个阶段，需要立即启动应急机制，采取合适的相关措施控制，防止扩大化发生为事故。当风险警情无法控制导致风险事故时，则进入安全管理第三阶段，应根据事故情况制定并采取相应的风险事故处理方案。安全专项方案重点关注前两个阶段，即风险因素和警情的管理。

对于风险因素管理阶段，主要是进行现场风险因素识别、抗风险能力评价，基于此，制定现场安全措施；而在该阶段，由于是风险管理的初步阶段，则可以进一步考虑优化的安全措施以最大限度地减少对相关项目目标的负面影响，例如，风险措施自身风险、工期的影响、费用的影响等。风险警情管理阶段，主要是当风险警情发生后，应立即启动应急预案，采取措施进行警情控制，严防风险事故发生。这个阶段目标是采取一切措施控制警情扩大或恶化。风险事故管理阶段，主要是当风险事故发生后，应立即邀请专家，制定事故处理措施。其中，安全风险因素管理是施工安全管理的重点，准确的安全风险因素识别与风险判断为风险管理提供有效的依据，合理的措施既能避免采取过于保守的措施造成不必要的浪费，也能避免采取过于冒进的措施造成新的施工安全风险。

专项方案安全保障措施优化是指在施工前制定的基于任务排定的安全措施，在施工过程中，由于现场的动态变化性、不确定性等，导致既定的安全措施无法适应当前施工现场安全管理需要下的调整优化过程。一个完整的安全保障措施优化决策过程可以分为两个步骤：第一步骤，对安全专项方案应用于某具体的危大基坑工程施工过程中的风险因素和风险状态进行定性分析，然后能进一步构建定量化描述施工现场的风险传递网络；第二步骤，在风险网络构建的基础上，分析安全措施决策的影响因素，根据影响因素对措施的影响特点，构建安全措施决策优化模型，提出适应的模型求解方法。最后落实实施优化得到的安全措施，提高专项方案在现场的适用性。工程实践中，安全措施的选择首先便是考虑风险控制的需要，即安全措施对施工现场的风险控制效果；其外，决策者要考虑该措施的影响，包括安全保障措施的费用影响以及带来的工期影响，总结为 3 个方面：①风险控制措施效果；②风险控制措施费用影响；③风险控制措施工期影响。此决策影响因素考虑先后顺序主要为：风险控制措施效果、风险控制措施工期影响和风险控制措施费用影响。同时，这些因素对安全保障措施采取的影响程度也不同。

a. 风险控制措施效果主要指的是当安全措施实施后，对风险因素的控制效果，主要表现为风险的发生概率降低。在本研究中定义为风险控制率，用符号 $R(S_j)$ 表示，含义为安全措施 j 实施后，风险发生概率减少率。

b. 风险控制措施费用影响指的是采取安全措施所带来的费用对工程总费用的影响，定义为措施产生的费用占工程总费用的比例。

c. 风险控制措施工期影响指的是采取安全措施后，不仅安全措施本身的施工需要时间，该安全措施实施后往往还会对正常的施工活动产生影响，导致工作效率下降，进一步增加了对工期的影响。例如，基坑施工现场，在进行土方开挖施工时，为了加快进度，往往进行土方超挖，不及时架设钢支撑，钢支撑的不及时架设已经成为影响基坑坍塌事故的重要因素之一；而如果架设支撑，本身则需要占用工期的部分时间，且基坑架设后土方开挖的效率将会因为开挖限制而下降，进一步增加土方开挖工作需要的时间。而地铁工程是涉及城市广大市民的公共工程，一般都有着明确的完工及运营节点。因此，建设单位对工期目标管理往往很严格，在施工活动中，尽可能通过加大资源投入等方法减少对工期的影响。所以，安全措施的采取需要重点考虑措施采取对工期的影响，一般可以用增加工期的天数与总工期天数的比例来衡量影响的大小。

其中，后两者可以看成是安全保障措施对项目多目标产生的影响，安全措施产生的风险控制效果可以看成是满足风险控制的主要作用参数。上述的方面共同影响着安全措施的决策，在实际工程中，由于不同的项目管理者对项目目标实现的偏好程度不同，因此，安全措施往往有着多种的组合策略。例如，如果工期为主要关注目标，则在措施选择时，在满足风险控制的情况下，尽可能选择对工期影响小的安全措施组合；而如果是对安全更为关注时，则需要在满足施工现场安全风险得到控制的情况下考虑安全措施本身的次生风险。

运用 IDEF0 表达上述的决策分析过程，如图 5-2 所示。在施工现场的管理体系下，由安全专项方案指导施工现场的建设活动，在建设活动指导过程中，需要开展施工现场的安全管理。在施工现场风险管理体系的基础上，进行施工现场的风险识别、风险事件网络构建，然后对施工现场的风险进行评价，根据评价结果，进行安全风险措施选择。在施工现场风险控制要求下，进行措施选择的影响因素分析和影响因素优先度规则分析，构建模型求解得到满足风险管理要求和最优项目目标实现的安全措施组合。

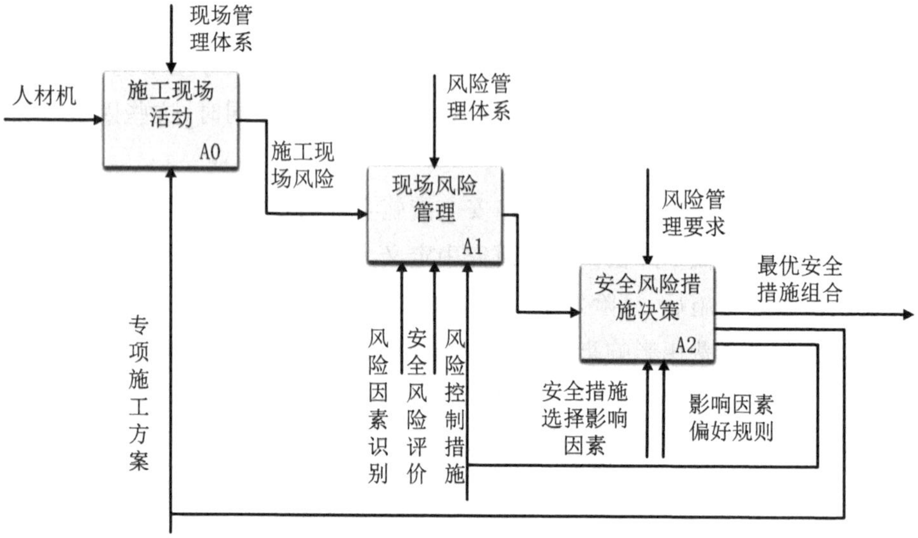

图 5-2　安全措施优化决策过程 IDEF0 图

上述决策过程步骤中，主要有两个核心步骤：①风险因素识别与风险事件发生概率评估；②风险措施选择决策影响变量分析和优化模型。第一个步骤是直接面向施工现场的风险评价分析；而第二个步骤则是在风险评价分析基础上进行措施选择优化。二者构成了紧密的逻辑关系。地铁基坑工程施工现场，根据已经制定完成的安全专项方案进行施工。施工现场面临着很多的风险因素，风险因素发生的情况在稳定变化着。由于之前制定的专项方案措施的静态性，使得施工现场的工程师无法针对动态变化的现场直接进行安全措施采用，工程师需要在静态措施的基础上，对现场的风险因素进行分析。然后，考虑影响安全措施的上述因素，并依据影响程度的不同，进行措施选择组合决策。工程师希望优化决策后的安全措施能够良好地控制施工现场的风险，同时，使得安全措施实施产生的影响指数（措施费用指数和措施工期指数）最小。最后，生成新的安全保障措施方案，支持安全措施在施工现场落实控制风险。

5.2 基于现场信息的安全抗风险能力模型构建

5.2.1 地铁基坑工程施工安全风险识别

地铁车站开挖工法主要有明挖法、盖挖法和暗挖法。其中,明挖法具有施工安全、质量容易保证、综合造价优势显著、利于提高工效、缩短工期等优点,成为当前地铁车站施工的主要方法,本书将明挖法车站基坑工程安全专项方案作为研究的对象。明挖法地铁车站大部分采用的是矩形框架结构,部分采用拱形结构。明挖法施工一般可以分为五大分部分项工程:围护结构施工、基坑降水施工、土石方开挖、支撑体系支设、主体结构施工等。其中,围护结构施工、基坑降水施工、土石方开挖为常见的典型危险性较大的分部分项工程,是施工中安全风险管理需要重点关注的阶段和对象。

施工现场安全风险管理主要包括风险识别、风险评价和风险措施选择等内容。首先,系统而全面地识别施工中可能产生的各类风险事件并梳理风险因素;其次,在风险识别的基础上,根据现场情况,对各个风险因素发生情况评价分析,计算风险事件可能发生概率,按照风险分级标准和接受度准则,确定风险等级;最后,在风险评价的基础上,提出针对风险因素控制的应对措施,使得风险事件发生概率满足风险控制要求,进而提升施工现场的抗风险能力。对于风险识别,目前常用的方法主要有3类:一类是从原因查找结果,例如,专家调查法、检查表法;另一类是从结果反推原因,如故障树分析法、WBS-RBS法等。WBS-RBS也是一种系统的风险辨识方法[165],是将工作分解结构和风险分解结构结合起来,从中找出风险因素的方法。其中,WBS是指作业分解树,RBS是指风险分解树。WBS-RBS风险识别法采用系统的观点,横向考虑工程项目的施工过程,纵向考虑工程项目施工所涉及的各种风险源,将项目包含的复杂风险分解成为相对较简单又容易被理解的基本单元,分析得出主要的风险。WBS-RBS法细化了风险源辨识的过程,符合风险识别系统性的要求,其系统性强、容易理解的特点,可系统全面识别出地铁危大基坑工程施工中的主要安全风险因素。地铁车站危大基坑施工中WBS-RBS法风险识别步骤如下:

(1)地铁车站危大基坑工程工作分解结构。本书根据地铁工程的分部分项工程逻辑关系,确定两级工作结构分解。其中,确定一级工作分解结构:场地平整、围护结构施工、基坑工程施工、主体结构施工和土方回填。依据《地下铁道工程施工及验收规范》[166]及相关研究文献[167],结合第3章安全专项方案中的知识信息表达的工艺内容,确定二级工作分解结构,如图5-3所示。

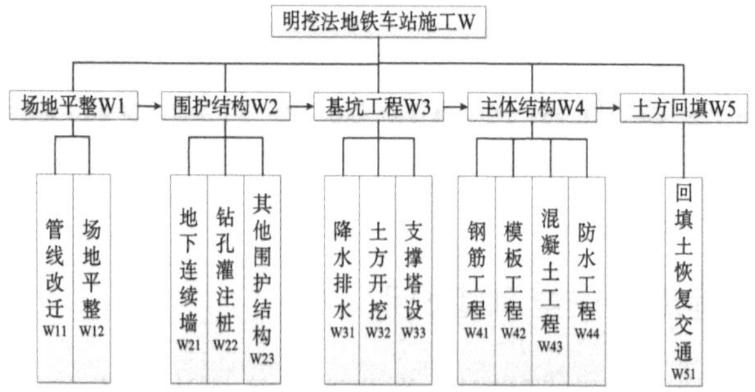

图 5-3 基坑工程工作分解结构

(2)地铁车站基坑工程风险分解结构。本书主要结合事故统计、文献综述对安全风险进行分析,得到地铁车站风险分解结构。相关事故统计分析研究表明[8][10],地铁车站施工过程中容易出现周边环境破坏风险、基坑坍塌风险、支撑失稳风险、管涌流沙风险、其他风险(含高处坠落、物体打击、触电、机械伤害及火灾等)。通过对明挖法地铁车站施工安全风险的相关文献分析,得知明挖法地铁车站施工过程中可能出现周边环境破坏风险、基坑坍塌风险、地下连续墙坍塌风险、基底隆起风险、基坑突涌风险、支撑失稳风险,以及高处坠落、物体打击等风险。结合上述分析,得到地铁车站基坑施工过程的主要安全风险,如图 5-4 所示。

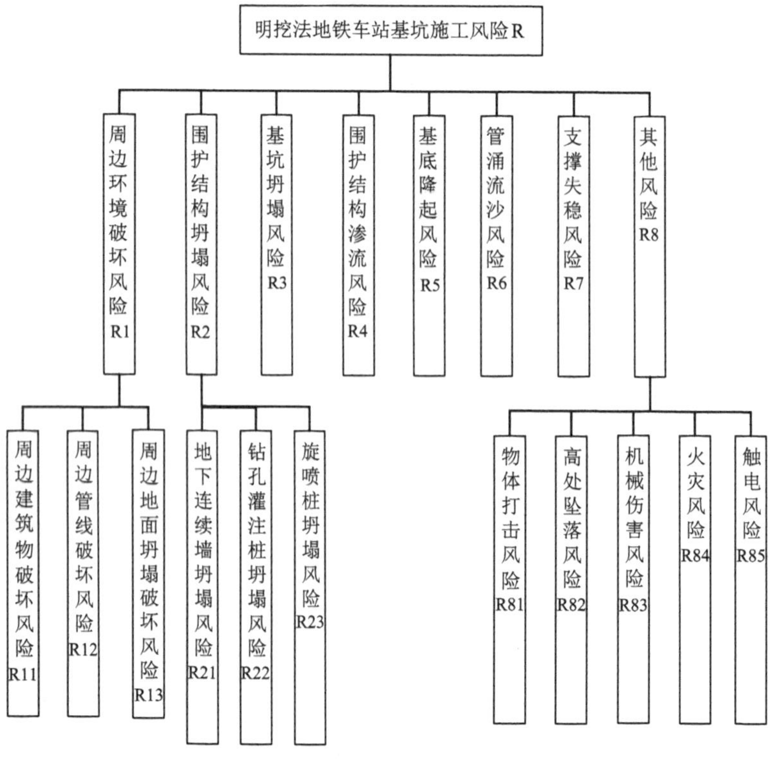

图 5-4 基坑施工风险结构分解图

主要风险分析如下：

①周边环境破坏风险 R1。在地铁车站施工过程中，由于降水过度、管线渗漏等因素，引起周边建(构)筑物、道路及地下管线的倾斜开裂等。因此，可以细分为周边建筑物破坏风险 R11、周边管线破坏风险 R12、周边地面坍塌破坏风险 R13 三类风险。

②围护结构坍塌风险 R2。主要为围护结构自身施工中坍塌的风险，包括地下连续墙坍塌风险 R21、钻孔灌注桩坍塌风险 R22、旋喷桩坍塌风险 R23 等。

③基坑坍塌风险 R3。在地铁车站施工中，由于顶部堆荷、天气暴雨、土方超挖、支撑不及时等，引起基坑坍塌的风险。基坑坍塌风险还可再分为基坑围护结构坍塌风险、基坑土体坍塌风险、支撑架坍塌风险等。地铁车站基坑围护结构类型如采用地下连续墙、钻孔灌注桩或旋喷桩等，则会产生相应的围护结构坍塌风险。例如，在地下连续墙施工过程中，由于泥浆性能差、导墙质量差等因素，造成连续墙槽壁坍槽的风险。

④围护结构渗流风险 R4。由于围护结构存在裂缝等问题，导致止水效果不差而引起水夹带砂粒从裂缝涌向坑内，造成围护结构破坏的风险。

⑤基底隆起风险 R5。在软黏土层中，由于基坑土体开挖后坑外土体的挤压作用，造成墙体向内侧位移，从而引起基坑下方的土体向上抬起的风险。

⑥管涌流沙风险 R6。在地铁车站施工过程中，如果坑内存在水头差，土方自重小于水头压力时，往往会引起管涌流沙风险。

⑦支撑失稳风险 R7。车站施工过程，随着土方的开挖，横向支撑受力逐渐增大，如果下层横向支撑假设不及时，纵向支撑的长细比变大，以及支撑施工质量差等原因，则会产生支撑失稳风险。

⑧其他风险 R8。其他风险包括由于“三宝四口五临边”等防护工作不到位引起的高处坠落风险、高处坠物引起的物体打击、机械操作不当引起的机具伤害、触电以及火灾风险等。

其中，R1～R4，R6，R7 等风险与工程环境体密切相关，属于工程中的重大风险管理点，致险因素多且复杂，需要重点关注；对于 R5 类中包含的风险属于一般风险，致险机理较为清晰简单，采用通常的安全措施就可以进行有效管理。本研究主要以前者类风险为对象进行讨论分析。根据地铁车站基坑安全专项施工方案指导的对象不同以及过程中可能产生的风险事件情况，完成了 WBS 和 RBS 风险识别矩阵构建。在作业分解结构和风险分解结构形成之后，接下来是构建地铁项目工程体的风险识别矩阵。将两者交叉构建 WBS-RBS 矩阵，其中，风险因素构成与工作结构分解联系时，矩阵中该交叉处取值为 1，否则，取值为 0，按照矩阵元素来逐一判断该风险是否存在，最后即可完成施工现场风险识别。表 5-1 为地铁车站基坑施工的 WBS-RBS 矩阵。

表 5-1　基坑施工 WBS-RBS 矩阵

W2	R1			R2		
	R11	R12	R13	R21	R22	R23
W21	1	1	0	1	1	1
W22	1	0	1	1	1	1

假设 W2 为围护结构施工，该车站基坑工程的围护结构为地下连续墙 W21，附属结构采用钻孔灌注桩 W22，通过现场评估可以识别出是否存在所述风险。其中，矩阵元素为 1，风险因素存在，矩阵元素为 0，风险因素不存在，按照矩阵元素进行风险识别。根据对基坑坍塌风险的分析，得到风险因素清单，如表 5-2 所示。

表 5-2　基坑工程施工风险清单

序号	风险名称		主要风险因素
1	周边环境破坏风险 R1	周边建筑物破坏风险 R11	基坑降水过量、基坑围护结构变形大、水土流失等
2		周边管线破坏风险 R12	开挖方式不当、管线接头处理不当、围护结构与管线碰撞、管线保护不到位、土方滑移、水土流失等
3		周边地面坍塌破坏风险 R13	基坑降水过量、基坑围护结构变形大、水土流失、土体加固效果差等
4	围护结构坍塌风险 R2	地下连续墙坍塌风险 R21	垂直度偏差、开挖速度过快、槽底沉渣过厚、泥浆质量差、入土深度不足、未及时施作下一道工序等
5		钻孔灌注桩坍塌风险 R22	场地不平整、垂直度偏差、开挖速度过快、孔底沉渣过厚、入土深入不足、泥浆质量差、未及时施作下一道工序等
6		旋喷桩坍塌风险 R23	场地不平整、垂直度偏差、开挖速度过快、孔底沉渣过厚、入土深入不足、泥浆质量差、未及时施作下一道工序等

续表

序号	风险名称		主要风险因素
7	基坑坍塌风险 R3		土体稳定性差、支撑体系失效、围护结构施工质量差、土方开挖顺序不当、围护机结构变形大、基坑壁渗漏、基坑降水不到位、基坑边堆载、基坑边动载过大、基坑支护不及时、土体浸泡导致土体强度降低、坡度选取不当、基坑土方超挖、监测预警不及时等
8	围护结构渗流风险 R4		围护结构施工质量差、钻孔封堵不密实、降水不到位、水网管线被破坏
9	基底隆起风险 R5		基底土体暴露时间过长、基坑土方超挖、基坑土质差、围护结构入土深度不够等
10	管涌流沙风险 R6		降水不到位、开挖土质差(如细砂地层)、承压水头较大等
11	支撑失稳风险 R7		支撑设计缺陷、支撑施工质量差、机械碰撞支撑、围檩连接不可靠、监测预警不及时等
12	其他风险 R8	物体打击风险 R81	保护措施不到位、上下位垂直作业、吊装时吊具密闭不牢等
13		高处坠落风险 R82	三宝未佩戴及佩戴不正确、四口五临边防护措施不到位等
14		机械伤害风险 R83	因机械不稳定、操作不当以及防护措施不当等造成的伤害风险
15		火灾风险 R84	因电器、电线使用不当、明火作业操作不当等引发的火灾风险
16		触电风险 R85	因电器、电线等使用及保护不当引发的风险

通过 WBS-RBS 系统化方法,结合事故案例分析和文献综述,识别出了地铁车站基坑施工中的主要安全风险和风险因素清单,为下一步风险评价奠定基础。

5.2.2 基于贝叶斯网络的施工现场抗风险评价

在地铁车站基坑施工现场识别风险后,下一步则是对施工现场的抗风险能力进行评估,依据评估结果优化安全保障措施来提升施工现场的安全抗风险能力。其中,只有采用合理的风险评估方法比较准确地对工程风险进行评估，才能有针对性地提出控制措施管理风险。

贝叶斯网络法(Bayesian Networks)是Pearl于1988年提出的能有效描述不同知识成分之间的条件相关时产生的不确定性，并对不确定知识间的条件推理方法[168]。该网络在表达领域知识网络拓扑结构的基础上，集成变量间因果关系下的概率，以反映复杂变量之间的依赖关系。贝斯网络由节点和连接节点的边组成，节点代表变量而边则反映变量之间的因果关系。图5-5为简单的贝叶斯网络结构模型，在该模型中，节点E_4到节点E_2有一条边，则称E_4为E_2的父节点，E_2为E_4的子节点，在该网络中，E_4，E_5为E_2的父节点，E_2为E_4，E_5的子节点；E_2为E_1的父节点，E_1为E_2的子节点，其中，没有父节点的节点也可称为根节点，没有子节点的节点也可称为叶节点。目前，该方法已应用于工程项目中管理者胜任力评价[169]、风险评价与管理[170-171]、故障诊断[172]等问题领域。

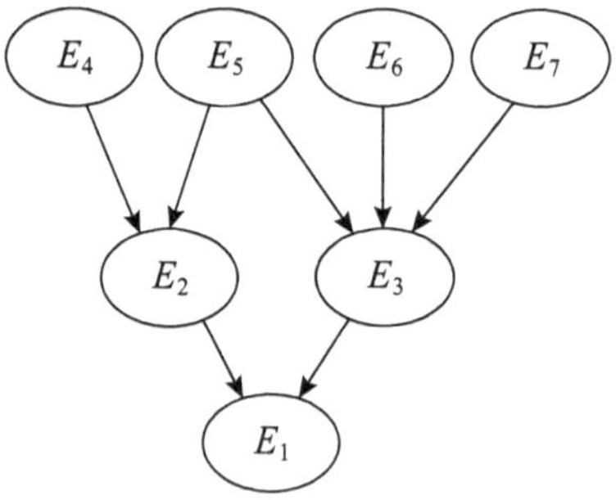

图5-5　贝叶斯网络结构模型

在贝叶斯网络中，有术语概念：①贝叶斯网络结构。指的是事件网络中各节点形成的逻辑关系，是进行贝叶斯网络构建的基础。②先验概率。指根据历史的资料或者先行判断所确定的各种事件发生的概率，该概率属于检验前的概率，是在没有任何其他信息存在的情况下关于该变量的概率(信度)，记作$P(a)$。③后验概率。指在获取了新的附加信息，通过贝叶斯公式对先验概率修正得到的符合当前实际的概率。④条件概率。当条件确定时，某事件发生的概率就是该事件的条件概率。

上述的变量一般可以根据定义域的类型分成3类。布尔随机变量：如，基坑支护及时性，定义域为＜*Ture*，*False*＞；离散随机变量：如，基坑周边环境，定义域是＜复杂、一般、简单＞；连续随机变量：如，地铁车站开挖深度，定义域为[0，200]。以离散随机变量为例，通常具有如下的性质：首先，每个随机变量都有有限个状态，且定义域中的值必须互斥；其次，用一个0～1实数表明变量处于该状态时的概率，最后，变量的所有状态的概率取值构成这些状态，变量状态的概率取值[0，1]，所有状态的概率和为1。贝叶斯网络中的数据关系主要由概率公式表达，如下：

条件概率可以根据无条件概率定义和计算，有条件概率公式：

$$P(a|b)=P(a,b)/P(b) \tag{5-1}$$

转换后有：

$$P(a,b)=P(a|b)P(b)=P(b|a)P(a) \tag{5-2}$$

对于变量 X,Y，变量的所有状态取值可以用以下公式表示：

$$P(X,Y)=P(X|Y)P(Y)=P(Y|X)/P(X) \tag{5-3}$$

根据乘法规则，得到链式规则，

$$\begin{aligned} P(X_1,\cdots,X_n) &= P(X_n|X_1,\cdots,X_{n-1})P(X_1,\cdots,X_{n-1}) \\ &= P(X_{n-1}|X_1,\cdots,X_{n-2})P(X_n|X_1,\cdots,X_{n-1})P(X_1,\cdots,X_{n-2}) \\ &= P(X_{n-1}|X_1,\cdots,X_{n-2})P(X_n|X_1,\cdots,X_{n-1})P(X_1,\cdots,X_{n-2})\cdots P(X_2|X_1)P(X_1) \end{aligned} \tag{5-4}$$

由乘法公式，可得到：

$$P(A|B)=P(A,B)/P(B)=(P(B|A)P(A))/P(B) \tag{5-5}$$

该公式称为贝叶斯公式。贝叶斯法则是在一个条件概率和两个无条件概率的基础上计算另一个条件概率。贝叶斯网络模型应用具体问题步骤如下：

步骤1：构建施工现场风险事件贝叶斯网络结构BN；

步骤2：网络子节点条件概率表（Conditional Probability Table，CPT）$P(a|x_i)$，$i=1,2,\cdots,n$；

步骤3：网络父节点先验概率获取 $P(x_i)$，$i=1,2,\cdots,n$；

步骤4：评价施工现场的安全风险概率水平 $P(T)$；

(1)施工现场风险贝叶斯网络构建。在工程施工过程中，风险事件与因素存在着映射关系，因素的状态及其耦合作用则会导致风险事件状态的变化，风险事件则有发生和不发生的二值状态；一般而言，风险贝叶斯网络可以由风险故障树模型直接转换得到。风险故障树模型是一种表述导致风险事故发生的风险因素关系模型，该模型通过逻辑演化的方法，从结果出发推导出原因的逻辑模型[173]。基于WBS-RBS风险识别法对系统的风险因素层次分级，与故障树模型的顶上事件、中间事件和基本事件相对应，极大地支持了故障树模型的构建。获得风险故障树模型后，故障树模型中的中间事件和基本事件则可以与风险贝叶斯网络中的子节点与父节点较好地对应，从而大大降低了贝叶斯网络构建的难度。在领域专家知识和文献的支持下，确定施工现场安全风险故障树模型为3层，即风险事件、风险状态和风险因素。图5-6为风险故障树模型，其可转换成对应的贝叶斯网络结构图。

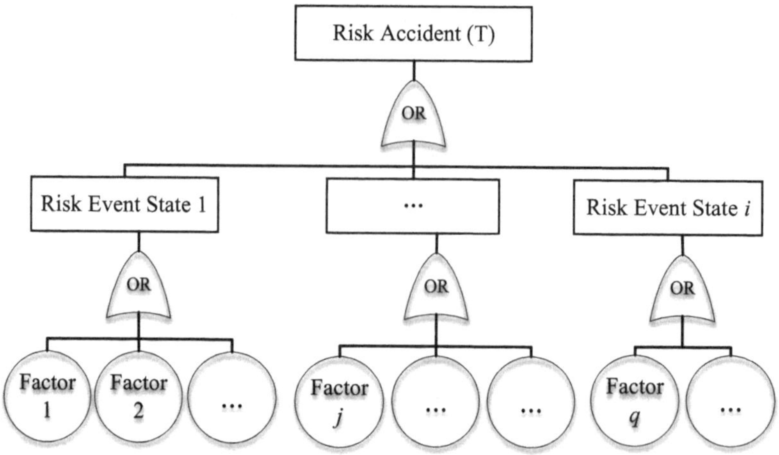

图 5-6　施工安全风险故障树模型

(2)贝叶斯网络节点概率获取。贝叶斯网络节点分为两类:一类是与其父节点存在着逻辑“与”或者逻辑“或”的关系,即父节点发生或者不发生,该子节点发生的可能性为 0%或 100%;另一类节点则是不存在“与”“或”的关系,子节点发生的可能性为[0%, 100%]。一般而言,构建的贝叶斯网路中会存在上述的某一类节点,或者两类节点都存在。对于前一类节点的 CPT,获取方法比较容易,可直接进行逻辑分析获得。对于施工现场风险贝叶斯网络而言,由于风险因素无法穷举,故即使父节点的风险因素都不发生时,风险还是有可能发生,故可以对该逻辑情况进行一个调整,设定其发生概率为 1%,而非直接采用 0%。对于后一类节点的 CPT,在数据容易获得的领域问题,则可以通过领域数据进行学习获得,对于难以获得风险数据的领域,可采用专家调研方法获得。由于工程领域中难以获得完整的事故数据,而领域内的专家和有经验的工程师也能对工程风险进行一个良好的反馈,因此,可以运用现有的安全事故数据进行分析,并采用问卷调查法进行补充以支持风险发生概率评价数据的科学性。

调查问卷主要包括两个部分:第一个部分是问卷信息介绍;第二部分是对各因素在正常工程现场的概率进行描述打分,使用的是 7 分里克特量表,问卷见附录一。对在武汉地铁工地的项目管理者进行问卷发放,在 20 个标段对建设方、施工方、监理方、监测方、安全预警方共 5 个单位的项目经理、总工程师/安全工程师等发放 100 份问卷,历时一周,收回问卷 100 份。被调查者的基本情况统计结果如表 5-4 所示。

表5-4　样本信息描述

属性	属性值	人数	属性	属性值	人数	属性	属性值	人数
性别	男	100	教育水平	专科	12	年龄	35岁以下	12
	女	0		本科	70		35～44岁	34
岗位	项目经理	40		研究生	18		45～54岁	46
	总工程师/安全工程师	60					54岁以上	8

(3)评估安全风险因素的发生概率。构建完成贝叶斯网络和条件概率表后，进一步对风险因素层发生概率进行评估，风险因素概率的评估也可以根据安全事故数据和专家经验得到。由于缺少完整的数据支持，故采用问卷调查的方式获得风险因素发生的概率。具体步骤如下：①通过对多位专家的调查结果进行平均处理，调查方式与附录1问卷一致；②将风险因素概率输入贝叶斯网络，计算风险事件发生概率，并将结果反馈给专家再进行调整；③确定最终的概率，得到风险发生的综合概率水平。

基于贝叶斯网络建模法，对施工现场风险事件建模，以R1～R6等6类主要风险为对象，得到的地铁基坑工程施工现场风险贝叶斯网络结构如图5-7所示。

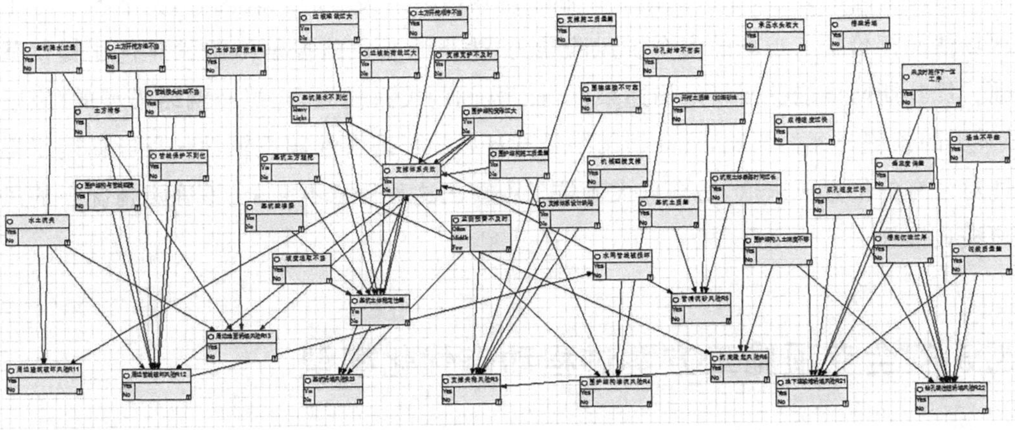

图5-7　地铁基坑工程施工现场风险贝叶斯网络结构

基于构建的地铁基坑工程施工现场风险贝叶斯网络，可对特定项目进行抗风险能力分析与评价，其中抗风险能力评价包含综合抗风险评价和关键风险因素辨识两个方面：

(1)特定项目抗风险能力评价。在工程施工现场中，管理层面和技术层面的安全保障措施与施工现场的风险事件发生状态有着密切的关系。一般而言，现场的安全保障措施做得越全面、完善，施工现场的安全风险发生概率则越低；反之，安全风险发生的概率则越高。由于安全风险与管理和技术层面的关系，使得安全风险表现出一定的地域性，以某一确定区域为例，通过专家经验和相应的管理规范、标准等文献资料，并基于施工现场的贝叶斯网络模型，计算得到风险因素发生的值，得到施工现场的安全抗风险能力。

利用贝叶斯网络，基于调查得到的施工现场风险因素发生概率和CPT，可计算得到父节点事件 $P(R=1)$，公式为：

$$P(R=1)=\sum(P(R=1\mid X_i=x_i)\times P(X_i=x_i)),i=1,2,\cdots,n \tag{5-7}$$

式中：n 表示子节点的个数，每个节点发生概率取值区间为[0, 1]，表示该节点由发生到不发生之间的概率取值；$P(R=1)$表示风险 R 发生的可能性大小，根据第 4 章的 5 个风险等级划分，可以得到当前施工现场的抗风险能力。

(2)待评价项目关键风险因素识别。利用 BN 的反向推理技术，可以分析在事故发生情况下，风险因素的后验发生概率 $P(X_i\mid R=1),i=1,2,\cdots,n$；该概率值越大，表明该节点导致风险事件发生的可能性越大，应在施工过程中，作为关键因素重点控制。

$$P(X_i=1\mid R=1)=P(X_i=1)\times P(R=1\mid X_i=1)/P(R=1),i=1,2,\cdots,n \tag{5-8}$$

通过上述的评价，能有效地获得施工现场应重点关注的风险因素，并能基于施工现场情况评价施工现场的安全抗风险能力，为下一步风险控制措施深化优化提供基础。贝叶斯网络能够清晰地描述事件与因素间的关系模型，与神经网络模型的“黑匣子”类的预测与评估相比，贝叶斯网络具有良好的可理解性和逻辑性。贝叶斯网络推理对已有的信息要求低，适合危大基坑工程现场这种信息不完全、不确定情况下的风险演化推理。

5.3 安全专项施工方案过程动态优化模型

心理学中存在着乐观偏差(optimistic bias)的概念，也称为非现实的乐观主义(unrealistic optimism)，指出人们倾向认为自己更可能经历积极的事情，而他人更可能遭遇消极事件的现象[174]。侥幸心理的强弱取决于他身边经历和接触到的灾难或恶果对他冲击有多大，例如，空难之后航空险销量出现高峰，事故发生后一段时间内安全得到高度重视。在以往的研究中，工程中的决策主体常常被假设为“经济人”，即一切的决策都是理性的；而工程实际中，工程决策主体的决策行为更符合“社会人”的假设，即决策行为的非理性。也正是这种非理性决策行为带来了乐观偏差。乐观偏差在安全管理中体现为不是人们不愿意接受经济等方面的微小损失，来避免将来可能发生更大损失的一种行为，其本质上是缺乏对现场安全管理情况的真实调查认知和全面的决策方法。

在工程施工现场中，管理层面和技术层面的安全保障措施与施工现场的风险事件发生状态有着密切的关系。一般而言，现场的安全保障措施做得越全面、完善，施工现场的安全风险发生概率越低；反之，安全风险发生的概率则越高。由于安全风险与管理和技术层面的关系，使得安全风险表现出一定的地域性，以某一确定区域为例，通过专家经验和相应的管理规范、标准等文献资料，构建安全措施选择模型，支持安全专项方案措施优化选择。

5.3.1 安全专项方案多目标优化模型构建

基于安全措施优化决策过程分析的要求，即在安全措施选择时，在考虑风险因素控制效果的基础上，进一步考虑安全措施工期影响和费用影响等目标，对安全措施进行动态优化，提高安全专项方案的实施效果。安全措施选择优化问题可以看成是一类集合覆盖问题(Set Covering Problem，SCP)。典型的 SCP 问题应急服务设施的选址，即将该问题转换为集合覆盖问题，指在满足所有需求点的服务要求情况下，如何选取最少的服务设施点集合[175-176]。该问题数学模型构建如下：

$$
\begin{aligned}
&\min\sum_{j\in w}X_j\ \text{s. t.}\ \sum_{j\in w}X_j\geqslant 1,\forall i\in V\\
&X_j=\{0,1\},\forall j\in W\\
&N_j=\{j\mid d_{ij}\leqslant r\}
\end{aligned}
\tag{5-9}
$$

该模型中：i 为需求点，V 为需求点集合；j 为服务设施点，W 为服务设施点集合；X_j 为设施点 j 是否被选取变量(X 值取 1 为选择，0 为不选)；d_{ij} 为设施点 j 与需求点 i 之间的距离(时间)；r 为服务设施服务半径；N_j 为需求点 j 提供服务的设施点集合。式(5-9)中第一行为目标函数，即要求建立的服务设施点数量最少；公式第二行为约束函数，要求每一个需求点都要有一个服务设施服务。

本研究定义安全措施实施后带来工期影响和费用影响分别为工期影响指数和费用影响指数，分别简称为工期指数[$t(s_j)$]和费用指数[$c(s_j)$]。工期指数[$t(s_j)$]是指采取的安全措施在实施中自身增加的工期和该措施对后续工序活动的实施进度影响，理解为增加工期与总工期的比例，比例越大，影响越大，比例越小，影响越小，一般取值范围为[0, 1]；费用指数[$c(s_j)$]是指采取的安全措施实施产生的费用影响，理解为增加的费用与总工期的比例，比例越大，影响越大，比例越小，影响越小，取值范围为[0, 1]。安全保障措施选择问题可以理解为在满足风险因素控制的基础上，使得安全措施选择组合带来的影响最小。现场工程发现风险因素时，可以依据安全措施选择模型，进行风险评估并基于优化模型输出优化的措施组合，以支持工程师的风险控制决策。对上述问题进一步分析，可以将安全措施选择优化模型的目标函数表达为如何选择安全措施组合使得安全措施带来的工期和费用影响最小。而约束条件表达为如何选择安全措施组合使得风险因素能够得到控制，即在控制目标以内。所以，安全措施多目标优化模型构建如下：

目标函数：

$$\min Q = w_1 \sum_{j=1}^{n} k_j * c(s_j) + w_2 \sum_{j=1}^{n} k_j * t(s_j) \tag{5-10}$$

约束函数：

$$\begin{cases} P\left(\dfrac{x_i}{s_j}\right) = p(x_i) * \sum\limits_{i=1}^{n} k_j * \Pi(1 - a_{ij}) \\ P(R) = \sum\limits_{i=1}^{n} p(\dfrac{x_i}{s_j}) p(\dfrac{a}{x_i/s_j}) \\ P(R) \leqslant P'(1-\eta) \\ k_j = \begin{cases} 1, s_j \text{ is selected;} \\ 0, \text{ otherwise} \end{cases} \end{cases} \quad i = 1,2,\cdots,n; j = 1,2,\cdots,m \tag{5-11}$$

式中：s_j 表示安全措施 j；$c(s_j)$，$t(s_j)$分别为安全措施 s_j 的费用指数和工期指数，二者的取值范围都为[0, 1]；Q 为安全措施 s_j 的综合影响指数；k_j 为安全措施 s_j 是否被选择变量，$k_j = \{0,1\}$；w_1，w_2分别为费用指数和工期指数三者在目标函数中的权重，反映了不同决策者对决策目标的偏好；a_{ij} 是因素-风险措施关系矩阵值，含义为当风险措施 s_j 采取后风险因素 x_i 发生概率的减少程度，取值范围为[0, 1]。$P(x_i/s_j)$为当安全风险措施 s_j 采取实施下的风险因素 x_i 发生概率；$P(R)$为当安全风险措施采取实施后的风险事件发生概率；P'为风险事件发生的预警值，是风险事件发生的安全冗余。

为了清楚阐述，本书将以基坑坍塌风险(R3)为例，解释基坑坍塌类风险评价与方案优化方法，其他类的风险管理与此相同。基于构建的风险贝叶斯网络模型中的风险因素，表 5-5 为以基坑坍塌风险为例梳理的部分风险控制措施。

表 5-5　基坑坍塌风险及对应风险控制措施

编号	风险因素	风险控制措施
x_1	基坑壁渗水	s_1 导流管泄压排水，不封堵
		s_2 导流并注浆封堵渗水部位
x_2	基坑超挖	s_3 设置高程控制桩，加强测量复核
		s_4 选择相关材料进行超挖部分回填并压实
		s_5 机械挖方时，应专人指挥；剩 30 cm 时，应人工开挖
x_3	基坑降水不到位	s_6 基坑内人工挖深井，抽排水降水
		s_7 增加降水井点，加强降水
x_4	边坡堆载过大	s_8 设置防堆载临时措施
		s_9 加强现场边坡堆载检查
		s_{10} 合理组织卸掉坡顶堆载
x_5	边坡动荷载过大	s_{11} 设置动荷载轨迹安全距离临时措施
		s_{12} 加强动荷载轨迹检查
x_6	支撑支护不及时	s_{13} 严格监督开挖进度，留好支撑架设所需的工作面
		s_{14} 加强施工现场检查，及时架设支撑
x_7	支撑变形过大	s_{15} 检查钢支撑预应力，并对钢支撑增加预应力
		s_{16} 增加竖向临时支撑，减少横撑挠曲变形
		s_{17} 停止开挖，加密支撑
		s_{18} 禁止在钢支撑上堆放荷载，严禁在其上站立或行走
x_8	支撑施工质量差	s_{19} 严格按图施工，满足尺寸和位置等误差要求
		s_{20} 对支撑施工的质量问题，进行质量修复
		s_{21} 设置防护措施，保护支撑免受撞击等质量破坏
x_9	支撑体系设计缺陷	s_{22} 加强勘察工作，提升勘察资料的准确性
		s_{23} 加强施工现场检查，发现问题及时加固支撑体系
x_{10}	监测分析预警差	s_{24} 严格执行监测方案，加强预警分析
		s_{25} 加强施工现场巡视，发现隐患及时预警
		s_{26} 每日检查巡视记录，保证巡视及时

上述的安全风险控制措施实施会产生不同的风险，工期影响指数和费用指数存

在差异，而通过工程数据分析得到上述的指数往往困难。因此，本书运用专家经验法，邀请多位专家对此进行模糊评价，再求取平均值得到该风险措施的平均影响指数指标。为满足对方案措施优化选择多目标优化模型约束条件的处理与分析，在此引入设计结构矩阵模型(design structure matrix，DSM)进行风险因素与风险措施的控制关系表达。设计结构矩阵是 Steward 在 1981 年提出的一种用来支持设计、开发和管理复杂系统的灵活建模工具[177]。DSM 运用矩阵的方式来分析不同任务间的信息传递关系，并对此关系进行定性或定量的表达以此建立数学模型，利用矩阵等分析方法规划任务信息交互过程，能够帮助决策者良好地进行过程信息分析。基于 DSM 的优势，DSM 方法已经被广泛应用于设计分析[178]、变更分析[179]以及风险管理[180]等研究领域。

假设有产品构件集 $C=\{c_1,c_2,\cdots,c_m\}$，其之间的物理结构关系可以用矩阵 $\boldsymbol{D}=\{d_{ij}\mid 0<i\leqslant m,0<j\leqslant m\}$表示，其中 d_{ij} 的取值类型定义为布尔型，则有取值为 1 表示有连接关系，0 则表示无连接关系；则构件之间的物理结构关系矩阵可表达如图 5-8 所示。

	c_1	c_2	c_3
c_1	0	1	0
c_2	1	0	0
c_3	1	0	0

图 5-8　DSM 矩阵图

本章运用 DSM 的方法，提出面向因素和措施关系的 DSM 模型，进行风险管理中的风险因素安全措施关系分析。具体的 DSM 建模步骤如下：

步骤 1：定义 DSM 的对象和范围。

步骤 2：系统过程分解。对 DSM 涉及的任务进行分析，并将各部分内容细化到满足需求的层次元素(x_i ，s_j)，$i=1, 2, \cdots, n$；$j=1, 2, \cdots, m$

步骤 3：确定元素间的作用信息。分析风险因素与安全措施之间的控制关系，对于风险因素与安全措施的作用关系，即安全措施采取后对风险因素发生概率的影响，可以表达为 f_j，令 a_{ij} 为安全措施对风险因素作用关系的取值，则有表达式如下：

$$a_{ij}=f_j(x_i, s_j), i=1, 2, \cdots, n; j=1, 2, \cdots, m \tag{5-12}$$

在此过程中，一般需要在已有信息的基础上进行分析，往往需要借助访谈、调查问卷等方法。

步骤 4：建立信息流矩阵 $\boldsymbol{M}_{xs}$。将元素按照顺序排列在矩阵的左侧和上方，将分析得到的作用信息填入矩阵中，得到 DSM。根据分析得到的作用信息取值类型不同，可以分为布尔型和数值型两类，可根据领域问题的特点和需求选择。

步骤 5:将 M_{xs} 交给工程师用于风险控制分析,使用过程中可反馈使用的相关性信息以支持 M_{xs} 完善。

依据上述步骤,得到风险因素与安全措施关系矩阵如表 5-6 所示,代入风险措施优化模型分析求解,得到满足安全要求的负面影响最小的安全措施集合。

表 5-6 风险因素与安全措施关系矩阵

	s_1	s_2	s_3	s_4	…	s_j	…	s_m
x_1	0.85	0.80	0	0	…	0	0	0
x_2	0	0	0.75	0.22	…	0	0	0
x_3	0	0	0	0	…	0	0	0
…	…	…	…	…	…	…	…	…
x_n	0	0	0	0	…	0	0.80	0.87

类似的,随着对危大基坑工程安全管理下信息技术应用的要求,视频监控技术已经被广泛应用于危大基坑工程安全管理,图 5-9 是基坑工程施工现场视频监控布置示意图。而对于基坑工程施工现场视频监控布置方案优化这一重要问题,也可以从多目标优化角度来建模处理。考虑基坑工程施工现场的安全监控管理需求,结合施工现场场地的可布设条件,制定不同阶段或者重要施工阶段环节的安全监控摄像机布设方案,以支持施工现场安全管理并满足行业危大工程在线监管的要求。

图 5-9 基坑工程施工现场视频监控布置示意图

基坑工程施工现场视频监控布置方案优化建模流程如下:

1. 视频监控方案摄像机参数选择。研究选取工程施工现场常用的球形摄像头,能够实现 360 度旋转,其监控范围是以最大可监控距离为半径的球形区域。在现行的《安全防范视频监控摄像机通用技术要求》(GA/T 1127－2013)中[181],摄像头观测质量被划分为A、B、C 3个等级，其中A级探测，要探测到目标的活动；B级识别目标轮廓的特征、目标性质、活动的目的与内容；C级认清细节较清晰，可以取证分析目标的标识特征，如读取文字、人脸识别、车牌辨别。视频监控点监控的区域要求遵循最远处能够看清人脸的原则，能看清工人的操作。C级认清应达到人脸清晰识别的标准。地铁施工管理中以达到认清施工细节为基本要求，根据施工现场应用情况，球形摄像头的有效监测距离为60～80 m。

2.视频监控布置方案确定。主要包括3个方面：施工现场空间区域全覆盖，基于施工阶段施工层的监控要求动态布置，视频监控布置监控点数目最少化。

3.监控点布置模型构建分析

(1)问题定义。地铁车站施工现场包括地面区域和基坑层面区域，候选监控点数目为m，候选监控点构成的集合$M(1, 2, \cdots, j, \cdots, m)$；视频监控点的有效监控距离为$L$，基坑层面受到$d$道支撑的遮挡，监控点$j$对单元格中心点$i$的观测值为决策变量$a_{ij}$。

定义1：候选监控点构成的集合$M(1, 2, \cdots, j, \cdots, m)$，候选监控点$j$是否布置摄像头为变量$x_j$，布置摄像头$x_j=1$，否则$x_j=0$。

定义2：候选视频监控点$M(1, 2, \cdots, j, \cdots, m)$中的任一点$j$对应单元格$N(1, 2, \cdots, i, \cdots, n)$中的任一网格中心点$i$，如果$i$在视频监控点的有效监控距离$L$内，且$j$和$i$的视线不受基坑侧壁和支撑的遮挡，则视频监控点$j$能观测到$i$，$a_{ij}=1$，否则$a_{ij}=0$。一个目标点被覆盖，等价于它被至少一个视频监控点观测到，施工现场全覆盖，也就是所有的目标点都至少被一个视频监控点观测到。

(2)候选视频监控点确定。地铁车站施工现场包括地面区域和基坑区域，主体结构施工阶段的内容主要集中在基坑的范围，基坑范围的施工比较复杂，从基坑开挖阶段开始无法提供摄像头布置的条件，如果选择布置在基坑区域，无法满足对地铁车站基坑施工全过程覆盖，摄像头布置的位置选择在地面区域。《建筑施工土石方工程安全技术规范》(JGJ180－2009)规定基坑周边要设置防护栏，防护栏距离基坑侧壁至少0.5 m，因此视频监控点布置在基坑周边0.5 m以外的地方，视频监控点布设之后，只需要调节摄像头的焦距和角度就能够实现对地铁车站施工全过程的监控。由于基坑深度比较深，视频监控点的视线容易受到基坑侧壁的遮挡，要实现对基坑底层的监控，候选视频监控点的位置应尽可能地靠近基坑侧壁。

(3)视频监控布置方案可视性分析。以施工现场左侧端点A在基坑层面投影O为原点建立坐标系，候选视频监控点是否布置摄像头，为变量为x_j，该点布设摄像头时$x_j=1$，否则$x_j=0$；施工现场的网格点是否能被视频监控点覆盖为决策变量a_{ij}，若该网格能被至少一个视频监控点覆盖，则$a_{ij}=1$，否则$a_{ij}=0$。图5-10为施工现场网格划分示意图，$ABCD$为施工现场围挡区域范围，$A'B'C'D'$为施工现场基坑开挖区域范围，场地区域可按照监控单元面积大小进行网格区域划分，如：1 m×1 m，或 2 m×2 m。

图 5-10　施工现场网格划分示意图

对于施工现场布置的任一视频监控点 j，坐标为(x_j，y_j，z_j)，任一网格中心点为 i，其坐标为(x_i，y_i，z_i)，施工现场视频监控可视性三维模型如图 5-11 所示。

视频监控点在基坑层面的可视域，受到基坑的边沿以及基坑中各道支撑的遮挡，假设基坑层面受到 d 道支撑遮挡，每道共 k 条支撑，分布在基坑空间区域上，第 p 道支撑的截面纵坐标为 z_p，第 1 条支撑的横坐标段为 (x_1, x_1')，第 2 条支撑的横坐标段为 (x_2, x_2')，第 g 条支撑的横坐标段为 (x_g, x_g')，第 k 条支撑的横坐标段为 (x_k, x_k')，S_p 为第 p 道 k 条支撑横坐标区间的并集，则 $S_p = U(x_1, x_1')U(x_2, x_2')\cdots U(x_k, x_k')$，视频监控点 j 的坐标为(x_j，y_j，z_i)，网格中心点 i 的坐标为(x_i，y_i，z_i)，视频监控点 j 和网格中心点 i 与第 p 道支撑平面的交点坐标为(x_p，y_p，z_p)。基坑层面与地面距离为 c，则地面区域的纵坐标为 $z_c = c$，视频监控点 j 和网格中心点 i 与地平面的交点坐标为(x_c，y_c，z_c)。视频监控点 j 在基坑的上下时，与基坑侧壁距离为 y；视频监控点在基坑的左右两侧时，与基坑侧壁距离为 x。

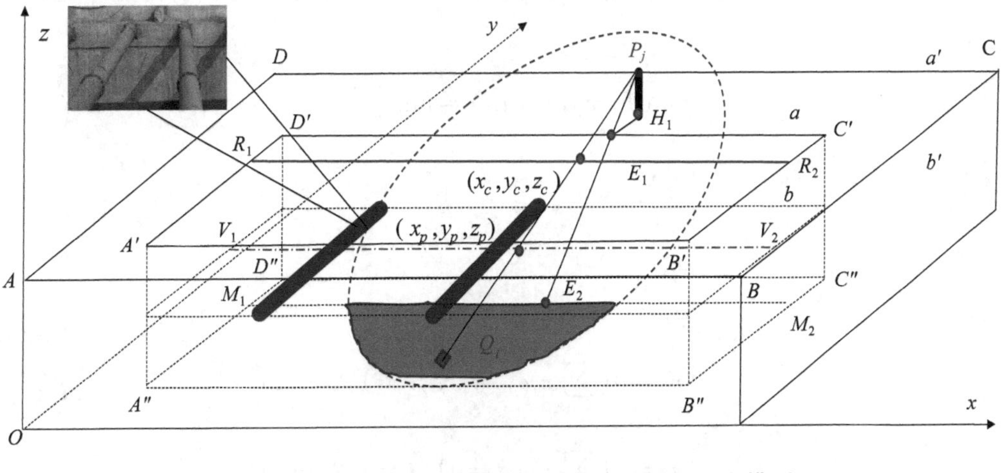

图 5-11　基坑工程施工现场视频监控可视性三维模型

视频监控点 j 的视线受到基坑侧壁和基坑中间支撑的遮挡，其中式(5-13)为观测范围方程，式(5-14)为监控点 j 到基坑层面目标网格点 i 的视线方程，式(5-15)、式(5-16)表示视频监控点 j 视线不受基坑侧壁遮挡所能看到基坑底层的范围点，式(5-17)、式(5-18)表示监控点视线不受基坑中各道支撑遮挡所能看到基坑底层的范围点。当视频监控点在基坑的上下两侧时，同时满足式(5-13)、式(5-14)、式(5-15)、式(5-16)、式(5-17)时，则视频监控点 j 对目标网格点 i 的有效监控距离内，视线不受基坑侧壁和各支撑的遮挡，也即视频监控点 j 能够观测到目标网格点 i，则 $a_{ij}=1$；同样，当视频监控点在基坑的左右两侧时满足式(5-13)、式(5-14)、式(5-16)、式(5-17)、式(5-18)时，$a_{ij}=1$。

$$(x_i-x_j)^2+(y_i-y_j)^2+(z_i-z_j)^2\leqslant L^2 \tag{5-13}$$

$$\frac{X-x_j}{x_i-x_j}=\frac{Y-y_j}{y_i-y_j}=\frac{Z-z_j}{z_i-z_j} \tag{5-14}$$

$$(y_c-y_j)^2\geqslant y^2 \tag{5-15}$$

$$(x_c-x_j)^2\geqslant x^2 \tag{5-16}$$

$$S_p=U(x_1,x_1{}')U(x_2,x_2{}')\cdots U(x_k,x_k{}') \tag{5-17}$$

$$x_p\notin S_p,(p=12,\cdots,d) \tag{5-18}$$

视频监控点 j 处于基坑上下时，其中 H_1 为视频监控点 j 在施工平面上的投影，H_2 为视频监控点 j 在基坑层面的投影，E_1 为视频监控点 j 与基坑壁的交点，E_2 为视频监控点 j 过基坑侧壁点 E_1 与基坑底边的交点，M_1M_2 为视频监控点 j 过基坑侧壁与基坑底边的交线，$F_1(x_c,\ y_c,\ z_c)$ 为监控点 j 过目标点 i 的视线与地面平面的交点，$F_2(x_p,\ y_p,\ z_p)$ 为监控点 j 过目标点 i 的视线与第 p 道支撑层面的交点。视频监控点 j 以监控距离 L 为半径的球形与基坑层面相交，其落入基坑层面，并且不被基坑侧壁以及支撑遮挡的区域为视频监控点 j 的可视域。

(4)根据施工现场视频监控点布局的目标函数和约束条件的分析建立布置模型如下：

$$\min F(x_j,x_i,a_{ij})=\min\sum_{j=1}^{m}x_j \tag{5-19}$$

$$\text{s. t.}\begin{cases}\sum\limits_{i=1}^{n}x_i=n\\ x_j=\{0,1\}\\ a_{ij}=\{0,1\}\\ x_i=0\left(\sum\limits_{j=1}^{m}x_ja_{ij}=0\right),i=1,2,\cdots,n\\ x_i=1\left(\sum\limits_{j=1}^{m}x_ja_{ij}=0\right),i=1,2,\cdots,n\end{cases} \tag{5-20}$$

式中：

i——施工现场网格点序号；

j——候选视频监控点序号；

p——施工现场监控覆盖率；

m——视频监控点总数；

n——施工现场网格点总数；

x_j——视频监控点 j 布置摄像头情况，布置为1，否则为0；

a_{ij}——视频监控点 j 对监控目标点 i 观测情况，观测到时为1，否则为0；

x_i——监控目标点 i 被覆盖情况，被至少一个视频监控点覆盖为1，否则为0。

对于地铁车站基坑工程施工现场视频监控点布置而言，能够满足对地铁车站施工现场网格点全部覆盖的安全管理监控需求。

(5)引入遗传算法求解视频监控布置模型，得到优化后的视频监控布置方案，方案中主要包括视频监控点布置数量、布置位置等。

5.3.2 基于遗传算法的优化模型寻优求解

集合覆盖问题(SCP)是组合优化领域中著名的NP-hard问题[182]，相关类似的组合优化问题都可以转变为SCP类问题来解决。安全措施选择优化问题较为简单时，可采用枚举法、分支界定法等古典简单寻优方法求解；而当安全措施选择 s 优化问题较为复杂时，即风险因素和可选安全措施显著增多时，安全措施选择优化问题则变得异常复杂。运用前面的方法则难以在合理时间内求得最优解，为此，学者们基于启发式算法提出了相关算法以求解，例如，局部寻优的启发式贪心算法[183]；此后，作为全局寻优算法的遗传算法得到学者们的广泛关注[184-185]，该算法是一种基于生物进化原理构想出来搜索最优解的仿生算法[186-187]。作为一种全新的优化搜索算法，具有适应性广、抗干扰性强、鲁棒性强，以及不受搜索空间限制性条件约束、适应于并行处理、全局搜索等显著的特点[188]。运用遗传算法的步骤如下：

(1)初始化：初始化代数gen=0并设置最大进化代数 T，随机生成 N 个个体作为初始群体 P。将安全措施选择优化问题进行表示，由于安全措施选择是典型的布尔型取值，所以，选用0−1二进制表示是个合适的方法，即用一个 n 位的二进制串作为染色体结构，即单行 n 列矩阵，定义向量 $\boldsymbol{X}=(x_1, x_2, \cdots, x_j, \cdots, x_m)$，其中，$x_j=\{0, 1\}$，$j=1, 2, \cdots, m$，作为一个染色体，并作为问题的一个安全措施优化组合方案的可能解。其中，第 i 列的取值表示该安全措施是否选取，0表示不选择，1表示选择。

(2)个体评价：计算群体 P 中各个个体的适应度值。进行适应度值计算，则要选择适应度函数，适应度函数是根据目标函数确定的表明个体或解的优劣性，是进行选择操作的依据。由于适应度函数的非负性，本书采用适应度函数 $Fit=c_{\max}-F(x)$，其中，$c_{\max}$ 通常取值大于 1 的整数。

(3)选择运算：将选择算子(P_s)作用于群体，将优化的个体直接遗传到下一代。选择操作是建立在群体中个体的适应度值基础上的，可按照适应度值选择一定的比例选择染色体保留至子代，该比例则称为选择算子 P_s。

(4)交叉运算：将交叉算子(P_c)作用于群体，以通过案例池中参与交叉的染色体个数产生新的个体。P_c 一般取值为 0.40～0.99，合适的交叉算子能有效地控制案例池中个体交叉的程度，满足交叉的需要。

(5)变异运算：将变异算子(P_m)作用于群体，是染色体上的基因发生突变的过程，以较小的概率对个体编码串上的某个或某些位值进行改变，如二进制编码中的"0"变为"1"，"1"变为"0"，产生新的基因。变异与选择和交叉结合后，能够避免某些信息丢失，保证遗传算法的有效性。P_m 一般取为 0.000 1～0.100 0。群体 p，t_i 经过选择、交叉、变异运算之后得到下一代群体 t_{i+1}。

(6)终止条件判断：经过多代进化计算，直到目标函数值趋于稳定收敛，或达到设定的进化代数，终止计算，输出目标值和问题解。

Larsen 等人指出能尽可能提前获得当前问题的解，在某些动态环境下(如车辆调度)有着重要的意义[189-190]。施工现场安全风险具有动态性和发生后果严重性，及时的安全保障措施获取并尽快落实能有效地支持施工现场的安全管理。在传统遗传算法中，参数交叉概率和变异概率在进化过程中往往固定不变，而二者是影响着遗传算法的表现。为此，本书考虑对交叉概率和变异概率设置调节机制以提高该优化模型的求解表现，即在不同的特点时期调整交叉算子 P_c 和变异算子 P_m，设置如下调节机制：

$$P_{ci}=\begin{cases} P_{c\max}-(P_{c\max}-P_{c\max})\left(\dfrac{g}{2G}+\dfrac{f_i-\overline{f}}{2(f_{\max}-\overline{f})}\right) \\ f_i\geqslant\overline{f} \\ P_{c\max},f_i<\overline{f} \end{cases} \tag{5-21}$$

$$P_{c\max}=\begin{cases} 0.9,g\leqslant G/4 \\ 0.8,G/4<g\leqslant 3G/4 \\ 0.7,3G/4<g\leqslant G \end{cases} \tag{5-22}$$

式中：P_{ci} 为个体 i 发生交叉算子的概率，在进化初期赋予较高的交叉概率，在后期降低交叉概率；G 为进化过程的最大迭代数；g 为当前迭代数；$P_{c\max}$ 的取值与进化迭代数相关，$P_{c\max}=0.6$；f_i 为个体 i 的适应度函数值，$f_{\max}$ 为当前所有个体的最大适应度值，是当前种群的平均适应度值。由式(5-22)可见，交叉概率与当前迭代数和当前种群的进化状况密切相关。上述的机制成为自适应交叉调整机制。

对另一个操作算子 P_m，设定如下调节机制：

$$P_{mi}=\begin{cases}P_{m\min}+(P_{m\max}-P_{m\min})\left(\dfrac{g}{2G}+\dfrac{f_i-\overline{f}}{2(f_{\max}-\overline{f})}\right) \\ f_i\geqslant\overline{f} \\ P_{m\min},f_i<\overline{f}\end{cases} \tag{5-23}$$

$$P_{m\min}=\begin{cases}0.001,g\leqslant G/4 \\ 0.002,G/4<g\leqslant 3G/4 \\ 0.003,3G/4<g\leqslant G\end{cases} \tag{5-24}$$

式中：P_{mi} 为个体 i 发生变异的概率。式(5-23)可以看出，适应度函数值越小的个体发生变异概率越小，则导致当迭代次数增加后，种群中个体基因结构将趋于相似，可能陷入局部最优。为了避免这种情况发生，则应当适当增大个体变异的概率，产生多样性的个体。设置 $P_{m\max}=0.005$，$P_{m\min}$ 随着进化次数有所调整，见公式(5-24)，即在进化初期，个体发生变异的可能性较小；在末期，提高种群个体变异操作的概率，有利于扩大搜索范围，跳出局部最优。基于上述的思路，将目标函数和约束条件编入程序，将候选解以二进制进行编码，经寻优得到满足安全风险控制目标的最优安全措施组合。图 5-12 为基于算子改进的遗传算法(GA)和简单遗传算法模拟分析结果(a)，(b)和(c)分别为时间维度上的不同阶段，可以看出，在当前的计算量中，改进遗传算法计算达到收敛时所需时间与简单遗传算法基本一致，而改进遗传算法收敛时获得的寻优效果要优于简单遗传算法。

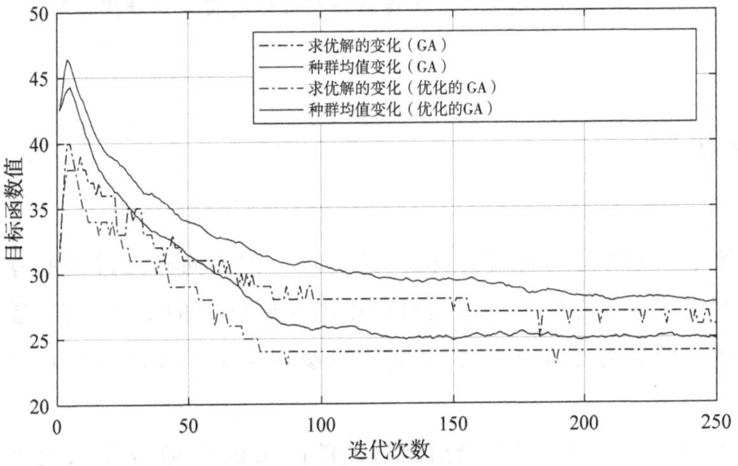

（a）基坑底板施工阶段

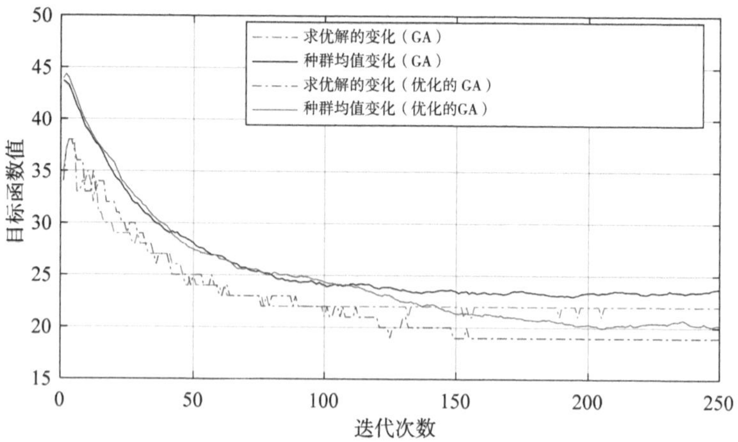

（b）为基坑中板施工阶段

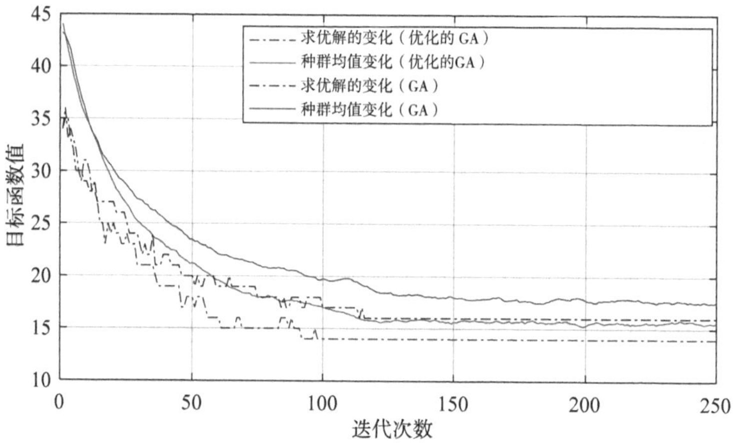

（c）基坑顶板施工阶段

图 5-12　基于算子改进遗传算法和简单遗传算法结果比较

5.4 本章小结

本章在第 3 章专项方案重用基础上，进一步考虑面向施工过程的专项方案动态优化管理。明确了安全专项方案应用过程中的风险管理的主要工作：通过动态风险因素识别与抗风险能力评价，提供满足施工现场风险管理要求和管理目标的优化安全措施。

本章首先分析了专项方案安全措施选择的决策过程，明确了安全措施选择应考虑管理目标的相关约束。运用 WBS-RBS 系统化方法识别地铁基坑施工中的安全风险事件并梳理得到风险事件的风险因素清单，识别了主要的 8 类风险事件及 48 个主要风险因素。然后，运用贝叶斯网络法构建风险事件贝叶斯网络，获得施工现场安全措施实施下的风险因素发生情况后，开展施工现场抗风险能力评价，反向识别关键致险因素和高敏感度因素，为采取安全措施提供基础。

在此基础上，通过对安全措施决策过程的分析，明确了安全措施选择主要考虑的约束：风险控制措施效果、风险控制措施工期影响和费用影响。然后，本章构建了专项方案安全措施选择多目标优化模型；将安全措施的工期影响和费用影响构建为优化模型中的目标函数，将施工现场安全风险控制目标转换成约束条件模型。对于视频监控布置方案优化问题，依据多目标优化思想，同样构建了考虑基坑工程中施工遮挡影响下的视频监控布置点优化模型。为求解多目标优化模型，引入遗传算法对该优化问题编码求解，得到现场安全管理最优的风险控制措施集和优化后的视频监控布置方案。基于现场信息的专项方案知识优化方法，为施工风险因素控制与管理提供有效支持，为安全专项方案实施应用提供了有力保障。

第6章

危大基坑工程安全专项方案实施评价及预警管理

危大基坑工程施工环境复杂，施工难度大且危险指数高，是基坑工程安全管理的重点。科学合理地编制了安全专项方案后，只有将方案在施工现场切实落实实施，才能实现专项方案指导下的施工现场安全管理。为了保障危大基坑工程安全施工，本章提出构建危大基坑工程安全专项方案实施评价和风险预警机制的双重管理体系。安全专项方案实施评价聚焦施工过程中对方案规定的安全管理措施实施及效果情况，风险预警机制则基于专项方案实施下的风险管理效果，是否有效减少了潜在的风险隐患、风险因素并提高了施工安全风险管控水平。在施工过程中，开展危大基坑工程安全专项方案实施评价和预警管理双重管理体系研究，以期推动危大基坑工程施工现场安全专项方案落实实施，保障危大基坑工程安全施工。

本章以安全专项方案实施评价和预警管理为目标，提出危大基坑工程安全专项方案风险控制措施实施评价和实施效果评价模型如图6-1所示。其中，安全专项风险控制措施实施评价模型包含面向简单类的风险控制措施和复杂类的风险控制措施的实施评价；而安全专项方案风险控制措施实施效果评价模型主要基于安全风险指标体系构建以计算评价安全专项方案措施实施效果。最后，通过融合专项方案实施执行度和效果度结果，提出专项方案实施预警管理平台的设计，提高危大基坑工程安全风险管控水平以提升安全管理水平。

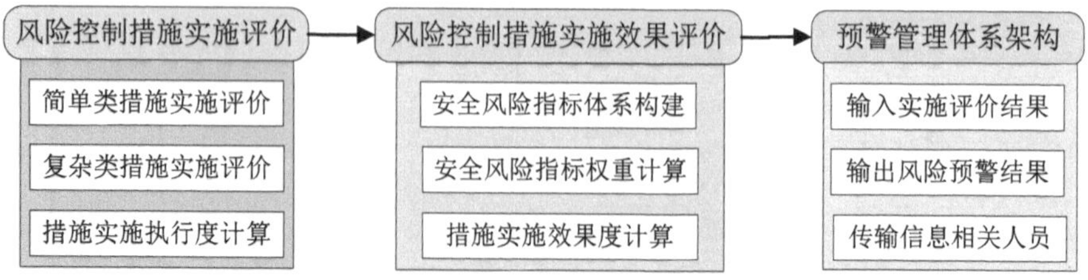

图6-1　危大基坑工程安全专项方案风险控制措施实施评价和实施效果评价模型

6.1 安全专项方案风险控制措施实施执行评价

6.1.1 专项方案不同类风险措施的实施分析

1. 专项方案简单类风险措施实施分析

危大工程安全专项方案文本内容中，施工工艺类信息中包含着重要的安全风险管理措施内容。由于工序步骤操作的复杂性、难度以及危险性的不同，安全风险控制措施的要求往往也存在着差异，对于难度大、危险性高的施工操作，安全风险控制措施则严格且要求高而复杂，难度小以及危险性低的，安全风险控制措施往往比较简单明了。例如：在基坑工程钢支撑架设施工中，施工人员在钢支撑上行走。简单类风险控制措施条文往往内涵单一、语义明确，适宜采用计算机程序检验其落实情况，例如：行为类、数量类、时序类、位置类和频率类风险措施等均可归类于简单类风险控制措施。本节构建单项简单类风险措施的实施评价模型可分为以下 3 步：第一，针对各单项安全风险控制措施设置检测节点，基于专项方案管理平台自动判断；第二，运用机器视觉方法从施工现场采集待检验的数据或信息；第三，基于方案实施与否计算规则方法，判断单项安全风险控制措施是否实施。不同类型措施实施评价方法如下：

(1)行为类风险控制措施实施评价

行为类风险控制措施的实施评价，应先从一阶逻辑语言中抽取出行为主体 Su、动词 $verb$ 和行为客体 Ob(如有)。其次判断在某一时间点 t，识别主体 Su 是否进行行为 $verb$ 或 $verb$，Ob。是即实施，否则未实施。

(2)数量类风险控制措施实施评价

数量类风险控制措施的实施评价，首先要从一阶逻辑语言中提取主体 Su、动词 $verb$ 和行为客体 Ob(如有)，还需提取关系角色 $EXTENT$ 的物理量允许数值范围。然后判断在某一时间点 t 提取的应测物理量是否在满足要求的允许范围内。是即实施，否则未实施。

(3)时序类风险控制措施实施评价

时序类风险控制措施实施评价，不仅需要判断每个阶段分动作 $V_1, V_2, \cdots, V_n$ 是否存在，还需判断每个分动作是否按照规定的顺序实施 $(V_1) \vee (V_1 \wedge V_2) \vee \cdots \vee (V_1 \wedge V_2 \wedge \cdots \wedge V_n)$。判断在某一时间点 t 时序类风险控制措施是否实施，只需判断该时刻是否存在这一风险动作，并且在该分动作出现之前应该出现的分动作是否出现。都满足即实施，反之则未实施。

(4)位置类风险控制措施实施评价

位置类风险控制措施实施评价，首先要从一阶逻辑语言中提取主体 *Su*、动词 *verb*、关系角色 *LOCATION*、参照物 *ref* 以及距离信息。然后判断在某一时间点 *t*，提取到的主体 *Su* 是否进行行为 *verb*；并且主体 *Su* 的位置坐标关系是否满足风险控制措施中要求的距离或者方位限制。满足即为实施，反之则未实施。

(5)频率类风险控制措施实施评价

频率类风险控制措施实施评价，首先要从一阶逻辑语言中提取主体 *Su*、动词 *verb*、关系角色词组 *FREQUENCY* 以及允许 *verb* 活动的次数。然后在时间段 *t* 内判断主体 *Su* 是否执行行为 *verb*，并且统计主体 *Su* 执行行为 *verb* 的次数，若统计次数值满足允许活动次数值，则认为该风险控制措施已实施，反之未实施。

2. 专项方案复杂类风险措施实施分析

复杂类风险控制措施是指安全专项条文语义内涵过于丰富或者语义模糊不清，导致难以用程序判别其是否实施。比如安全风险控制措施中出现“不宜”“过大”“过小”等不明确语义信息的词语，依靠计算机程序难以判断，必须借助施工现场安全管理人员进行人工仔细判断，体现了用人工巡查的方式开展安全专项方案风险措施实施评价成本低廉、灵活性强、鲁棒性好等特点。

在相关的标准规范中，根据《城市轨道交通工程建设安全风险技术管理规范》中附录 B[191] 现场巡视预警等级划分表可知巡视预警参考标准中共出现 50 条标准措施条文，按照简单类和复杂类的风险控制措施分类规则，其中简单类风险控制措施有 45 条，复杂类风险控制措施有 5 条。由此可知，危大基坑工程安全专项方案风险控制措施，在检查与排查过程中存在较多的是简单类的风险控制措施，该部分风险控制措施可以通过计算机程序智能判断；而复杂类风险控制措施占比较少，且复杂类措施如达到自动化判断，工作难度较大，故采用传统的人工巡查判断。简单类风险控制措施智能检查排查弥补传统人工巡查检查效率低的不足，而需要用传统人工巡查方式检查的复杂类风险控制措施也从上千条降至几十条，有效减少了大量人工巡查下安全检查的遗漏和疏忽，提高了施工现场工程师等安全管理人员巡视检查的工作效率与质量。

由于复杂类风险控制措施难以借助程序实现自动化的实施评价，因此对于复杂类风险措施的实施评价仍须按照传统实施评价方法进行，即需要人工介入以开展并完成专项方案风险措施实施评价。为此，研究基于设计结构矩阵模型(DSM)，进行施工现场施工场景风险因素与安全专项方案风险控制措施的实施评价[177]。DSM 运用矩阵的方式对不同任务间的传递关系进行定性或定量的表达，以满足决策者和管理者清晰地获取信息传递的结果以及分析信息交互的过程。本书设计提出面向风险因素和风险控制措施的 DSM 模型，进行安全专项方案复杂类风险控制措施实施分析与评价。具体实现步骤如下：

步骤 1：确定现场存在的具体风险事项内容和与其对应的控制措施内容范围。

步骤 2：对涉及的任务进行分析，可将风险事件内容和风险控制措施内容定义为元素(r_i, m_j)，$i=1,2,3,\cdots,m$；$j=1,2,3,\cdots,n$。

步骤 3：定义判断布尔矩阵的值。通过传统人工巡查的方法判断具体某项风险事件内容所对应的安全控制措施的实施分析，令 d_{ij} 为安全风险控制措施实施判断的取值，若安全风险控制措施判断表示已经实施，则 d_{ij} 的取值为 1；若安全风险控制措施判断表示未实施，则 d_{ij} 的取值为 0。具体表达式如下：

$$d_{ij}=\begin{cases}1,\text{表示已实施}\\0,\text{表示未实施}\end{cases} \tag{6-1}$$

依据上述步骤，得到风险具体事件内容和安全风险控制措施实施关系判断的矩阵如表 6-1 所示，通过人工巡查即可获取面向复杂类风险控制措施实施的评价结果。

表 6-1　风险事件与风险控制措施实施评价判断关系矩阵

	m_1	m_2	m_3	…	m_j	…	m_n
r_1	0	1	0	…	1	0	0
r_2	0	0	1	…	0	1	0
r_3	1	0	0	…	0	0	1
…	…	…	…	…	…	…	…
r_i	0	1	0	…	0	1	0
…	1	0	0		1	0	0
r_m	1	0	0	…	0	0	1

6.1.2 安全专项方案措施实施执行度计算

基于上述简单类风险和复杂类风险控制措施实施评价，即安全风险控制措施的实施与否，可以定义安全风险检查时间 t 内存在 i 个安全风险或隐患，进行 j 次检查，则第 j 次检查时间为 t_j，每个风险对应计划完成措施数量为 G_i，每个风险对应实际完成措施数量为 N_i，那么安全专项方案风险控制措施实施执行度计算公式如下：

$$s_i=\frac{N_i^t j}{G_i}\times 100\% \tag{6-2}$$

根据上述安全专项方案措施实施执行度计算方法，可对计算结果进行不同等级的执行度情况分类评价，其评价结果主要可以分为 4 个等级，具体等级分类如表 6-2 所示。

表 6-2 安全专项方案措施实施执行度等级分类

序号	执行度等级	执行度指数 S_i	含义解释
1	一级	(90%,100%]	专项方案安全措施落实实施情况好,整体安全风险控制措施能有效执行,继续落实
2	二级	(70%,90%]	专项方案安全措施落实实施情况较好,但存在部分措施未能有效执行实施,应加强方案措施落实
3	三级	(50%,70%]	专项方案安全措施落实实施情况一般,存在较多安全措施未能有效执行实施;须立即整改,加强方案措施落实
4	四级	[0,50%]	专项方案安全措施落实实施情况差,大量的安全措施未能有效执行实施,应停工检查并且重新评判风险

6.2 安全专项方案风险控制措施实施效果评价

6.2.1 安全专项方案实施下的安全风险指标体系

为提高危大基坑工程安全专项方案的落实和降低危大基坑工程风险事故的发生,通过构建安全专项方案风险控制措施实施下安全风险评价体系,实现安全专项方案实施效果度评价。根据《地铁及地下工程建设风险管控指南》对风险的定义,再结合《建筑施工易发事故防治安全标准》安全风险控制措施防范要求[192],由于安全专项方案风险管理措施的类型复杂,为了方便解释,本节以安全专项方案安全措施落实执行判断中的简单类措施为例,构建安全专项方案风险控制措施实施效果评价指标体系,如表 6-3 所示。该指标体系一级指标包含 6 个方面:行为类风险控制措施、数量类风险控制措施、时序类风险控制措施、位置类风险控制措施、方式类风险控制措施、频率类风险控制措施;二级指标体系可以根据工程实施情况,进行适当的选择与调整。基于指标体系和指标权重的确定,可为开展安全专项方案风险控制措施实施效果评价提供基础。

表 6-3　安全专项方案风险控制措施实施效果评价指标体系

目标层	一级指标	二级指标	指标说明
风险控制措施实施效果评价指标体系 A	行为风险控制措施 B_1	身体健康状况 B_{11}	影响工作效率与人身安全
		大型机械设备操作 B_{12}	造成机械损坏风险
		危险区域行走行为 B_{13}	物体坠落砸伤风险
		作业人员抽烟行为 B_{14}	存在易燃的着火点风险
	数量风险控制措施 B_2	物料堆放高度、荷载要求 B_{21}	存在物体坍塌、坠落、碰撞、砸伤等风险
		基坑开挖、放坡坡度规范 B_{22}	
		车辆行走距洞口安全距离 B_{23}	
		操作平台高度、荷载要求 B_{24}	
		作业人员与机械之间安全距离 B_{25}	
	时序风险控制措施 B_3	基坑开挖和支护顺序 B_{31}	导致基坑坍塌、人员伤亡、损失惨重等特重大安全事故
		边坡施工顺序原则 B_{32}	
		挖孔桩施工作业顺序 B_{33}	
	位置风险控制措施 B_4	物料随意堆放 B_{41}	易造成坠落、砸伤等风险
		机械施工安全距离 B_{42}	
		支护结构或边缘位置悬挂重物 B_{43}	
	方式风险控制措施 B_5	部分动态设计作业 B_{51}	确保主体主要工程顺利安全施工，避免产生额外的风险
		下一道工序前检查邻近建筑物稳定性 B_{52}	
		及时采取排水降水措施 B_{53}	
		脚手架按照方案设计要求设置 B_{54}	
		临时建筑搭设位置、方式要求 B_{55}	
	频率风险控制措施 B_6	及时检查施工顺序是否合理 B_{61}	及时监督巡查，避免人为过失引发事故的风险
		收集天气预报资料 B_{62}	
		定期巡查基坑周边施工环境 B_{63}	

构建安全专项方案安全风险控制措施实施效果评价指标体系后，则还需要确定指标体系的评价权重。通常，由于不同工程师以及行业专家的工作经验差异，施工过程中对安全风险评价与判断的侧重也存在差异，运用专家法来确定评价体系中不同指标的权重时对指标的判断往往不完全一致，具有模糊评价的特性。为了综合各专

家的意见，降低不同专家所给权重的主观偏差，引入 D-S 证据理论融合方法，将不同专家的权重作为不同的证据源，通过计算证据间的距离，加权融合证据源以得到评价指标的综合权重[193]。考虑到证据源的相关性，对证据合成规则进行优化，具体步骤：①计算证据距离，求出证据相关度列出相似矩阵；②确定各证据的支持度和可信度；③将支持度和可信度作为评价指标的权重，对证据源的基本信任分配值加权平均。

令 E_i，E_j 为集合 D 中两个相互排斥的证据，则 m_i，m_j 为这两个相互排斥元素的概率分配函数，c_{ij} 为证据间的相似度，可通过两证据间距离公式表示：

$$c_{ij}=\frac{\sum_{k=1}^{m}m_{ki}m_{kj}}{\sqrt{\left(\sum_{k=1}^{m}m_{ki}^{2}\right)\left(\sum_{k=1}^{m}m_{kj}^{2}\right)}} \tag{6-3}$$

集合 D 中每个证据与证据之间的相似度是不同的，为方便表示集合 D 中每个证据间的相似度，构建证据的相似矩阵：

$$\boldsymbol{S}_{ij}=\begin{bmatrix} 1 & c_{12} & \cdots & c_{1j}\cdots & c_{1n} \\ \vdots & \vdots & & \vdots & \\ c_{i1} & c_{i2} & \cdots & c_{ij} & \cdots \\ \vdots & \vdots & & \vdots & \\ c_{n1} & c_{n2} & \cdots & c_{nj} & \cdots \end{bmatrix} \tag{6-4}$$

将相似矩阵与证据相关的各元素累加得到支持度 $Sup(m_i)$。对 $Sup(m_i)$ 归一化处理得可信度 $Crd(m_i)$：

$$Sup(m_i)=\sum_{i=1,j\neq 1}^{n}d_{ij},i,j=1,2,\cdots,n \tag{6-5}$$

$$Crd(m_i)=\frac{sum(m_i)}{\sum_{i=1}^{n}sum(m_i)},i=1,2,\cdots,n \tag{6-6}$$

基于 D-S 证据理论的权重系数：

$$\lambda_k=m(Y_k)=\sum_{i=1}^{n}m(Y_{ki})\ Crd(m_i) \tag{6-7}$$

6.2.2 安全专项方案措施实施效果度计算

根据《地铁及地下工程建设风险管控指南》《城市轨道交通地下工程建设风险管理规范》(GB 50652—2011)对风险的定义，可构建风险事件发生可能性与事件后果严重性判断准则的矩阵，即 $\boldsymbol{R}=\boldsymbol{L}\times\boldsymbol{S}$。基于风险事件发生概率 $\boldsymbol{L}$ 和损失程度 $\boldsymbol{S}$ 等级划分标准(表 6-4 和表 6-5)，根据不同类型多工程项目中不同种类的安全风险行为发生的情况，定义某工程项目存在 i 个风险行为，该第 i 个风险行为监测检查的次数为

n_i，第 i 个风险行为发生的次数为 m_i，由于每个工程项目特征存在差异性，提出对工程安全风险差异度测算 ω_i，那么第 i 个风险行为发生概率 L_i 的计算公式如下：

$$L_i=\omega_i\frac{m_i}{n_i}\times 100\% \tag{6-8}$$

那么，

$$R_i=\lambda_{ki}L_iS_i=m(Y_k)S_i\times 100\% \tag{6-9}$$

表 6-4 风险发生概率 L 等级标准划分

序号	等级	L_i 的取值	语言评价	概率区间
1	一级	(80%,100%]	不可能的	$P<0.01\%$
2	二级	(60%,80%]	罕见的	$0.01\%\leqslant P<0.1\%$
3	三级	(40%,60%]	偶尔的	$0.1\%\leqslant P<1\%$
4	四级	(10,40%]	可能的	$1\%\leqslant P<10\%$
5	五级	(0,10%]	频繁的	$P\geqslant 10\%$

表 6-5 风险损失 S 等级标准划分

序号	等级	S_i 的取值	语言评价	直接经济损失(万元)
1	一级	(80%,100%]	可忽略的	$S<50$
2	二级	(60%,80%]	需考虑的	$50\leqslant S<100$
3	三级	(40%,60%]	严重的	$100\leqslant S<500$
4	四级	(10%,40%]	非常严重的	$500\leqslant S<1\ 000$
5	五级	(0,10%]	灾难性的	$S\geqslant 1\ 000$

根据式 6-10 可得出安全专项方案措施实施效果度等级划分如表 6-6 所示。

表 6-6 安全专项方案措施实施效果度等级分类

序号	效果度等级	效果度指数 R_i	含义解释
1	优	(0.64,1]	继续保持专项方案措施与落实
2	良	(0.16,0.64]	需在规定时间内整改，加强方案落实实施效果的监测
3	中	(0.01,0.16]	需立即整改，采取措施加强方案落实实施并评价效果
4	不合格	(0,0.01]	需停工检查，分析原因并找出应对措施，重新评价方案实施效果

6.3 面向安全专项方案安全措施实施评价的预警管理

6.3.1 安全专项方案实施执行度与效果度融合分析

基于上述单个视角对风险控制措施的实施情况和程度进行评价，本节根据执行度和效果度计算结果和等级判断，提出将安全专项方案实施情况的执行度和效果度两个指标进行融合，以综合评价基坑工程安全专项的落实情况。为此，引入离散函数 $f(X_i, Y_i)$ 思想对专项方案的执行度和效果度融合以构建解析表达式。首先，将执行度判断结果一级、二级、三级、四级定义为 $f(X_i)=1,2,3,4$；其次，将效果度判断结果优、良、中、不及格定义为 $f(Y_i)=1,2,3,4$；最后将 $f(X_i)$ 作用于 $f(Y_i)$ 得出融合后结果表达式(6-10)。

$$f(X_i, Y_i)=f(X_i)\ f(Y_i) \tag{6-10}$$

根据式(6-10)得融合结果 $f(X_i, Y_i)=1,2,3$，分别表示很好，较好，稍好；融合结果 $f(X_i, Y_i)=4,6$，分别表示一般(除二级和良融合结果定义为好)；融合结果 $f(X_i, Y_i)=8,9,12,16$，分别表示稍差，差，较差，很差，如图 6-2 所示。

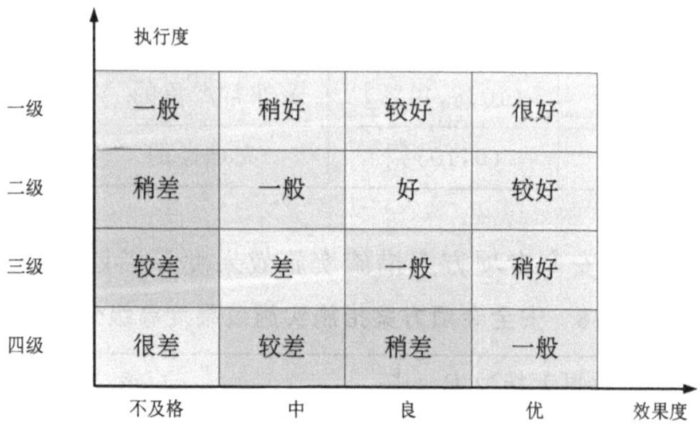

图 6-2　安全专项方案风险控制措施实施执行度和效果度融合结果划分

6.3.2 基于安全专项方案实施融合评价的预警管理机制

根据 6.3.1 节中对安全风险控制措施实施执行和实施效果评价的融合结果分析，进一步对危大基坑工程安全专项方案风险控制措施进行预警管理机制设计，要将风险控制措施实施执行度和效果度评价融合后的 9 种结果分为 3 个等级。第一等级：很差、较差、稍差；第二等级：差、一般、好；第三等级：稍好、较好、很好；其次对第一等级和第二等级部分内容进行红色预警，对第一等级、第二等级、第三等级部分内容进行黄色预警；对第二等级和第三等级部分内容进行绿色预警；最后将输出的预警风险事项内容和安全控制措施传输给施工作业人员、安全管理人员以及监理人员，管理人员可以对不同的风险预警内容进行跟踪，并及时督促现场作业人员对存在的风险按要求进行整改，调整后的风险可再通过施工现场安全风险解析模型和实施评价模型重新进行评价，以达到对施工现场安全风险的有效预警，具体的预警机制如图 6-3 所示。

基于危大工程安全管理平台，在专项方案实施评价的基础上，施工单位还应按照要求按时填写工程专项施工方案的实施情况，并提供能够判断工程安全状况的文字说明、相关数据和现场照片；为了进一步落实实施检查，还应该安排专项方案实施的月跟踪督查并形成跟踪督查报告。为了保障安全专项方案得到有效落实，除了在专项施工方案实施前，编制人员或者项目技术负责人应当向施工现场管理人员进行书面的方案交底，并由双方共同签字确认；施工现场管理人员应当向所有作业人员进行书面的安全技术交底，并由双方和项目专职安全生产管理人员共同签字确认。还要在施工过程中，安排项目专职安全生产管理人员在施工现场进行监督，对未按照专项施工方案施工的，要求立即整改，并及时报告项目负责人，项目负责人应当及时组织限期整改。监理单位应当结合危大工程专项施工方案编制监理实施细则，并对危大工程施工实施专项巡视检查。要做好危大工程的实施管控，建立从危大工程识别、方案编审（论证）再到组织实施的全过程标准化、程序化管理流程，并对各管理流程中的关键工作进行严格把关，确保管理过程清晰有序，现场实施安全可控。图 6-4 是重庆市危大工程安全管理实施细则中的全过程管理流程图。

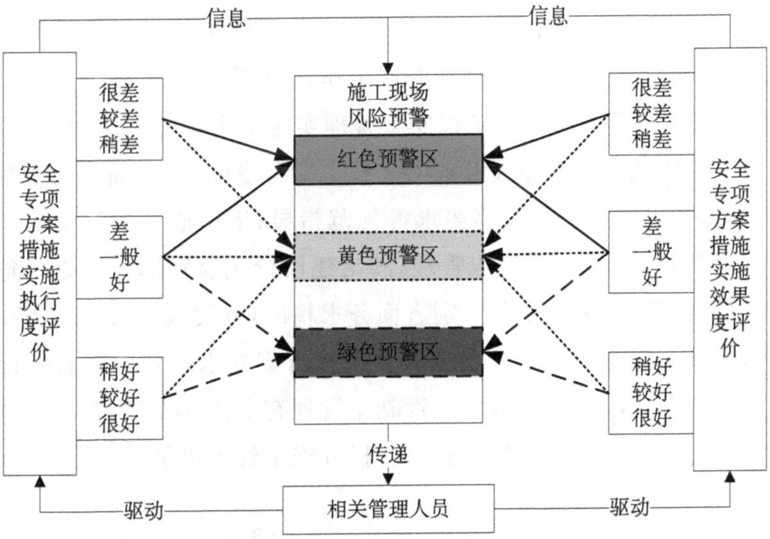

图 6-3　安全专项方案安全措施实施评价预警管理流程框架图

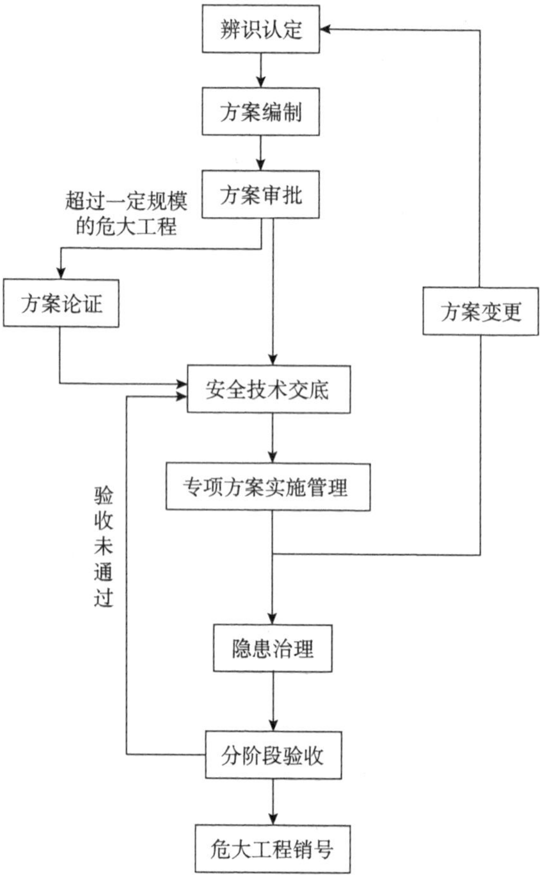

图 6-4　重庆市危大工程全过程管理流程图

在实际工程施工管控过程中，各参建单位尤其是施工单位要熟悉危大工程实施的管控重点，有目的、有方法、有条理地开展工作，建立危大工程施工管控台账是有效的管控手段，图 6-5 是重庆市危大工程安全管理实施细则中危大工程监理程序图，可以看出，危大工程监理实施程序涉及危大工程主要参建单位，明确给出了危大工程施工现场安全管理的程序要求和内容要求等规范指导；运用危大工程全面判定表和动态判定表（见附件 6），严格施工过程管理，满足建设行业监管部门巡查与危大工程安全管理档案报送的要求，危大工程识别方面务求精准，方案编审（论证）方面务求针对性及可行性，现场实施方面要分工明确并严格按方案要求执行。随着智能技术的快速发展，安全专项方案应用下的危大工程施工管理有了技术支撑，基于物联网等的智能化安全管理系统与平台能形成新的模式，提升安全管理水平。

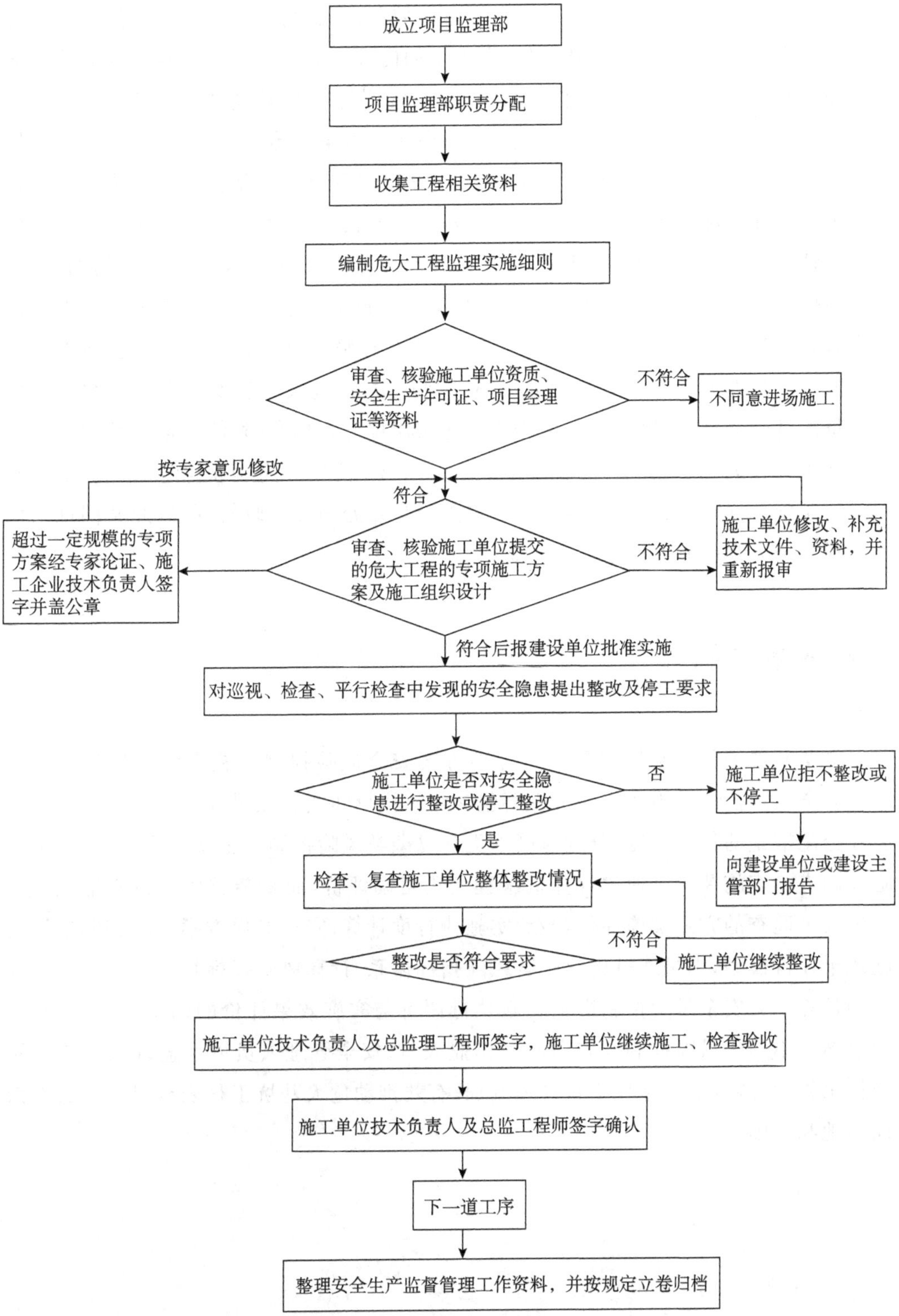

图 6-5　重庆市危大工程监理程序图

在行业安全监管层面，各行政区根据本区域危大工程特点和安全监管要求，在制定危大工程安全管理实施细则时着重考虑了如何推动危大工程安全专项方案的实施与落地。对于超规模的危大工程，建设行政监管部门也在探索引入第三方的安全专项方案评审论证专家，参与危大工程施工阶段专项方案实施情况的跟踪抽查、评价与监督。工程实践中，专家是相对超脱的独立方和拥有技术力量优势的一方，邀请方案论证专家深入施工现场，由于专家本身对方案比较熟悉，可更好地对超危大工程现场落实情况进行技术指导和把关，可有效解决方案与现场的脱节问题。例如，2019年，北京市出台的《北京市房屋建筑和市政基础设施工程危险性较大的分部分项工程安全管理实施细则》[194]以及江苏省出台的《江苏省房屋建筑和市政基础设施工程危险性较大的分部分项工程安全管理实施细则》[195]，在危大工程安全专项方案实施落实评价的基础上，清晰界定危大工程相关违法违规行为标准(附件7 危险性较大的分部分项工程相关违法违规行为认定标准)，引入第三方专家全程跟踪危大工程安全专项方案实施情况，有效地加强行业监管督查与行政处罚等行政管理，以此共同推动危大工程专项方案的有效严格落实实施。

6.4 本章小结

本章开展了危大基坑工程安全专项方案安全风险控制措施实施评价和预警管理。安全风险控制措施实施评价主要包含实施执行和实施效果评价，其中，根据安全风险控制措施的复杂程度，分别对简单类和复杂类风险控制措施实施评价，简单类风险控制措施实施评价是通过计算机编程实现自动评价，而复杂类风险控制措施需要通过人工巡查的方式实施评价，最后实施执行度计算；安全专项方案风险控制措施实施效果评价模型，则是通过构建安全风险指标体系、计算风险指标权重以及实施效果度的计算。将安全风险控制措施实施执行评价与实施效果评价的结果进行融合，对融合结果不佳的风险控制措施向施工作业人员、安全管理人员以及监理人员提出预警指示管理，融合危大基坑工程管理流程，有效推动危大基坑工程安全专项方案有效地落地和实施。

第7章 危大基坑工程安全专项方案应用案例分析

7.1 工程案例

该工程为某市城市轨道交通某线南延线的一个车站基坑工程，位于洪山区关山大道与珞瑜路丁字路口东侧，华中科技大学南一门至光谷体育馆道路下方。车站工程为地下二层单柱双跨岛式12 m站台式，车站基坑外包尺寸为322 m×20.7 m×13.81 m(长×宽×高)，有效站台中心里程处顶板覆土深度约3.7 m，底板埋深约16.44 m。主体基坑开挖面积约7 030 m^2。该车站两端的区间隧道均采用盾构法施工，根据总体工程筹划，车站东、西头为盾构始发端。表7-1为该车站基坑工程的基本参数信息。

表7-1　某车站基坑工程基本参数信息

序号	项目名称	项目特征	序号	项目名称	项目特征
1	车站全长	322 m	8	主体围护形式	1.2m钻孔灌注桩+旋喷桩
2	标准段总宽	20.7 m	9	主体支撑体系	1道砼支撑+2道钢支撑
3	开挖深度	17.51 m	10	主体支撑型号	ϕ609 mm，t=16 mm钢管撑
4	结构形式	地下二层单柱双跨	11	附属结构	6个出入口、3组风亭
5	站台形式	岛式站台	12	附属围护形式	1 m钻孔灌注桩
6	总建筑面积	21 974 m^2	13	附属支撑体系	1道砼支撑+1道钢支撑
7	施工方法	明挖顺做	14	附属支撑型号	ϕ609 mm，t=16 mm钢管撑

(1)场地环境概况。拟建工程场地地形较为平坦，地貌单元为剥蚀堆积垄岗区(相当于长江冲洪积三级阶地)，场区内基岩埋藏较浅，老黏性土相对较薄，地面标高在28.26～37.66 m之间，场地地势起伏较大，随现状市政道路变化，呈现东高西低的

特点。

(2)地质环境情况。该站基坑所处地层主要依次为 1-1 杂填土(0.40～3.50 m)、1-2 素填土(0.20～3.60 m)、6-1 粉质黏土(1.00～5.70 m)、10-1a 黏土(1.30～8.30 m)、20a-1 强风化泥岩(0.50～8.70 m)、20a-2 中风化泥岩(2.00～15.00 m)、20s 挤压破碎带(1.90～9.40 m);其中,车站范围内主要以 10-1a 黏土、20a-2 中风化泥岩地层为主,围护桩全部进入中风化泥岩、挤压破碎带地层,部分围护桩进入微风化泥岩,底板主要位于 20a-2 中风化泥岩层。图 7-1 为车站基坑范围内标准段地质剖面图。

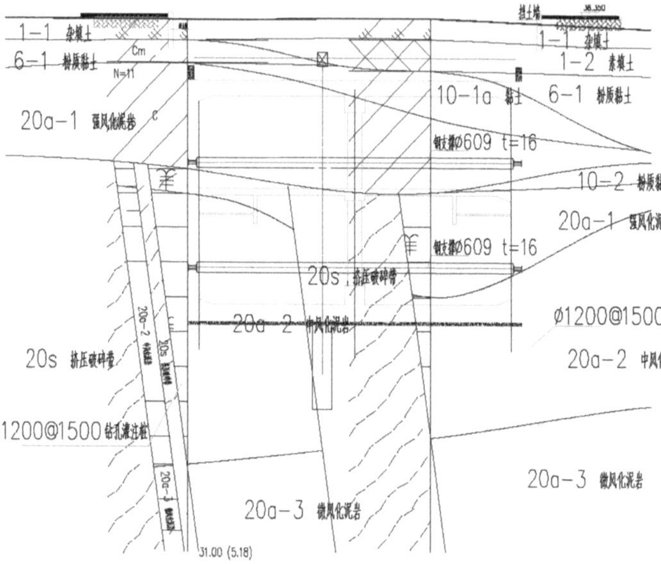

图 7-1　车站基坑范围内标准段地质剖面图

(3)水文情况。该场地范围内上层滞水主要赋存于场地上部人工填土中,主要接受大气降水、生活用水及给排水管涵的渗透入渗补给,水位、水量与地形及季节关系密切,并受人类活动影响明显,因勘察期间适逢枯水季节,该地区下半年长时间缺少大气降水,故上层滞水分布有限,因而在勘察期间钻探孔内未测得上层滞水。根据该处虹景立交工程勘察资料显示,雨季时一般上层滞水静止地下水位埋深为 0.50～2.00 m(标高 25.80～27.50 m)。基坑开挖应注意上层滞水影响。基岩裂隙水赋存于下部基岩中,主要接受其上部含水层中地下水的下渗及侧向渗流补给。根据武汉市经验以及周边建筑工地基坑开挖情况来看,志留系泥岩中基岩裂隙水水量有限,对基坑工程施工影响较小。场地范围内填土和黏土为相对隔水层;粉质黏土和粉砂互层为弱透水层,其余为透水层。

(4)周边环境。图 7-2 为周围建筑物与基坑工程结构的位置关系,该车站路段是商业、办公机构及居民区较多的地区,道路车流、人流量都较大,是主要城市交通干道,总体格局交通复杂。地铁站点周边 100 m 分布有多栋建筑。地铁车站所处地段有电杆、路灯、电话亭、绿化带、人行天桥等地上附着物共计 20 种，有 110 kV 高压线、10 kV 电力、给水、电信、军用光缆、信息网络等地下管线。

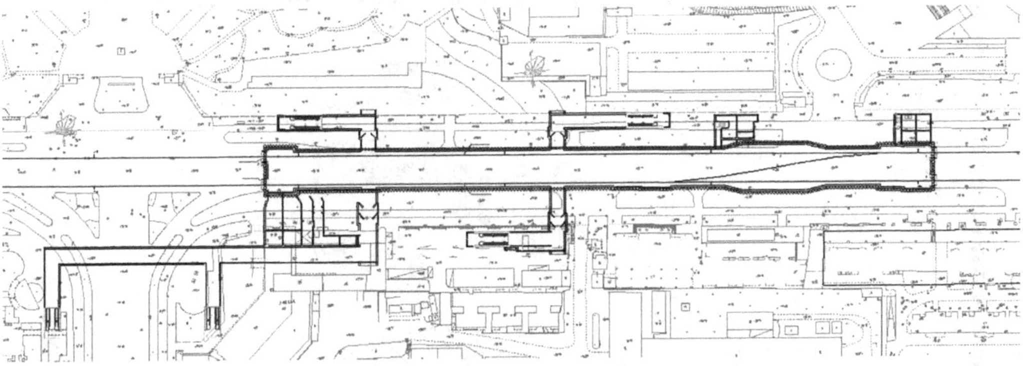

图 7-2　周围建筑物与基坑工程结构的位置关系

从上述工程概况可以看出，该危大基坑工程因开挖深度较深，基坑重要性等级为一级；车站基坑周边建筑林立、管线类型多、交通车流量大等，造成周边环境复杂，对施工现场的安全、工期和质量等管理目标带来了挑战，对施工现场的技术实施和活动组织提出了较高要求。为保障危险性较大分部分项工程安全，应制定专项方案指导施工现场安全管理。要求能在勘探设计等现有水文地质以及周边环境的基础上，依据相关的标准规范以及以往工程建设案例经验，对施工工艺工法、施工现场可能风险、安全保障措施以及应急救援进行梳理分析，进而在施工前制定支持建设活动的专项技术方案，保障危大分部分项工程施工安全。

为支持武汉地铁工程项目安全管理，早在 2004 年，由华中科技大学工程管理研究所提供技术支持的武汉地铁安全预警系统已运用在项目安全管理中[196]，图 7-3(a)为武汉地铁工程安全预警系统平台。针对地铁工程建设规模庞大、知识信息复杂等特点，该系统开发前台采用 JAVA 语言，后台采用 Oracle 数据库，基于 IEE Web Services 技术构建分布式多层结构，并运用 XML 数据传输和交换技术、同时采用 GIS/CAD 平台技术、智能终端 PDA 数据采集技术，多媒体技术等，支持系统实施。随着该安全预警系统平台的应用，积累了大量的地铁危大基坑专项工程安全管理知识信息，已形成了丰富的工程安全专项方案案例库[197-198]。而基于积累的案例数据和项目全过程全生命周期的需求，该系统平台进一步升级改造，开发了武汉地铁工程项目管理云平台图 7-3(b)、武汉地铁工程大数据管理平台等，支持地铁工程安全管理[199-200]。

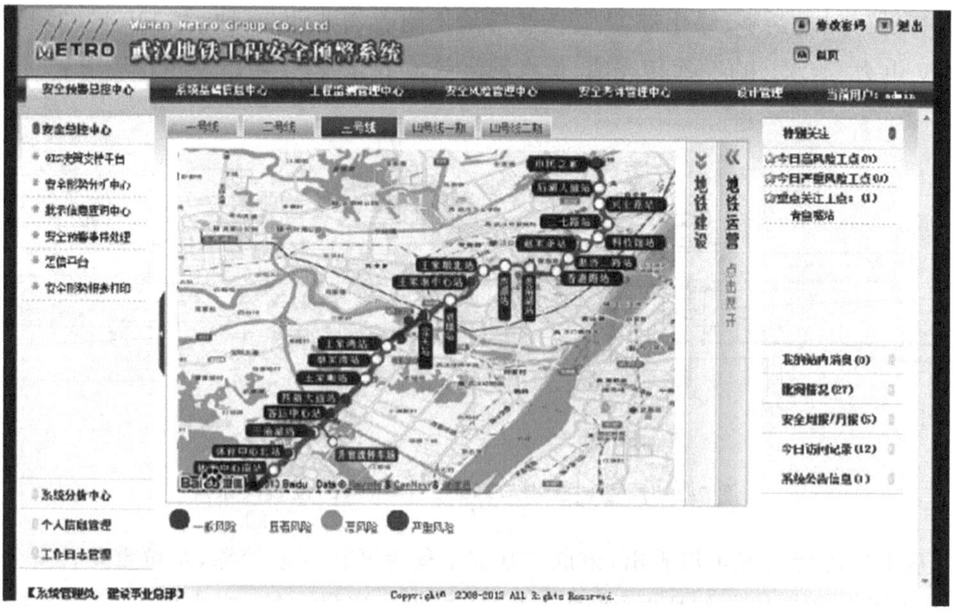

(a)

(b)

图 7-3 (a)武汉地铁工程安全预警系统平台(b)武汉地铁工程项目管理云平台

7.2 安全专项方案知识信息重用推理分析

当前,根据工程施工计划安排,将陆续进行车站基坑工程围护结构施工,为了保障危大基坑围护结构工程施工安全,需要按照危大工程安全管理相关规定,由施工单位编制制定围护结构施工专项方案,并报监理单位审核;最后由建设单位组织召开专项方案安全评审，评审通过以后，落实实施以指导施工现场安全管理。基于本书研究提出的工程专项方案知识重用模型方法、评审方法以及方案深化优化方法，本节分析该新建工程围护结构施工的安全专项方案制定及优化过程。

(1)分析并确定基坑工程项目特征信息。

根据该工程勘察设计报告和工程图纸设计说明提供的信息，并结合 3.2.1 节属性分析及取值方法模型，确定表征方案的属性包含 6 个：基坑深度、基坑面积、基坑形状、水文环境、地质环境和周边环境。其中，基坑深度、基坑面积取值为数值型，基坑形状取值为字符型，而剩余的水文环境、地质环境和周边环境属性取值类型则为模糊型；对于前 3 个属性，可从工程参数信息中获得或依据相关标准判断；而对于后一类，则需要依据区间二型模糊逻辑法进行特征属性取值计算，并转化成区间二型模糊值，以提升基于该属性集案例检索的效果，检索得到最优相似案例及其内的知识信息，支持专项方案制定。运用公式 3.2.1 节中的区间属性模糊取值式(3-6)、式(3-7)和式(3-8)以及取值判断标准，邀请 5 位经验丰富的工程师参考第 3 章中表 3-5 评价语言描述规则，在认真查阅了该项目的勘察设计资料和工程概况等信息后，计算该基坑工程施工专项方案相关属性的取值，得到的工程施工特征属性取值结果如表 7-2 所示。

表 7-2　某基坑工程施工特征属性取值

序号	属性	取值范围	取值类型	计算取值
1	基坑规模	$(0\ m^2, +\infty)$	数值型	$6\,446\ m^2$
2	基坑深度	$(0\ m, +\infty)$	数值型	17.51 m
3	基坑形状	{矩形，异形}	字符型	矩形
4	水文环境	((0,0,0,0;0,0),(1,1,1,1;1,1))	区间模糊型	((0.43, 0.60, 0.76, 0.84;1, 1),(0.48,0.60, 0.76, 0.80; 0.85, 0.85))
5	地质环境	((0,0,0,0;0,0),(1,1,1,1;1,1))	区间模糊型	((0.64, 0.78, 0.92, 0.96;1, 1),(0.69,0.78, 0.92, 0.94;0.85, 0.85))
6	周边环境	((0,0,0,0;0,0),(1,1,1,1;1,1))	区间模糊型	((0.48, 0.66, 0.84, 0.92;1, 1),(0.53,0.66, 0.84, 0.88; 0.85, 0.85))

(2)相似方案案例检索。项目特征属性取值计算后，运用 3.2.3 节中构建的 W*k*NN 检索模型式(3-24)，在地铁工程项目管理云平台的方案案例库中检索得到满足相似度阈值的相似方案。图 7-4 为地铁工程项目管理云平台新建工程项目界面。首先在系统中新建工程项目基本信息，包括项目名称、各参建单位和项目概况等，再将计算获得属性值输入模型，图 7-5 为检索输出推荐方案界面，得到模型输出的方案

检索结果如表 7-3 所示。

图 7-4　地铁工程项目管理云平台新建工程项目界面

图 7-5　安全专项方案重用检索输出推荐方案界面

表 7-3　基于 W*k*NN 的案例检索结果

W*k*NN 中 *k* 值	方案安全指数 (V_x)	检索案例标号 (No.)	检索案例相似度 (*Sim*)	检索方案安全指数 (V_i)
k=5	0.866	022	0.78	0.834
		034	0.85	0.862
		044	0.86	0.898
		120	0.90	0.886
		088	0.92	0.912
k=3	0.904	044	0.86	0.898
		120	0.90	0.886
		088	0.92	0.912

从表 7-3 中可以看出，与本工程相似的案例编号分别为 022，034，044，120 和 088，分别为虎泉站、湖口站、宝通寺站、杨家湾站和光谷广场站；当邻近案例数量取 3 时，分别是宝通寺站、杨家湾站和光谷广场站。这些车站基坑工程主要工程特征参数如表 7-4 所示。从表 7-4 可以看出，这 3 个方案与新建工程特征相似性高，基坑开挖深度、形状基本一致，该些项目位置的水文地质和周边环境较为相似，这些基坑工程都处于长江三级阶地，基坑施工面临的水文和地质较为相似，围护结构都是钻孔灌注桩且特征基本相似，可以重用系统推荐方案案例的工艺工法、安全技术措施等知识信息以支持新建工程专项方案的制定。

表 7-4　相似车站工程特征参数

特征信息	本工程	No. 044	No. 120	No. 088
基坑规模	6 446 m^2	4 200 m^2	6 000 m^2	5 560m^2
基坑深度	17.5 m	17.0 m	18.0 m	17.0 m
基坑形状	矩形	矩形	矩形	矩形
水文环境	一般	一般	一般	一般
地质环境	一般	一般	一般	一般
周边环境	复杂	复杂	复杂	复杂
施工方法	明挖顺做	明挖顺做	明挖顺做	明挖顺做
主体围护形式	1.2 m 钻孔灌注桩＋旋喷桩	1.2 m 钻孔灌注桩＋旋喷桩	1 m 钻孔灌注桩＋旋喷桩	1 m 钻孔灌注桩＋旋喷桩
主体支撑体系	砼＋钢支撑	钢支撑	砼＋钢支撑	砼＋钢支撑

以该3个相似方案知识信息为参考，工程技术人员在此基础上编制该新建工程围护机构施工专项方案。而在施工前，施工单位已编制了围护结构施工专项方案，从基于案例知识重用推荐的专项方案与由施工单位编制的专项方案比较来看，前者重用推荐专项方案所含知识信息较为全面，在多个方案编制内容点上比原方案要细致。例如，钻孔灌注桩施工安排中，原方案只对钻孔灌注桩的施工工艺顺序作了简单描述；而基于知识信息重用推荐的方案中，则有过程中质量控制与安全措施内容点，详细且全面，该知识信息可对原方案进行完善补充。再例如，针对基坑坍塌风险控制措施内容，原方案中内容较为分散且不够全面，经过梳理分析主要针对基坑周边堆载和基坑支护及时因素进行相关风险控制措施安排，而影响基坑坍塌风险的因素有数十个，不同的因素还有不同的多个风险控制措施，而基于知识信息重用的推荐方案中，则有基坑坍塌风险因素梳理和控制措施较为细致的知识信息，可对原方案进行补充调整，使原方案更为全面清晰合理。例如，以专项方案中基坑监测方案为例，在该危大基坑工程施工安全监测项目的确定上，相似方案还可以进一步提供参考，如表7-5所示。

表7-5　原方案与基于知识信息重用推荐方案内容比较(节选部分)

<table>
<tr><th>项目</th><th>原方案监测项目内容</th><th>基于知识信息重用的推荐方案内容</th></tr>
<tr><td>基坑安全监测项目选择</td>
<td>
<table>
<tr><th>序号</th><th>监测项目</th><th>位置和监测对象</th></tr>
<tr><td>1</td><td>灌注桩顶水平位移</td><td>围护桩上端部</td></tr>
<tr><td>2</td><td>土体侧向变形</td><td>围护结构周边土体</td></tr>
<tr><td>3</td><td>桩体变形</td><td>围护结构内</td></tr>
<tr><td>4</td><td>支撑轴力</td><td>钢支撑端部</td></tr>
<tr><td>5</td><td>地下水位</td><td>基坑周边</td></tr>
<tr><td>6</td><td>支撑立柱沉降观测</td><td>支撑立柱顶上</td></tr>
<tr><td>7</td><td>基底隆起</td><td>基底开挖面中部</td></tr>
<tr><td>8</td><td>周边既有建筑沉降倾斜量测</td><td>基坑周边</td></tr>
<tr><td>9</td><td>周边既有建筑裂缝量测</td><td>基坑周边</td></tr>
<tr><td>10</td><td>地面沉降</td><td>围护结构周围土体</td></tr>
<tr><td>11</td><td>土压力</td><td>围护结构侧土体</td></tr>
<tr><td>12</td><td>车站围护结构边管线</td><td>沿管线轴向</td></tr>
</table>
</td>
<td>
<table>
<tr><th>序号</th><th>监测项目</th><th>位置和监测对象</th></tr>
<tr><td>1</td><td rowspan="4">灌注桩</td><td>墙顶沉降</td></tr>
<tr><td>2</td><td>墙顶水平位移</td></tr>
<tr><td>3</td><td>墙界面内、外侧向压力</td></tr>
<tr><td>4</td><td>墙变形监测</td></tr>
<tr><td>5</td><td>水平钢支撑</td><td>支撑轴力</td></tr>
<tr><td>6</td><td>临时桩</td><td>垂直沉降</td></tr>
<tr><td>7</td><td>基坑底</td><td>土体分层竖向位移</td></tr>
<tr><td>8</td><td rowspan="3">地层</td><td>地表沉降</td></tr>
<tr><td>9</td><td>土体分层沉降位移</td></tr>
<tr><td>10</td><td>土侧压力</td></tr>
<tr><td>11</td><td>地下管线</td><td>地下管线沉降及位移</td></tr>
<tr><td>12</td><td rowspan="3">相邻建筑</td><td>垂直沉降</td></tr>
<tr><td>13</td><td>倾斜</td></tr>
<tr><td>14</td><td>裂缝观察</td></tr>
<tr><td>15</td><td rowspan="2">地下水</td><td>坑内、外水位</td></tr>
<tr><td>16</td><td>坑内、外地下水水压</td></tr>
</table>
</td></tr>
</table>

从表 7-5 可以看出，基于专项方案知识信息重用推荐出的安全监测项目更为全面详细，可以由工程师再进行评价，确定项目监测的选择，可辅助支持完善原专项方案，使得专项方案编制合理全面；与以往研究中基于风险评估视角的基坑工程监测项目选择较为一致[201]。重用推荐方案之所以比新建工程初编制专项方案内容丰富，主要是由于以往价值工程在施工过程中对安全专项方案的深化，尤其是基坑工程施工完成后，对专项方案的归档工作，使得归档时安全专项方案相关信息资料要比施工前丰富且更加反应工程施工中的经验价值。例如：北京市危大工程专项方案管理实施细则中对危大工程完工后，对危大工程施工方案资料的归档上报提出了详细的内容与格式要求，有效地保存了危大工程施工技术与经验知识信息。

(3)新建工程专项方案调整。根据当前工程特征，邀请两名参与该工程项目经验丰富的工程师对检索得到的方案进行案例分析，包括工艺工法、重大危险源判断、安全技术措施和风险事件应急措施等，编制形成专项方案初稿。其中，检索方案中知识信息合适的，可先直接使用；对于检索方案中知识信息暂不足的，可进一步启用基于规则的案例调整模块，输入该知识信息的规则条件，寻取相应的规则知识信息支持。例如，安全保障措施中，有风险事件与风险因素的初步判断，但是缺少对应的风险因素控制措施，则如图 7-6 所示的地铁工程项目管理平台调整模块调用后，可获得相关的控制措施。基于知识信息重用推荐的知识信息为制定方案提供了直接参考，能有效地辅助专项方案制定以及对初步制定的方案进行完善补充。最后，制定得到该危大基坑工程围护结构施工专项方案。

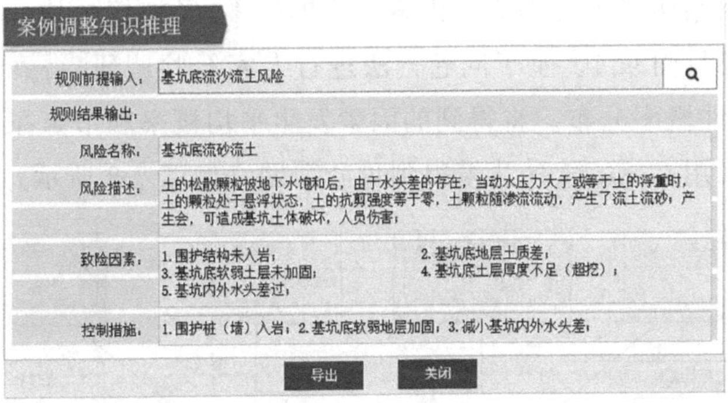

图 7-6　案例调整规则知识检索输出结果

7.3 安全专项方案安全保障措施深化优化

在基坑工程施工方案深化优化前，还需要开展专项方案的安全评审。基于专项方案安全评审规则方法和评审系统支持，输出工程安全专项方案评审结果：损失事件时空分布表、风险事件控制措施表以及风险管理责任表。上述专项方案编制通过安全评审后,则可用于施工现场的安全管理。施工前制定的方案是基于施工前获得的静态信息编制而成,而施工中,施工现场信息持续动态变化,获得工程现场的动态信息,则可优化专项方案以期更及时准确地指导施工安全管理。以基坑坍塌风险事件为例,运用第 5 章提出的安全专项方案优化方法,分析如下:

(1)确定基坑坍塌风险贝叶斯网络。根据施工现场方案实施情况和 WBS-RBS 风险识别矩阵,对施工现场动态风险识别分析,构建风险贝叶斯网络如图 7-7 所示。

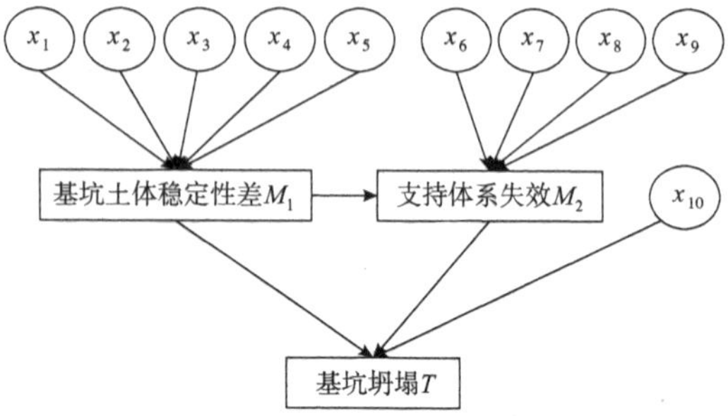

图 7-7　基坑坍塌风险贝叶斯网络

其中:x_1 为基坑壁渗水;x_2 为坑底土质较差;x_3 为降雨天气;x_4 为边坡堆载过大;x_5 为边坡动载过大;x_6 为支撑支护不及时;x_7 为支撑变形过大;x_8 为支撑施工质量差;x_9 为支撑体系设计缺陷;x_{10} 为监测分析预警差。

(2)构建贝叶斯网络。对武汉地铁 10 个车站施工项目共 50 位经验丰富工程师进行问卷访谈,问卷访谈内容即为各因素发生的概率,经加权平均计算叶节点风险因素发生概率,问卷见附录 1。基于问卷方法进行专家经验调研,得到基坑坍塌风险贝叶斯网络节点条件概率分布。将得到的因素发生平均概率和节点条件概率集成根节点的条件概率,采用 Genie 软件建模得到贝叶斯网络如图 7-8 所示。

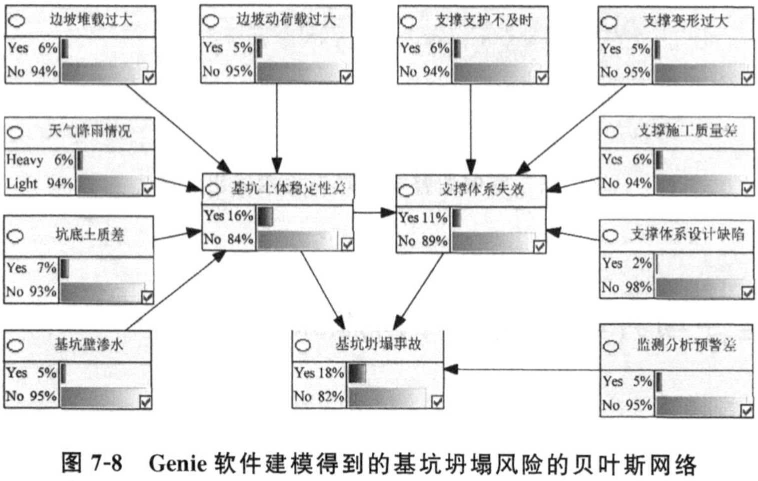

图 7-8　Genie 软件建模得到的基坑坍塌风险的贝叶斯网络

(3)构建危大基坑施工现场的基坑坍塌风险因素与安全保障措施关系矩阵(表 7-6)。该矩阵关系可通过数据学习或专家经验得到，由于该知识信息的经验特性，本书主要依据经验丰富的工程师和专家咨询得到，随着数据的不断获得，可继续更新此矩阵关系。

表 7-6　基坑坍塌风险因素与安全保障措施矩阵关系表

安全保障措施	x_1	x_2	x_3	x_4	x_5	x_6	x_7	x_8	x_9	x_{10}
基坑边坡保护急排水措施	60%	10%	0%	0%	0%	0%	0%	0%	0%	0%
边坡堆载检测及预防措施	0%	0%	0%	80%	10%	0%	10%	0%	0%	0%
边坡动载管理措施	0%	0%	0%	10%	80%	0%	10%	0%	0%	0%
……	…	…	…	…	…	…	…	…	…	…
加强基坑变形检测，超限应立即停工检查	0%	0%	0%	0%	0%	0%	80%	0%	0%	0%
开挖后的及时支护措施保证	0%	0%	0%	0%	0%	80%	10%	0%	0%	0%
严格支撑质量检测与验收	0%	0%	0%	0%	0%	0%	20%	80%	0%	0%
开挖时段，勤监测分析，加强巡视	0%	0%	0%	0%	0%	10%	0%	0%	0%	60%

(4)施工现场的抗风险能力评价。根据贝叶斯网络反向推理机制，即可计算得到根节点的影响因素发生概率(图 7-9)。可以看出，潜在导致事故发生的致险因素中：x_1，x_3，x_4，x_5，x_6，x_8，x_{10} 发生概率较大，应进行重点关注。

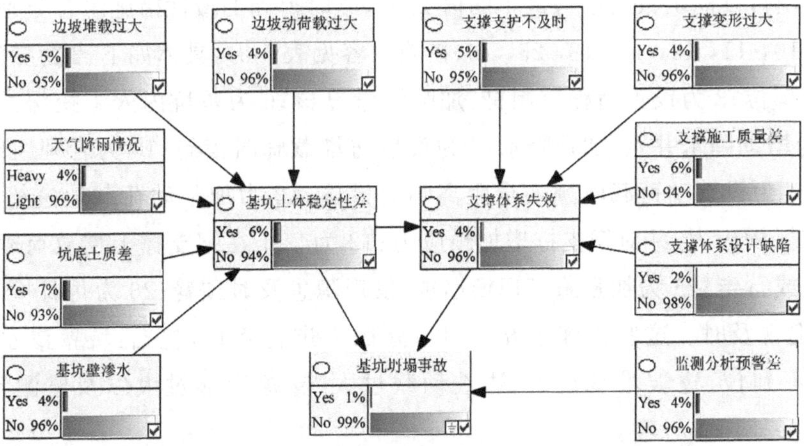

图 7-9　贝叶斯网络根节点因素发生概率

在施工过程中，近期的一次施工现场安全检查中，确认施工现场落实措施包括：

支撑施工质量检查标准清晰、记录完整；支撑体系验算复核工作落实到位；巡视监测工作规律、预警及时；由表 7-5 关系矩阵和优化公式(5-13)至公式(5-15)，计算当前项目风险因素发生的概率(表 7-7)。比较分析可知，当前施工现场的多个因素发生概率超出了预警值，包括因素：x_1，x_4，x_5，x_6，x_{10}。需要采取风险控制措施，提升施工现场的安全抗风险能力。

表 7-7 基于施工现场安全抗风险措施下的风险因素发生概率

符号	坍塌事件风险因素	目标预警概率	实际发生概率	符号	坍塌事件风险因素	目标预警概率	实际发生概率
x_1	基坑壁渗水	4%	5%	x_6	支撑支护不及时	5%	8%
x_2	坑底土质较差	7%	5%	x_7	支撑变形过大	4%	3%
x_3	降雨天气	4%	2%	x_8	支撑施工质量差	6%	3%
x_4	边坡堆载过大	5%	10%	x_9	支撑体系设计缺陷	2%	1%
x_5	边坡动载过大	4%	7%	x_{10}	监测分析预警差	4%	5%

(5)基于现场信息的安全保障措施优化决策。根据工程项目的安全管理，确定施工现场风险发生概率的最高取值。风险发生概率不同值下安全措施输出结果如表 7-8 所示。具体的可根据工程本身确定风险事件发生预警值，以此获得满足该安全管理需求下的最优安全措施组合，支持施工现场安全管理。

例如，当风险预警值取不大于 6%时，这个时候则考虑安全措施采取后带来的费用-工期影响，目标函数能取得最小的值 2.52，此时得到的最优措施组合分别为 2，3，6，7，8，10，11，12，15，18，25，26(措施内容见表 5-5)，具体如下：2 为导流并注浆封堵渗水部位；3 为设置高程控制桩，加强测量复核；6 为基坑内人工挖深井，抽排水降水；7 为增加降水井点，加强降水；8 为设置防堆载临时措施；10 为合理组织卸掉坡顶堆载；11 为设置动荷载轨迹安全距离临时措施；12 为加强动荷载轨迹检查；15 为检查钢支撑预应力，并对钢支撑增加预应力；18 为禁止在钢支撑上堆放荷载，严禁在其上站立或行走；25 为加强施工现场巡视，发现隐患及时预警；26 为每日检查巡视记录，保证巡视及时。这些措施主要针对风险因素进行管控，包括：坑壁渗水、基坑超挖、降水不到位、边坡堆载过大、边坡动载过大、支撑变形过大以及监测预警不及时等。

表 7-8　安全措施多目标优化模型不同风险预警值下遗传算法输出结果

项　　目	不同风险预警值下的安全措施结果					
风险预警值	4%	6%	8%	10%	12%	14%
最优措施组合	1,2,3,5,6,7,10,11,12,13,14,17,18,19,21,24,25,26	2,3,6,7,8,10,11,12,15,18,25,26	1,7,10,12,24,26	1,9,14,15,24,26	1,13,26	26

该安全措施组合实施后，施工现场的安全抗风险能力评价将满足安全管理的要求。类似的，可以根据施工现场情况的安全管理要求设定风险预警值，获得相应优化的安全措施组合集。此外，可以看出，风险发生预警值设定得越小，对应的目标函数计算值就越大，也反映出施工现场安全管理的效果与安全管理的费用呈负相关，而施工现场安全管理的费用不可能无限增长，而安全管理也难以要求绝对安全，因此，要求得二者的平衡，或两者有一者确定后取得另一者的优化选择。根据关系矩阵计算新措施方案实施下的风险因素概率并输入贝叶斯网络，通过正向推理验证施工现场的安全抗风险能力(图 7-10)。

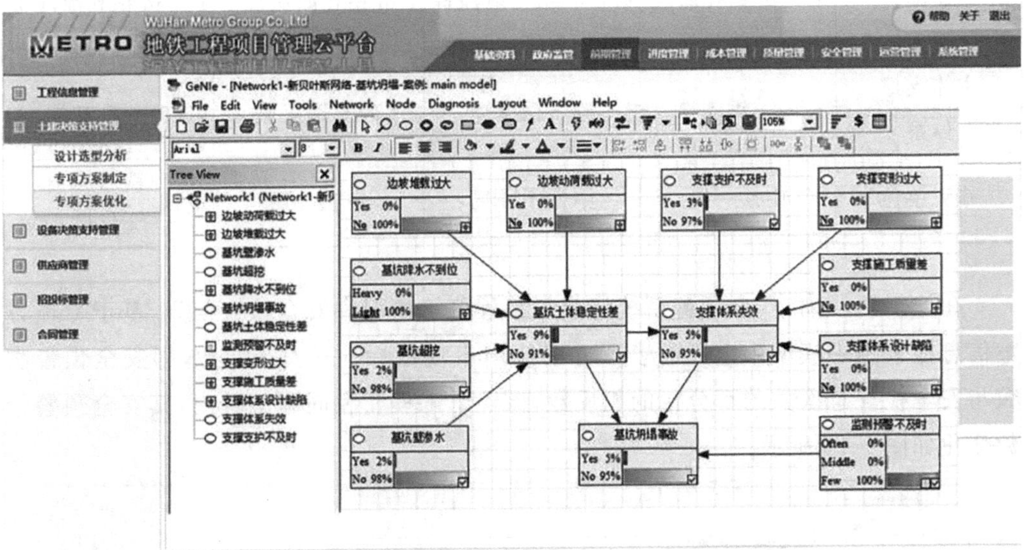

图 7-10　安全措施实施后施工现场的安全抗风险能力

图 7-10 结果表明，安全措施实施后能进一步提高施工现场的抗风险能力，基于现场信息的安全措施优化方法为专项方案动态调整优化提供了良好的工具，能为工程师现场施工安全管理提供有效支持。

为了进一步比较本研究提出的专项方案知识信息重用与优化方法的有效性，本书选取了与本工程满足相似条件且处于同时期施工的另外 3 个地铁车站基坑工程进行比较分析。因为具有相似水文地质和周边环境，且在相同的时间内施工，面临的天气影响及其他相关影响因素都较为一致，因此，基于专项方案实施产生的安全表现差异具有一定的可比性，该3个车站工程分别为珞雄路站、光谷大道站和佳园路站，工程完工后保存入案例库中，对应的编号分别为No.180、No.182和No.183。表7-9为该3个工程与本案例工程的基本信息。

表7-9 同时期施工的相似工程基本信息

特征信息	新建工程	No.180	No.182	No.183
基坑规模	6 400 m^2	7 500 m^2	6 000 m^2	4 200 m^2
基坑深度	17.5 m	20 m	17 m	17 m
基坑形状	矩形	矩形	矩形	矩形
水文环境	一般	一般	一般	一般
地质环境	一般	一般	一般	一般
周边环境	复杂	复杂	复杂	复杂
施工方法	明挖顺做	明挖顺做	明挖顺做	明挖顺做
主体围护形式	1.2 m钻孔灌注桩＋旋喷桩	1.2 m钻孔灌注桩＋双重管旋喷桩	1 m钻孔灌注桩＋旋喷桩	1.2 m钻孔灌注桩＋旋喷桩
主体支撑体系	砼＋钢支撑	砼＋钢支撑	砼＋钢支撑	砼＋钢支撑
施工单位	中铁一局	中铁十一局	中铁一局	中铁六局＋大桥局

在施工阶段内，安全预警系统记录了工程施工情况和安全检查信息，基于专项方案信息检索推理模型中定义的表征方案应用表现指标——安全指数，即安全预警次数与安全检查总次数的百分比的相反数，该4个工程在相同施工其内，其安全预警指数变化如图7-11所示。

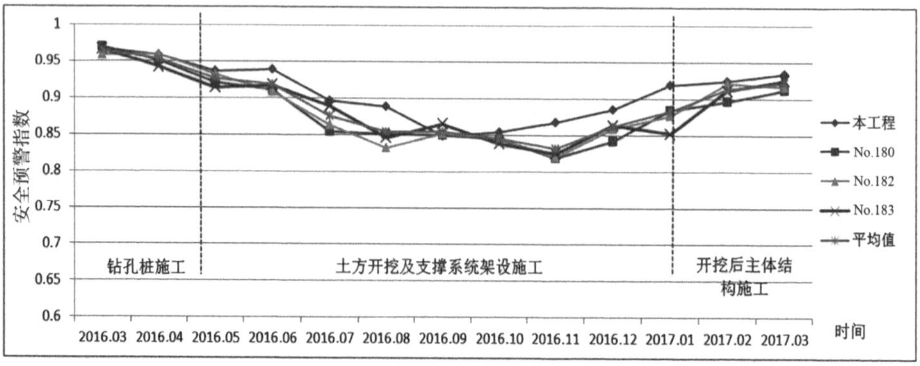

图7-11 同工期相似工程围护结构施工阶段安全预警指数变化对比

从图 7-11 中可以看出，本工程与其他工程在相同工期内，总体的安全指数较高，安全预警平均值低于另外 3 个工程的平均值。其中，在刚开始进行围护结构（钻孔灌注桩、冠梁等）施工阶段，4 个工程的安全表现基本一致，可以解释为刚开始施工，现场的风险较少，风险还未明显产生。而随着围护结构施工进展，基坑土方将逐步开挖，并将假设支撑，施工现场的风险逐步累积，包括围护结构变形、基坑堆载、降雨、支撑假设质量及时性等，在安全预警系统及现场的安全巡视检查中，会产生安全预警的风险提示；要求采取相关合适措施进行风险预警控制。当后期随着围护结构和土方开挖完成，风险逐步得到释放和控制，现场安全表现有所回升。进一步分析发现，本案例工程因专项方案在施工过程中的风险事件动态评价下，能及时地对方案的风险控制措施进行深化优化，动态地提供安全管理的合适措施组合信息，支持了施工现场风险管理活动，一定程度上在风险因素发生预警前，就已经采取了合适的措施进行控制。而另外 3 个工程，也有着专项方案指导施工，虽然发生的安全预警率要高于本工程，但是风险因素也都在预警后得到了控制，未发生风险事故。从风险的层面来看，工程都能在风险因素层面得到良好控制，而前者更能对风险因素进行评价进而提供满足管理目标的优化措施知识信息，更能体现主动安全控制的思想，对施工现场安全管理有着重要的意义。

7.4 安全专项方案视频监控布置方案优化

《城市轨道交通建设工程质量安全事故应急预案管理办法》鼓励建设和施工等单位采用现代化信息技术加强施工现场监控管理，提高风险防范能力。视频监控系统能够对施工现场 24 小时实时监控，全面系统了解工程进度、物资设备等方面的信息，对各个重点环节和关键部位安全监控，能够及时发现安全隐患并采取相应措施整改，加强对施工现场的安全和文明施工的监督。

车站基坑工程施工现场风险因素众多，施工现场中的基坑施工区、钢筋加工区、钢支撑加工堆放区、混凝土搅拌区等都是风险因素交叉的区域，要求对整个施工现场全覆盖，包括对地面区域的覆盖和对基坑空间的覆盖。以明挖法地铁车站基坑工程为例，土方开挖及支护和主体结构施工一般采用分层施工的方法。随着施工的进行，基坑中不断地架设和拆除支撑；不同的施工阶段施工层面，基坑区域所受到基坑侧壁和支撑结构遮挡情况不同，因此对施工现场的布置需要针对不同施工阶段施工层进行动态布置。其次，对地铁车站施工现场的监控，要在监控点的有效监控距离内，能看清现场的操作细节。另外，施工现场视频监控点的布置并不是越多越好，过多监控点会增加系统的成本和复杂度。

选取地铁车站施工现场最常用的球形摄像头，能够实现360度旋转，其监控范围是以最大可监控距离为半径的球形区域，h_r 为水平监控范围，v_r 为竖直面监控范围。根据施工现场应用情况，球形摄像头的有效监测距离为60～80 m，图7-12为视频监控布置方案所选择的摄像头监控示意图。

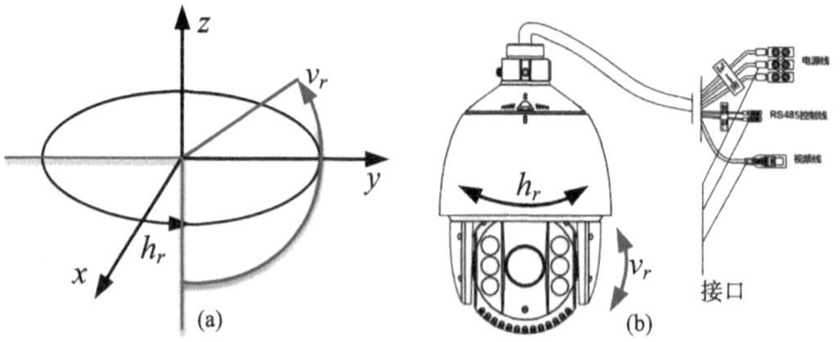

图7-12　视频监控布置方案摄像头监控示意图

(1)以某车站基坑工程施工为对象，根据工程情况以施工阶段的底板施工、中板施工、顶板施工3个状态为例，运用第5章提出的视频监控布置方案优化模型方法，得到基坑施工3个典型阶段优化后的视频监控布置方案，如图7-13所示。

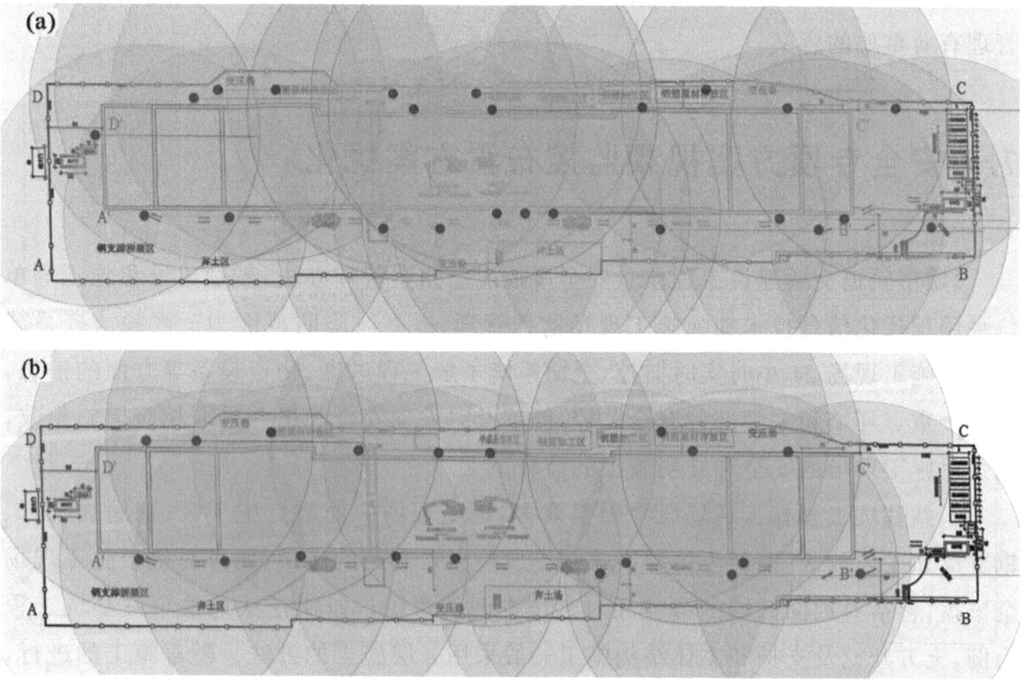

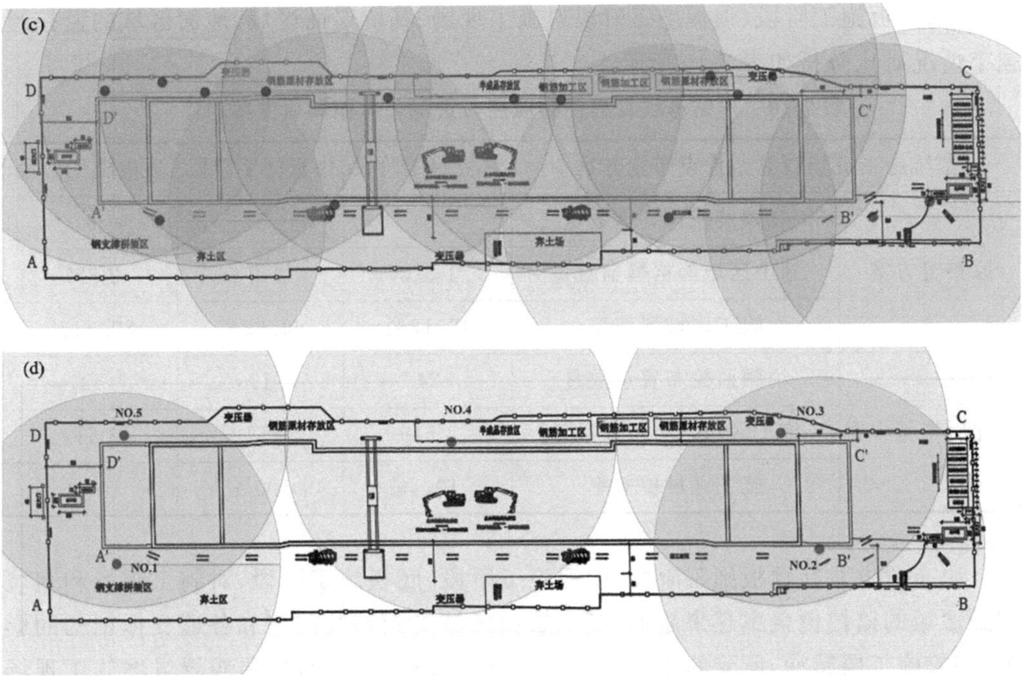

图 7-13　工程施工视频监控布置优化方案[(a) 底板施工阶段，(b) 中板施工阶段，(c) 顶板施工阶段，(d) 优化前布置方案]

基坑工程底板施工时，需要监控的深度为 17.6 m 的底板和地面施工区域。在 Matlab 中利用遗传算法编码求解，解趋于稳定时得到视频监控点布置方案，满足底板施工阶段施工现场全覆盖，布置方案为：监控点数目 24 个，监控点位置编号为 7，8，12，15，17，19，21，26，28，29，34，36，42，43，45，47，51，53，55，60，62，66，69，72。基坑施工中板深度 8.8 m，中板施工阶段，需要监控基坑深 8.8 m 层面和地面区域，其中对基坑层面的监控受到第一道混凝土支撑和第二道钢支撑的遮挡。中板施工阶段满足施工现场全覆盖，布置方案为监控点数目 19 个，监控点位置编号为 11，13，16，19，21，23，25，27，31，33，43，50，54，55，59，61，63，67,69。类似的，得到满足顶板施工阶段施工现场全覆盖，布置方案为：监控点数目 14 个，监控点位置编号为 3，12，16，24，38，41，44，51，55，57，60，63，64 ，68。

覆盖率是经常用来判断视频监控点对某区域覆盖情况优劣的指标，覆盖率＝已覆盖面积/全部面积×100％＝覆盖网格数/监控区域总网格数，本案例车站基坑施工总网格数 3 519 个，其中基坑区域网格数 1 665 个，地面区域网格数 1 854 个。针对底板、中板、顶板施工阶段，满足施工现场全覆盖，所求得的布置优化方案，能实现对施工现场的覆盖率也为 100％，地面区域、基坑区域覆盖率 100％。

安全专项施工方案中原视频监控布置方案设置了 5 个视频摄像头。在基坑侧壁和支撑结构对监控点视线遮挡的情况下，优化布置后的方案与原布置方案在底板施工阶段、中板施工阶段、顶板施工阶段对施工现场、基坑层面区域、地面区域的监控覆盖率情况对比分析如表 7-10 所示。

表 7-10 车站基坑工程视频监控布置优化方案和原方案对比

基坑施工现场视频监控点布置方案		底板施工阶段	中板施工阶段	顶板施工阶段
原布置方案	视频监控布置点数量	5	5	5
	施工区域网格覆盖数量	1 623	2 274	2 827
	施工区域覆盖率	46.12%	64.62%	80.34%
优化后布置方案	视频监控布置点数量	24	19	14
	施工区域网格覆盖数量	3 519	3 519	3 519
	施工区域覆盖率	100%	100%	100%

原布置方案在顶板施工阶段、中板施工阶段、底板施工阶段，对施工现场和基坑层面区域的监控覆盖率越来越低，基坑层面区域受到基坑侧壁和各道支撑结构的影响，随着施工层越深，所受的遮挡越严重。针对底板施工阶段，原布置方案施工现场监控覆盖率只有 59.4%，基坑层面区域的监控覆盖率只有 20.6%，远远达不到我们对施工现场风险因素安全监管的要求。视频监控点实现顶板施工阶段、中板施工阶段、底板施工阶段施工现场全覆盖，所求得的布置优化方案差别很大，针对不同的施工阶段施工层，视频监控点进行动态布置比较合理。

7.5 本章小结

本章以某车站基坑工程为案例，分析了该工程基于以往价值知识信息辅助制定新方案的过程，基于专项方案知识信息重用能为新方案编制提供较为细致的知识信息，使得方案编制更加全面。然后，将编制的专项方案指导工程现场施工，分析了基于现场信息的专项方案安全保障措施优化过程，提出了安全措施组合优化的多目标模型；考虑了车站基坑施工过程中的动态性和基坑侧壁、支撑结构遮挡情况，针对地面区域和基坑区域的立体层次监控，构建了以监控范围全覆盖为约束条件，监控点布置数量最少为目标函数的视频监控布置优化模型。结果表明，与同时期邻近相似工程相比，基于现场分析的动态安全保障措施对施工现场的风险管理主动性和及时性更强，且安全保障措施的选择决策更为合理优化，视频监控布置点优化后的视频监控布置方案也更为科学。本案例应用验证了提出的安全专项方案重用及优化方法模型的有效性，该方法模型可为危大工程领域专项方案知识信息的管理与应用提供一个良好的工具，提高施工现场的安全管理水平。

第8章 结论与研究展望

8.1 全书总结

危大基坑工程安全专项施工方案对于保障基坑施工安全有着重要的意义。安全专项方案的制定与优化是一项典型的知识管理过程，包含知识信息的表达、检索、调整和优化等。本书研究的主要目标是从知识管理理论视角，系统分析并提出专项方案知识表达、重用及优化方法模型，挖掘以往价值知识并评估施工过程中的风险，实现专项方案的编制质量和应用效果的提升，为施工过程中安全控制与管理提供重要依据和指导。本书的研究成果总结如下：

(1)本研究从工程实际问题出发，分析指出当前危大基坑专项方案编制主要依据的经验知识模式与以往价值知识信息需求的矛盾，以及专项方案在应用过程中静态知识信息与施工现场动态变化的知识信息需求的矛盾，并指出专项方案保障施工安全的管理问题关键在于如何面向安全管理目标的专项方案知识信息重用和优化。从控制论角度来看，专项方案构建与运用是一项典型的输入与输出过程，上述两个“矛盾”是控制模型隐式化和静态化导致的，行之有效的解决思路便是对专项方案制定与运用管理过程进行方法建模。为此，本研究提出基于知识管理理论，对面向安全管理的专项方案知识信息重用和优化过程进行理论分析和方法研究，提升新工程项目专项方案的编制质量和施工过程中的动态安全保障。

(2)面向知识信息重用的专项方案知识信息表达建模研究。本书系统分析了安全专项方案模型构建的需求，提出了基于专项方案知识信息特征和面向应用的表示原则。系统分析了知识元模型的特点和表达方法，提出了基于知识元的专项方案信息表达方法，构建了专项方案知识信息的框架知识元表达模型。与其他通用的知识信息表达方法相比，专项方案框架知识元表达模型能有效地满足专项方案知识信息重用的要求和提升专项方案知识信息的管理水平。专项方案框架知识元表达模型为方案知识信息重用奠定了基础。

(3)面向安全的专项方案知识信息重用推理机制研究。针对专项方案知识信息重用的关键——如何获得与新建项目特征匹配的最优方案，提出了基于改进 CBR 方法的地铁车站基坑工程专项方案重用模型。针对传统 kNN 法在 CBR 案例检索效果不理想的不足，分析了影响 kNN 法检索效果的影响因素，提出了面向属性取值、相似函数选择以及候选案例影响三个因素综合考虑的改进 kNN 模型：WkNN。在 WkNN 模型中，针对属性取值类型为模糊语言型特征，引入区间二型模糊逻辑对模型语言进行处理，能够有效地考虑属性的不确定性和模糊性，使得属性取值更加贴近属性的真实情况表达。在属性取值的基础上，针对传统属性取值后还将进行同一类型的转化操作带来的属性信息损失，提出了集成相似函数计算方法，提高了专项方案相似计算的效果。针对检索得到的候选解方案，考虑特征与解的非线性关系，引入基于神经网络法的候选案例参考权重，检索得到了最优化的相关性排序方案，再运用相似融合方法进一步精简知识信息，为专项方案制定提供了有效的知识信息支持。最后，基于规则的案例调整方法，能够有效地利用规则知识信息来补充案例推理信息的缺失不足，有利于提升新建工程专项方案编制质量，有利于提升安全专项方案案例知识信息重用的程度和效果。

(4)基坑工程安全专项方案知识自动评审模型。针对危大工程安全专项方案编制中对危大工程重点环节风险评估的要求，研究分析了安全专项方案安全风险评审规则的构建方法，运用模糊粗糙集方法，对安全风险评审决策表中的原始规则进行了约简进而得到安全风险评审规则。研究表明，致险因素较多的基坑工程安全专项方案的安全风险评价，适合使用模糊粗糙集建立评审规则。最后，基于安全风险的评审规则分析了工程施工方案安全评审多维数据库构建的目标要求，讨论了安全评审多维数据库的功能模块。基于安全评审多维数据库的自动评审系统，能有效实现安全专项方案风险评审工作的自动化。

(5)基于施工现场信息的专项方案动态深化优化研究。在施工前制定的静态专项方案基础上，从动态性角度优化专项方案。本研究引入 WBS-RBS 系统化方法识别地铁基坑工程施工中的安全风险事件，并梳理风险事件的风险因素清单，进而构建贝叶斯风险网络进行施工现场抗风险能力评价。系统分析了安全措施优化决策过程，明确了安全措施选择考虑的影响因素，包括：风险控制措施效果、风险控制措施工期影响和费用影响。然后，构建专项方案安全措施选择多目标优化模型；将安全措施的工期影响以及费用影响构建为优化目标函数；将施工现场安全风险控制目标转换成约束条件模型。此外，针对危大基坑工程施工现场视频监控点布置方案问题，构建了满足施工现场监控要求且考虑施工遮挡的施工现场视频监控布置优化方法模型，以优化施工现场视频监控布置方案。最后，构建自适应的算子调整机制遗传算法寻取该类多目标优化模型的最优解。基于该模型应用危大基坑工程专项方案动态深化优化，能有效地提升安全专项方案质量和施工现场的安全管理效果。

(6) 基坑工程安全专项方案实施评价及预警研究。为了加强安全专项方案能严格落实实施管理，对危大基坑工程安全专项方案安全风险控制措施实施执行情况与落实效果开展综合评价，并对安全专项方案实施预警管理。安全风险控制措施实施评价主要包含实施执行和实施效果评价两个部分。其中，根据专项安全风险控制措施的复杂程度，分为简单类和复杂类风险控制措施，简单类风险控制措施实施评价主要借助规则方法和系统平台来实现自动评价，而复杂类风险控制措施需要通过人工巡查的方式实施评价，然后综合计算专项方案的实施执行度。安全专项方案风险控制措施实施效果评价模型则是通过构建安全风险指标体系、计算风险指标权重并计算实施效果度，最后，融合安全风险控制措施实施执行评价与实施效果评价的结果，构建基于方案实施融合评价的预警管理机制，以此加强安全专项方案的落实实施与管理，提升工程专项方案指导下的危大基坑工程安全管理水平。

8.2 研究创新点

本书提出了危大基坑施工中安全管理中专项方案重用及优化方法模型，研究系统分析了面向专项方案重用的知识信息表达要求，构建了专项方案知识信息表达模型；提出面向安全的专项方案知识信息重用方法，以支持施工前专项方案的制定；提出基于施工现场的专项方案知识深化优化方法，以支持施工现场的风险控制与安全管理。本研究的创新之处主要有以下三个方面：

(1)提出了面向专项方案知识信息重用的表达建模方法。通过分析专项方案知识信息重用的需求，提出了基于专项方案知识信息特征和面向应用的表示原则。基于此，提出了基于知识元法的专项方案知识信息框架表达模型，构建了专项方案知识库。该表示模型能有效地提升专项方案知识信息的管理水平，满足专项方案知识信息重用的要求。

(2)提出了面向安全的专项方案知识信息重用推理方法。针对专项方案知识信息重用的关键——如何获得与新建项目特征匹配的最优方案，提出了基于改进 CBR 模型的地铁车站基坑工程专项方案重用方法。针对传统 kNN 法在 CBR 案例检索效果不理想的不足，提出了面向属性取值、相似函数选择以及候选案例影响三个因素综合考虑的改进 kNN 模型：WkNN。在 WkNN 模型中，分别提出引入区间二型模糊逻辑对模型语言进行处理，以能够有效地考虑属性的不确定性和模糊性；提出集成相似函数计算方法，以避免传统属性取值后，进行同一类型的转化操作带来的属性信息损失；提出引入基于神经网络法的候选案例参考权重，以考虑候选案例对目标案例的非线性影响。提出了基于规则的案例调整方法，能够有效地提升新建工程专项方案编制质量，提升安全专项方案案例知识信息重用的深度和效果。

(3)提出基于施工现场信息的专项方案安全保障措施动态深化优化模型。研究提出了构建施工现场贝叶斯风险网络，以支持施工现场抗风险能力评价。系统分析安全措施优化决策过程，明确了安全措施选择考虑的影响因素。提出了构建安全措施选择的“多目标－约束”优化模型，将安全保障措施的工期影响以及费用影响构建为优化目标函数；将施工现场安全风险控制目标转换成约束条件模型，并引入遗传算法求解。构建了满足施工现场监控要求且考虑施工遮挡的施工现场视频监控布置优化方法模型，以优化施工现场视频监控布置方案。该模型能有效地评价施工现场的风险，为风险控制措施的采取提供参考。

8.3 研究不足与展望

本研究内容系统性地讨论了危大基坑工程专项方案的建模与重用过程，在专项方案领域为工程建造服务提供了有效的理论和方法模型支持。该工程问题与背后科学问题的研究具有重要的理论意义和工程实践意义。开展的理论研究和案例应用分析表明，本书提出的建模方法和重用模型对专项方案的指导工程建设是可行和有效的，能够良好地支持科学合理的专项方案制定和动态优化，提升专项方案在施工中对危大基坑工程指导的效果。

然而，尽管本书在地铁车站基坑工程专项方案信息建模及重用方面做了一些工作，得到了一些初步的结果。但由于笔者知识的有限和该工程问题的复杂性，本书研究与探索深度与广度仍然有限；围绕相关问题仍需要做进一步的研究：

(1)危大基坑专项方案知识元信息自动抽取方法研究。本书目前仅对专项方案中的技术方案进行了知识信息的表达和建模，而专项方案内容信息具有涉及面广、信息丰富等特点，如何进一步分析专项方案知识的表达粒度，以及如何运用深度学习方法、计算机工具等从自然语言处理角度对专项方案知识信息进行自动化处理，需要进一步的探索与分析。

(2)危大基坑专项方案重用方法研究中主要以安全为主要目标，新建工程的专项方案，主要以相似工程案例中环境风险最小的方案知识信息作为参考，对此知识信息进行重用而得到新建工程专项方案。其中，对于相似工程的检索是方案重用的关键，本书对传统 *k*NN 法中的模型参数进行改进，检索效果获得了很大提升。然而，在面对领域问题属性维数增多时，*k*NN 法进行分类检索时相似度计算工作量将大大增多，相关参数的选择仍然缺乏一套系统的理论支持，非线性操作方法尽管能取得有效的检索结果，但仍然缺乏专项方案知识信息检索机制的显性模式，而这些对于专项方案知识信息重用有重要的指导意义。后续需要继续对专项方案中案例检索的前提假设和检索机制进行更深的讨论与分析。

(3)危大基坑专项方案主要是从安全管理角度对施工活动进行专门规划和技术指导。文中开展的施工现场抗风险能力评价研究,仍主要关注于基坑施工过程中环境及工程体风险评价分析,而施工现场还存在着工人行为风险、组织管理风险等,而这些风险与环境风险等耦合相关,因此,需要进一步分析不同风险类型的耦合关系,构建项目总体风险评价模型和算法,对工程项目总体风险进行评价分析。

(4)住建部最新发布的《危险性较大的分部分项工程专项施工方案编制指南》《危险性较大的分部分项工程专项施工方案专家论证管理办法(征求意见稿)》等危大工程管理办法,使危大工程专项方案管理更加规范化;然而,危大工程安全专项方案编制后,最终目的是要方案严格落实实施,切实保障施工安全。尽管文中初步探讨了安全专项方案实施评价与预警管理问题,但还不够深入;尤其是对于行业监管部门而言,危大工程类型多、分布广,如何构建一套有效的安全专项方案落实实施检查与评价的体系,充分运用信息技术,实现区域范围内的危大工程安全专项方案自动化巡查与管理,以此实现危大工程安全专项方案管理规定下的“编制指南—专家论证管理办法—实施检查与评价体系”等完整闭环长效管理机制建立。对危大工程安全管理具有重要的意义,该研究的方向还需要进一步深入。

由于本人水平有限,本书中的错误与不当之处在所难免,恳请各位专家给予批评指正。

参考文献

[1]王波.城市地下空间开发利用问题的探索与实践[D].北京:中国地质大学(北京),2013.

[2]工程科学和技术综合专题组.2020年中国工程科学和技术发展研究[M].上海:中国土木工程学会,2004.

[3]中华人民共和国住房和城乡建设部.城市轨道交通地下工程建设风险管理规范:GB50652—2011[S].北京:中国建筑工业出版社,2011.

[4]中华人民共和国住房和城乡建设部.关于印发《危险性较大的分部分项工程安全管理办法》的通知[EB/OL].[2016-11-20].http://www.mohurd.gov.cn/zcfg/jsbwj_0/jsbwjgczl/200906/t20090602_190664.html.

[5]中华人民共和国住房和城乡建设部.危险性较大的分部分项工程安全管理规定[EB/OL].[2018-03-20].https://www.gov.cn/gongbao/content/2018/content_5294422.htm.

[6]周红波,蔡来炳,高文杰.城市轨道交通车站基坑事故统计分析[J].水文地质工程地质,2009,(2):67-71.

[7]万润龙.杭州地铁湘湖站工地坍塌事故被认定为重大责任事故[J].城市轨道交通研究,2010,13(3):74.

[8]李皓燃,李启明,陆莹.2002—2016年我国地铁施工安全事故规律性的统计分析[J].都市快轨交通,2017,30(1):12-19.

[9]周格仟.地铁工程施工安全风险演化研究[D].武汉:华中科技大学,2014.

[10]李凤伟,杜修力,张明聚.地铁工程建设施工事故统计分析[J].地下空间与工程学报,2014,10(2):474-479.

[11]杨晨,张佐汉.深圳地铁二期工程建设期安全事故分析[J].铁道建筑,2013(1):45-48.

[12]郭唯伟.地铁车站施工安全风险分析与控制[D].石家庄:石家庄铁道大学,2016.

[13]宫培松.地铁车站工程施工方案安全评审研究[D].武汉:华中科技大学,2016.

[14]Zhong B T, Ding L Y, Love P E, et al. An ontological approach for technical plan definition and verification in construction[J]. Automation in Construction, 2015,55(7),47-57.

[15]Zhang Y, Ding L, Love P E D. Planning of Deep Foundation Construction Technical Specifications Using Improved Case-Based Reasoning with Weighted k-Nearest Neighbors[J]. Journal of Computing in Civil Engineering, 2017, 31(5):04017029.

[16]Zhang Y, Xing X, Antwi-Afari M. F, et al. Safety Risk Estimation of Construction Project Based on Energy Transfer Model and System Dynamics: A Case Study of Collapse Accident in China[J]. International Journal of Environmental Research and Public Health, 2022, 19(21):14386.

[17]Luo H, Gong P. A BIM-based code compliance checking process of deep foundation construction plans[J]. Journal of Intelligent & Robotic Systems, 2015, 79(3/4):549-576.

[18]张琳琳. SECI视角下参与式信息技术教师培训模式设计与实证研究[D]. 长春：东北师范大学，2013.

[19]中华人民共和国住房和城乡建设部. 建筑施工组织设计规范(GB/T50502—2009)[S]. 北京：中国建筑工业出版社，2009.

[20]李明华. 施工方案与专项方案的异同性分析与编制[J]. 华东交通大学学报，2014(5):112-116.

[21]胡伦坚. 专项施工方案的编写与实施[J]. 施工技术，2012(4):104-109.

[22]张权. 基于核心能力培养的建筑工程专项施工方案编制与研究[C]//科学时代——2014科技创新与企业管理研讨会论文集下(企业管理). 中国科学技术协会：《科技与企业》编辑部，2014:2.

[23]张新龙. 浅析施工方案编制者应具备的素质[J]. 科技情报开发与经济，2008,10:217-218.

[24]中华人民共和国住房和城乡建设部办公厅. 关于印发危险性较大的分部分项工程专项施工方案编制指南的通知[EB/OL]. [2022-12-30]. https://www.gov.cn/zhengce/zhengceku/2021-12/23/content_5664122.htm.

[25]程鹏. 深基坑支护工程专项方案编制与比选研究[D]. 南昌：江西理工大学，2011.

[26]陈新福. 危险性较大脚手架工程安全专项施工方案的编制方法研究及配套软件开发[D]. 南昌：南昌大学，2007.

[27]王娟. 危险性较大工程模板专项施工方案编制方法及其软件开发[D]. 南昌：南昌大学，2008.

[28]Menches C L, Hanna A S Conceptual planning process for electrical construction[J]. Journal of construction engineering and management, 2006, 132(12):1306-1313.

[29]Menches C L, Hanna A S, Nordheim. E V et al. Impact of pre-construction planning and project characteristics on performance in the US electrical construction industry[J]. Construction Management and Economics, 2008, 26(8): 855-869.

[30]陈婷婷,宋永发.基于AHP-TOPSIS的地铁车站施工方案比选[J].工程管理学报,2012,26(2):33-36.

[31]许宇鹏.施工方案多目标优化方法研究[D].石家庄:石家庄铁道大学,2014.

[32]程韬,刘建伟,曹平.硬岩大跨暗挖地铁车站施工方案优化分析[J].地下空间与工程学报,2014,10(3):635-640.

[33]朱永惠.危大工程专项施工方案审查系统功能需求评价及系统设计研究[D].徐州:中国矿业大学,2023.

[34]陈甫亮.基于BIM技术的施工方案优化研究[D].长沙:长沙理工大学,2014.

[35]Pahng G F, Ha S, Park S. A design knowledge management framework for active design support[J]. Proceedings of ASME Design Engineering Technical Conferences. Nevada: LasVegas, 1999:1-8.

[36]Barnard Yvonne, Blok Inger. Gathering user needs for knowledge management applications for engineers in advanced manufacturing industries[C]//Conference Proceedings of the 8th International Conference on Human Aspects of Advanced Manufacturing. Rome: National Research Council of Italy, Institute of Cognitive Sciencesand Technologies, 2003:339-346.

[37]刘冀生,吴金希.论基于知识的企业核心竞争力与企业知识链管理[J].清华大学学报(哲学社会科学版),2002(1):68-72.

[38]闵锐.组织公民行为影响因素对组织内部知识共享影响机制研究[D].天津:天津大学,2011.

[39]孟庆敏.科技服务业机构与中小企业之间的知识转移研究[D].镇江:江苏大学,2012.

[40]Polanyi M. The tacit dimension. Glouester[M]. MA: Doubleday, 1966.

[41]Organization for Economic Co-operation and Development. The knowledge-based economy[M]. Paris: Organization for Economic Co-operation and Development, 1996.

[42]Zack M H. Managing codified knowledge[J]. Sloan Management Review. 1999, 40(4):45-58.

[43]Quinn, Kimberly A, Malia F Mason, C. Neil Macrae. Familiarity and person construal: Individuating knowledge moderates the automaticity of category activa-

tion[J]. European Journal of Social Psychology,2009,39(5):852－861.
[44]林东清. 知识管理理论与实务[M]. 北京:电子工业出版社,2005.
[45]徐宝祥,叶培华. 知识表示的方法研究[J]. 情报科学,2007,25(5):690-694.
[46]王环,袁小红,石纯一,等. 关于知识表示的讨论[J]. 计算机学报,1995,18(3):212-224.
[47]尹朝庆,尹皓. 人工智能与专家系统[M]. 北京:中国水利水电出版社,2002.
[48]赵瑞清. 知识表示与推理[M]. 北京:气象出版社. 1991.
[49]Nonaka I. The Knowledge-Creating Company: How Japanese Companies Create the Dynamics of Innovation: How Japanese Companies Create the Dynamics of Innovation[M]. Oxford: Oxford university press,1995.
[50]王新媛. 基于本体建模的微博信息管理机理研究[D]. 长春:吉林大学,2015.
[51]柯倩云,李青,孙勇. 基于本体的故障案例信息抽取方法研究[J]. 北京航空航天大学学报,2015,41(6):1080-1086.
[52]Minsky M. A framework for representing knowledge[M]. American Association for Artificial Intelligence, Palo Alto, 1995.
[53]何绍华,王非. 知识表示规范比较研究[J]. 理论与探索,2007,30(1):8-10.
[54]吉祥. 面向产品绿色设计的知识建模及应用技术研究[D]. 杭州:浙江大学,2013.
[55]马费成. 情报学的进展与深化[J]. 情报学报. 1996,15(5):337-343.
[56]徐荣生. 知识单元初论[J]. 图书馆杂志,2001(7):2-5.
[57]温有奎,徐国华. 认知元三维结构研究[J]. 情报学报,2004,23(2):242-246.
[58]王子舟,王碧滢. 知识的基本组分—文献单元和知识单元[J]. 中国图书馆学报,2003,29(1):5-11.
[59]Chang X, Zheng Q. Knowledge element extraction for knowledge-based learning resources organization[C]. International Conference on Advances in Web Based Learning 2007. [2018-01-25]. https://doi. org/10. 1007/978-3-540-78139-4_10.
[60]赵红州,唐敬年,蒋国华,等. 知识单元的静智荷及其在荷空间的表示问题[J]. 科学学与科学技术管理,1990(1):37-41.
[61]索传军,盖双双. 知识元的内涵、结构与描述模型研究[J]. 中国图书馆学报,2018,44(4):54-72.
[62]孟科,张恒喜,李登科,等. 基于模糊粗糙特征集的不确定性知识表达[J]. 计算机工程,2006,32(9):183-187.
[63]钟诗胜,张艳. 可拓知识表示及知识库系统的开发[J]. 计算机集成制造系统,2008,14(11):2184-2190.

[64]陈敏,赵书良,郭晓波,等.一种新的关联规则 Vis-Meta 图知识表示方法[J].计算机科学,2015,42(3):218-223.

[65]余长慧,孟令奎,潘和平.基于贝叶斯网络的不确定性知识处理研究[J].计算机工程与设计,2004,25(1):1-6.

[66]Beaubouef T, Petry F E. Fuzzy Rough Set Technique for Uncertainty Processing in Relational Database[J]. International Journal of Intelligent System,2000,15(5):389-424.

[67]Yeun Y S, Yang Y S. Design knowledge representation and control for the structural design of ships[J]. Knowledge-Based Systems. 1999,10(2):121-132.

[68]宋欣.复杂产品设计知识模型构建及其重用方法研究[D].天津:天津大学,2009.

[69]潘旭伟,顾新建,仇元福,等.面向知识管理的知识建模技术[J].计算机集成制造系统,2003,9(7):517-521.

[70]徐轶,战洪飞,余军合,等.基于特定领域建模元模型的知识建模方法[J].轻工机械,2012,30(2):74-78.

[71]刘雪梅.产品全生命周期信息建模理论、方法及应用研究[D].重庆:重庆大学,2002.

[72]王平.面向全设计流程的多层一体产品信息建模与系统评价研究[D].长沙:湖南大学,2011.

[73]Fenves S J, Foufou S, Bock C, et al. A core model for product data[J]. Journal Of Computing And Information Science In Engineering,2008,8(0145011).

[74]ISO. Industrial automation systems and integration: Product data representation and exchange: Part 21: Implementation methods: Clear text encoding of the exchange structure: ISO 10303-21[S]. 2016.

[75]孟耀伟,孙毅中.一种三维建筑物模型与数据组织方法[J].测绘科学,2017,42(9):138-142.

[76]徐超.建筑幕墙的信息建模关键技术研究[D].杭州:浙江理工大学,2015.

[77]王柯.基于 IFC 的 3D+建筑工程费用维的信息模型研究[D].上海:同济大学,2007.

[78]马智亮,毛娜.基于建筑信息模型自动生成施工质量检查点的算法[J].同济大学学报(自然科学版),2016,44(5):725-729.

[79]Chen L J, Luo H. A BIM-based construction quality management model and its applications[J]. Automation in construction,2014,46:64-73.

[80]徐东升.基于建筑信息模型技术的建筑工程施工安全管理研究[D].天津:天津工业大学,2017.

[81]Ding L, Zhou Y, Akinci B. Building Information Modeling (BIM) application framework: The process of expanding from 3D to computable nD[J]. Automation in construction,2014,46:82-93.

[82]Zhang L, Wu X, Ding L, et al. Bim-based risk identification system in tunnel construction[J]. Journal of Civil Engineering and Management,2016,22(4):529-539.

[83]陆汝钤,金芝.从基于知识的软件工程到基于知件的软件工程[J].中国科学:E辑,2008,38(6):843-863.

[84]Zou Junhua, Liu Qingtang. Knowledge Element Model for Knowledge Abstract and Fusion System[C]. International Conference on New Trends in Information and Service Science,2009:23-26.

[85]Zhao F, He W P, zhong Y H, et al. A Study of Internet-knowledge Acquiring Method to Aid Thinking in Product Design[J]. International Conference on Computer Science and Information Techology,2009:472-475.

[86]Chang X, Zheng Q H. Knowledge Element Extraction for Knowledge-based Learning Resources Organization[M]. Heidelberg:Spinger,2008:102-113.

[87]Hu Y H, Li H, Cao Y B, et al. Automatic Extraction of Titles from General Documents Using Machine Learning[J]. Information Process Manage,2006,42(5):1276-1293.

[88]张承伟,李建伟,陈雪龙.基于知识元的突发事件情景建模[J].情报杂志,2012,31(7):11-15,43.

[89]蒋勋,徐绪堪,苏新宁.面向知识服务的双库协同知识库框架结构研究[J].现代图书情报技术,2014(2):55-62.

[90]廖开际,熊会会,叶东海.基于知识元理论的应急文档结构化建模[J].计算机应用研究,2011,28(1):175-178.

[91]温有奎,徐国华.知识元链接理论[J].情报学报,2003,22(6):665-670.

[92]封超,杨乃定,桂维民,等.基于案例推理的突发事件应急方案生成方法[J].控制与决策,2016,31(8):1526-1530.

[93]陈婕卿,杨秋英,陈卉,等.基于案例推理在艾滋病患者个性化治疗方案推荐中的应用[J].北京生物医学工程,2017,36(1):16-20.

[94]Goh Y M, Chua D K H. Case-based reasoning for construction hazard identification: Case representation and retrieval[J]. Journal of Construction Engineering and Management,2009,135(11):1181-1189.

[95]Dzeng, R J, Tommelein, I D Product modeling to support case-based construc-

tion planning and scheduling. Automation in Construction, 2004, 13(3): 341-360.

[96]Luo X, Shen G Q, Fan S. A case-based reasoning system for using functional performance specification in the briefing of building projects[J]. Automation in Construction,2010,19(6):725-733.

[97]Hu X, Xia B,Skitmore M, et al. The application of case-based reasoning in construction management research: An overview[J]. Automation in Construction, 2016,72:65-74.

[98]Ryu H G, Lee H S, Park M. Construction planning method using case-based reasoning (CONPLA-CBR)[J]. Journal of computing in civil engineering,2007, 21(6):410-422.

[99]Aamodt A, Plaza E. Case-based reasoning:Foundational issues, methodological variations, and system approaches[J]. AI communications,1994,7(1):39-59.

[100]Prentzas J, Hatzilygeroudis I. Categorizing approaches combining rule-based and case-based reasoning[J]. Expert Systems,2007(24):97-122.

[101]Deepti Anne John, Rose Rani John. A Framework for medical diagnosis using hybrid reasoning[C]. in: Proc. International MultiConference of Engineers and Computer Scientists,2010(1):157-160.

[102]顾东晓,李兴国,梁昌勇,等.案例检索及权重优化方法研究及应用[J].系统工程学报,2009,24(6):764-768.

[103]王宁,黄红雨,仲秋雁,等.基于知识元的应急案例检索方法[J].系统工程,2014,32(1):124-132.

[104]宋英华,李旭彦,高维义,等.城市洪灾应急案例检索中的 RIMER 方法研究[J].中国安全科学学报,2015,25(7):153-158.

[105]Du J, Bormann J. Improved similarity measure in case-based reasoning with global sensitivity analysis:An example of construction quantity estimating[J]. Journal of Computing in Civil Engineering,2012,28(6):04014020.

[106]陈千,向阳,郭鑫,等.基于粗糙集的 K 均值聚类算法在案例检索中的应用[J].计算机科学,2010,37(12):161-164.

[107]刘双印,徐龙琴.基于改进覆盖算法和灰色关联度的案例检索[J].计算机工程,2011,37(13):169-171.

[108]许梁海.蚁群算法及其在案例检索中的应用研究[D].合肥:合肥工业大学,2006.

[109]余宏亮.基于工程图纸的地铁车站施工安全风险自动识别研究[D].武汉:华中

科技大学,2011.

[110]郑晶,王应明,王韩杰.基于置信规则库的应急方案调整方法[J].信息与控制,2016,45(5):634-640.

[111]Binbasioglu M. Key features for model building decision support systems[J]. European Journal of Operational Research,1995,8(3,4):422-437.

[112]川于水,黄道.基于统一建模语言的新型决策库模型[J].华东理工大学学报,2001,27(5):471-474.

[113]Bobillo F, Delgado M, Gomez-Romero J. Representation of context dependent knowledge in ontologies: A model and an application[J]. Expert Systems with Applications,2008,35(4):1899-1908.

[114]Chang P C, Liu C H, Lai R K. A fuzzy case-based reasoning model for sales forecasting in print circuit board industries[J]. Expert Systems with Applications,2008,34(3):2049-2058.

[115]魏圆圆.基于本体论的农业知识建模及推理研究[D].合肥:中国科学技术大学,2011.

[116]北京市轨道交通建设管理有限公司.轨道交通单位工程、分部工程和分项工程划分标准:JQB—048—2005[S].北京:中国建筑工业出版社,2011.

[117]北京市轨道交通建设管理有限公司.轨道交通土建工程施工质量验收统一标准:JQB—068—2005[S].北京:中国建筑工业出版社,2010.

[118]北京市轨道交通建设管理有限公司.轨道交通车站工程施工质量验收标准:JQB—049—2005[S].北京:光明日报出版社,2011.

[119]温有奎,焦玉英.知识元语义链接模型研究[J].图书情报工作,2010,54(12):27-31.

[120]姜永常.基于知识元的知识仓库构建[J].图书与情报,2005(6):73-74,105.

[121]王延章.模型管理的知识及其表示方法[J].系统工程学报,2011,26(6):850-856.

[122]周诚.地铁盾构施工地表变形时空演化规律与预警研究[D].武汉:华中科技大学,2011.

[123]王宇,刘淼.一种基于知识元的期刊文献知识仓库构建[J].情报理论与实践,2013,36(8):91-94.

[124]姜永常.基于知识构建的数字图书馆知识服务研究[D].哈尔滨:黑龙江大学,2007.

[125]Minsky, M. A framework for representing knowledge[M]. American Association for Artificial Intelligence,1995,PaloAlto,CA.

[126]Chandrasekaran, BaTRJ, and Todd R. Johnson. "Generic tasks and task

structures: History, critique and new directions[C]." Second generation expert systems. Berlin, Heidelberg: Springer Berlin Heidelberg, 1993. 232-272.

[127]徐晓冬.基于范例推理与逻辑推理的突发危机事件决策研究[D].上海:上海交通大学,2008

[128]Cover T M, Hart P E. Nearest neighbor pattern classification[J]. IEEE Transactions on Information Theory. 1967,13(1):21-27.

[129]张鸿宾,孙广煜.近邻法参考样本集的最优选择[J].电子学报,2000,28(11):16-21.

[130]王超学,潘正茂,马春森,等.改进型加权KNN算法的不平衡数据集分类[J].计算机工程,2012,38(20):160-163,168.

[131]潘登.KNN算法的相似度研究[D].沈阳:东北师范大学,2014.

[132]叶涛,朱学峰,李向阳等.基于改进k-最近邻回归算法的软测量建模[J].自动化学报,2007,33(9):996-999.

[133]肖辉辉,段艳明.基于属性值相关距离的KNN算法的改进研究[J].计算机科学,2013,40(S2):157-159,187.

[134]Weinberger K Q, Saul L K. Distance metric learning for large margin nearest neighbor classification[J]. The Journal of Machine Learning Research, 2009, 10:207-244.

[135]Globerson A, Roweis S T. Metric learning by collapsing classes. In: Proceedings of the Advances in Neural Information Processing Systems[M]. Vancouver, Canada: MIT Press, 2006.

[136]Wang H. Nearest neighbours without k: A classification formalism based on probability[EB/OL]. (2002-12-10)[2023-12-30]. https://citeseerx. ist. psu. edu/document? repid=rep1&type=pdf&doi=0de171728b1bc379b759fb9a96346ed0d5f2a044.

[137]Zhang Y, Ding L, Love P E D. Planning of Deep Foundation Construction Technical Specifications Using Improved Case-Based Reasoning with Weighted k-Nearest Neighbors[J]. Journal of Computing in Civil Engineering, 2017, 31(5):04017029.

[138]张永成,余群舟,方伟立.基于区间二型模糊的深基坑施工方案属性相似度计算方法[J].土木工程与管理学报,2018,35(2):135-139,147.

[139]Hendrickson, C. and Au, T. Project management for construction planning [EB/OL]. (2012-08-17)[2023-12-30]. http://pmbook. ce. cmu. edu/09_Construction_Planning. html.

[140]Stevens S. On the Theory of Scales of Measurement[J]. Science (S0956-7976),1946,103(2684):677-680.

[141]胡军华,蓝霞,陈鹏.基于区间梯形二型犹豫模糊数的多准则决策方法[J].控制与决策,2015,(5):780-788.

[142]周凯波,冯珊,李锋.基于案例属性特征的相似度计算模型研究[J].武汉理工大学学报(信息与管理工程版),2003,(1):24-27.

[143]朱芳来,董志豪,徐立云.实例检索中基于混合属性距离的相似性度量[J].同济大学学报(自然科学版),2015,(7):1089-1096.

[144]李军均,戚进,胡洁,等.一种基于隶属函数的相似度计算方法及其应用[J].计算机应用研究,2010,(3):891-893,903.

[145]Zadeh L A. The Concept of a Linguistic Variable and Its Application to Approximate Reasoning-Ⅱ[J]. Information Sciences. 1975,8(75):301-357

[146]张伟斌,胡怀中,刘文江.路口群落交通流的区间二型模糊预测与多级模糊控制[J].系统工程理论与实践,2008,(7):111-118.

[147]宋斐.基于二型模糊系统的语义回归模型的研究[D].成都:电子科技大学,2015.

[148]Lee L W, Chen S M. Fuzzy multiple attributes group decision-making based on the extension of TOPSIS method and interval type-2 fuzzy sets[C]. International ConferenceonMachineLearningandCybernetics. Piscataway, NJ: IEEE, 2008:3260-3265.

[149]中国工程建设协会.工程建设水文地质勘察标准:CECS 241:2008[S].北京:中国计划出版社,2008.

[150]中华人民共和国建设部.岩土工程勘察规范:GB50021－2001[S].北京:中国建筑工业出版社,2009.

[151]Demuth, Howard B. Neural network design[M]. Beijing: China Machine Press,2002.

[152]渠立松.一类多输入/多输出不确定非线性系统的输出反馈控制[D].杭州:浙江大学,2017.

[153]Rumelhart D E,Hinton G E, Williams R J. Learning representations by back-propagating errors[J], Nature,1986,323(6088),533-536.

[154]Powers D M. Evaluation: from precision, recall and F-measure to ROC, informedness, markedness and correlation[EB/OL].[2023-12-30]. https://doi.org/10.48550/arXiv.2010.16061.

[155]谢能付.基于语义技术的知识融合和同步方法研究[D].北京:中国科学院研究

生院，2005.
[156]肖君德. 知识元相似度模型及融合方法研究[D]. 大连：大连理工大学，2012.
[157]蔡自兴，徐光祐. 人工智能及其应用(第三版)[M]. 北京：清华大学出版社，2004.
[158]Pawlak Z. Rough sets[J]. International journal of computer and information sciences，1982，11：341-356.
[159]张文修，吴伟志，梁吉业，等. 粗糙集理论与方法[M]. 北京：科学出版社 2001.
[160]王国胤，姚一豫，于洪. 粗糙集理论与应用研究综述[J]. 计算机学报，2009，32(7)：1229-1246.
[161]张文修，吴伟志. 粗糙集理论介绍和研究综述[J]. 模糊系统与数学，2000，(4)：1-12.
[162]黄正华，胡宝清. 模糊粗糙集理论研究进展[J]. 模糊系统与数学，2005，(4)：125-134.
[163]中华人民共和国住房和城乡建设部. 地铁工程施工安全评价标准：GB 50715—2011[S]. 北京：中国建筑工业出版社，2011.
[164]Zadeh L. Fuzzysets[J]. Informationandcontrol，1965，8：338-353.
[165]夏丹丹. 明挖法地铁车站施工安全风险管理研究[D]. 徐州：中国矿业大学，2016.
[166]中华人民共和国国家标准. 地下铁道工程施工及验收规范(2003 年版)：GB 50299—1999[S]. 北京：中国建筑工业出版社，2003.
[167]王颸. 地铁车站深基坑工程施工风险评价研究[D]. 石家庄：石家庄铁道大学，2013.
[168]Riedmin N，Gieger D，Goldszmidt，M. Bayesian network classifiers[J]. Machine Learning. 1997，29(2)：131-163.
[169]蒋天颖，丰景春. 基于贝叶斯网络的工程项目经理胜任力评价研究[J]. 科技管理研究，2010，30(1)：58-60.
[170]汪涛，廖彬超，马昕，等. 基于贝叶斯网络的施工安全风险概率评估方法[J]. 土木工程学报，2010，43(增刊 2)：384-391.
[171]吴贤国，丁保军，张立茂，等. 基于贝叶斯网络的地铁施工风险管理研究[J]. 中国安全科学学报，2014，24(1)：84-89.
[172]周巧莲，金碧筠，冒玲丽，邢宗义. 基于贝叶斯网络地铁车门系统可靠性分析和故障诊断[J]. 沈阳工业大学学报，2014，36(4)：441-445.
[173]周忠宝，马超群，周经伦，等. 基于动态贝叶斯网络的动态故障树分析[J]. 系统工程理论与实践，2008(2)：35-42.
[174]杨俊丰. 大型工程乐观偏差测度模型及影响机理分析[D]. 南京：南京大学，2018.

[175]Toregas C. The Location of Emergency Service Facilities[J]. Operations Research,1969,19(6):1363-1373.

[176]杨丰梅,华国伟,邓猛,等.选址问题研究的若干进展[J].运筹与管理,2005(6):1-7.

[177]Steward D V The design structure system:A method for managing the design of complex systems[J]. IEEE transactions on engineering management,1981,28(3):71-74.

[178]Chen S J Huang E. Z. A systematic approach for supply chain improvement using design structure matrix[J]. Journal of intelligent manufacturing,2007,18:285-299.

[179]Barkhuizen W F Pretorius,J. H. C. et al. An integrated systems approach to risk management within a technology-driven industry, using the design structure matrix and fuzzy logic[J]. South African journal of industrial engineering,2012,23(2):202-214.

[180]Shekar B, Venkataram R, Satish B M. Managing complexity in aircraft design using design structure matrix[J]. Concurrent engineering, 2011, 19(4): 283-294.

[181]全国安全防范报警系统标准化技术委员会.安全防范视频监控摄像机通用技术要求:GA/T 1127—2013[S].北京:中国标准出版社,2014.

[182]Erdem U M, Sclaroff S. Automated camera layout to satisfy task-specific and floor plan-specific coverage requirements[J]. Computer Vision & Image Understanding,2006. 103(3):156-169.

[183]Nam Y, Hong S. Optimal placement of multiple visual sensors considering space coverage and cost constraints[J]. Multimedia Tools and Applications, 2014,73(1):129-150.

[184]Yao Y, Chen CH, Abidi B et al. Can you see me now? sensor positioning for automated and persistent surveillance. IEEE Transactions on Systems Man & Cybernetics Part B Cybernetics,2009,40(1):101-15.

[185]Vand H A, Hill R, Ward B, et al. Automatic camera placement for large scale surveillance networks[J]. Applications of Computer Vision. 2010:1-6.

[186] Holland J H. Adaptation in Nature and Artificial System[M]. Massachusetts: MIT Press,1975.

[187]Cabello J M, Cejudo J M,Luque M, et al. Optimization of the size of a solar thermal electricity plant by means of genetic algorithms[J]. RenewableEnergy,2011,36(11):3146-3153.

[188]任子武，伞冶. 自适应遗传算法的改进及其在系统辨识中应用研究[J]. 系统仿真学报,2006,18(1):41-43.

[189]Larsen A, Madsen B G,Solomon M M. Classification of dynamic vehicle routing systems[M]. Berlin:Springer,2007:19-40.

[190]Giaglis G M, Minis I, Tatarakis A, et al. Minimizing logistics risk through real-time vehicle routing and mobile technologies: Research to date and future trends[J]. International Journal of Physical Distribution & Logistics Management,2004,34(9):749-764.

[191]北京市住房城乡建设委员会. 城市轨道交通工程建设安全风险技术管理规范: DB11/T1316—2016[S]. 北京:中国标准出版社,2016.

[192]中华人民共和国住房城乡建设部. 建筑施工易发事故防治安全标准:JGJ/T 429—2018[S]. 北京:中国建筑工业出版社,2018.

[193]周恩帆,马俊,周永杰,等. 一种 D-S 证据理论的多传感器数据融合算法[J]. 小型微型计算机系统,2022,43(4):795-800.

[194]北京市住房和城乡建设委员会,北京市规划和自然资源委员会. 北京市房屋建筑和市政基础设施工程危险性较大的分部分项工程安全管理实施细则[EB/OL]. (2019-04-30)[2023-10-12]. https://www.beijing.gov.cn/zhengce/zhengcefagui/201905/t20190522_61952.html.

[195]江苏省住房和城乡建设厅. 江苏省房屋建筑和市政基础设施工程危险性较大的分部分项工程安全管理实施细则(2019 版)[EB/OL]. (2019-09-30)[2023-10-12]. http://jsszfhcxjst.jiangsu.gov.cn/art/2019/9/2/art_49384_8895345.html.

[196]周诚,丁烈云,周迎,等. 面向知识重用的地铁工程施工安全集成控制过程研究[J]. 施工技术,2010,39(9):17-20,24.

[197]范斌,骆汉宾,周诚. 武汉地铁工程建设安全预警系统的设计与应用[J]. 华中科技大学学报(城市科学版),2010,27(1):79-83.

[198]刘玉华,丁烈云,周诚. 城市轨道交通工程建设安全信息平台研究[J]. 土木建筑工程信息技术,2009,1(2):23-26.

[199]肖森. 基于 BIM 与物联网技术的大型盾构吊装安全管理平台研究[D]. 武汉:华中科技大学,2017.

[200]Zhou C, Luo H, Fang W,et al. Cyber-physical-system-based safety monitoring for blind hoisting with the internet of things: A case study[J]. Automation in construction,2019,97:138-150.

[201]周荣. 基于风险评估的地铁深基坑施工监测项目选择研究[D]. 武汉:华中科技大学,2016.

附 录

附录 1 基坑坍塌风险事件风险因素发生概率调查表

1. 基本信息：

⇨单位：□建设单位 □施工单位 □监理单位 □监测单位 □安全预警单位

⇨年龄：□35 岁以下 □35～44 岁 □45～54 岁 □54 岁以上

⇨学历：□高中及以下 □专科 □本科 □研究生

⇨岗位：□项目经理 □总工程师 □安全工程师

2. 基坑坍塌风险事故与致险因素发生情况：

根据下述介绍，以及实际工程中下述因素的发生情况，给出这些因素在以往的基坑工程中发生的频率（概率）。

编号	因素	非常低 3%	低 10%	较低 30%	中等 50%	较高 70%	高 90%	非常高 95%
1	基坑壁渗水	□A	□B	□C	□D	□E	□F	□G
2	基坑超挖	□A	□B	□C	□D	□E	□F	□G
3	基坑降水不到位	□A	□B	□C	□D	□E	□F	□G
4	边坡堆载过大	□A	□B	□C	□D	□E	□F	□G
5	边坡动载过大	□A	□B	□C	□D	□E	□F	□G
M1	基坑土体不稳定			是		否		
6	支撑支护不及时	□A	□B	□C	□D	□E	□F	□G
7	支撑变形过大	□A	□B	□C	□D	□E	□F	□G
8	支撑施工质量差	□A	□B	□C	□D	□E	□F	□G
9	支撑体系设计缺陷	□A	□B	□C	□D	□E	□F	□G
M2	支撑体系失效			是		否		
10	监测预警不及时	□A	□B	□C	□D	□E	□F	□G
T	基坑坍塌风险			发生		不发生		

附录 2　危险性较大的分部分项工程范围

一、基坑工程

（一）开挖深度超过 3 m（含 3 m）的基坑（槽）的土方开挖、支护、降水工程。

（二）开挖深度虽未超过 3 m，但地质条件、周围环境和地下管线复杂，或影响毗邻建、构筑物安全的基坑（槽）的土方开挖、支护、降水工程。

二、模板工程及支撑体系

（一）各类工具式模板工程：包括滑模、爬模、飞模、隧道模等工程。

（二）混凝土模板支撑工程：搭设高度 5 m 及以上，或搭设跨度 10 m 及以上，或施工总荷载（荷载效应基本组合的设计值，以下简称设计值）10 kN/m^2 及以上，或集中线荷载（设计值）15 kN/m 及以上，或高度大于支撑水平投影宽度且相对独立无联系构件的混凝土模板支撑工程。

（三）承重支撑体系：用于钢结构安装等满堂支撑体系。

三、起重吊装及起重机械安装拆卸工程

（一）采用非常规起重设备、方法，且单件起吊重量在 10 kN 及以上的起重吊装工程。

（二）采用起重机械进行安装的工程。

（三）起重机械安装和拆卸工程。

四、脚手架工程

（一）搭设高度 24 m 及以上的落地式钢管脚手架工程（包括采光井、电梯井脚手架）。

（二）附着式升降脚手架工程。

（三）悬挑式脚手架工程。

（四）高处作业吊篮。

（五）卸料平台、操作平台工程。

（六）异形脚手架工程。

五、拆除工程

可能影响行人、交通、电力设施、通信设施或其他建、构筑物安全的拆除工程。

六、暗挖工程

采用矿山法、盾构法、顶管法施工的隧道、洞室工程。

七、其他

（一）建筑幕墙安装工程。

（二）钢结构、网架和索膜结构安装工程。

（三）人工挖孔桩工程。

（四）水下作业工程。

（五）装配式建筑混凝土预制构件安装工程。

（六）采用新技术、新工艺、新材料、新设备可能影响工程施工安全，尚无国家、行业及地方技术标准的分部分项工程。

附录3　超过一定规模的危险性较大的分部分项工程范围

一、深基坑工程

开挖深度超过5 m(含5 m)的基坑(槽)的土方开挖、支护、降水工程。

二、模板工程及支撑体系

(一)各类工具式模板工程:包括滑模、爬模、飞模、隧道模等工程。

(二)混凝土模板支撑工程:搭设高度8 m及以上,或搭设跨度18 m及以上,或施工总荷载(设计值)15 kN/m^2及以上,或集中线荷载(设计值)20 kN/m及以上。

(三)承重支撑体系:用于钢结构安装等满堂支撑体系,承受单点集中荷载7 kN及以上。

三、起重吊装及起重机械安装拆卸工程

(一)采用非常规起重设备、方法,且单件起吊重量在100 kN及以上的起重吊装工程。

(二)起重量300 kN及以上,或搭设总高度200 m及以上,或搭设基础标高在200 m及以上的起重机械安装和拆卸工程。

四、脚手架工程

(一)搭设高度50 m及以上的落地式钢管脚手架工程。

(二)提升高度在150 m及以上的附着式升降脚手架工程或附着式升降操作平台工程。

(三)分段架体搭设高度20 m及以上的悬挑式脚手架工程。

五、拆除工程

(一)码头、桥梁、高架、烟囱、水塔或拆除中容易引起有毒有害气(液)体或粉尘扩散、易燃易爆事故发生的特殊建、构筑物的拆除工程。

(二)文物保护建筑、优秀历史建筑或历史文化风貌区影响范围内的拆除工程。

六、暗挖工程

采用矿山法、盾构法、顶管法施工的隧道、洞室工程。

七、其他

(一)施工高度 50 m 及以上的建筑幕墙安装工程。

(二)跨度 36 m 及以上的钢结构安装工程,或跨度 60 m 及以上的网架和索膜结构安装工程。

(三)开挖深度 16 m 及以上的人工挖孔桩工程。

(四)水下作业工程。

(五)重量 1 000 kN 及以上的大型结构整体顶升、平移、转体等施工工艺。

(六)采用新技术、新工艺、新材料、新设备可能影响工程施工安全,尚无国家、行业及地方技术标准的分部分项工程。

附录4　危险性较大的分部分项工程专项施工方案编制指南(基坑工程部分)

(一)工程概况

1.基坑工程概况和特点：

(1)工程基本情况:基坑周长、面积、开挖深度、基坑支护设计安全等级、基坑设计使用年限等。

(2)工程地质情况:地形地貌、地层岩性、不良地质作用和地质灾害、特殊性岩土等情况。

(3)工程水文地质情况:地表水、地下水、地层渗透性与地下水补给排泄等情况。

(4)施工地的气候特征和季节性天气。

(5)主要工程量清单。

2.周边环境条件：

(1)邻近建(构)筑物、道路及地下管线与基坑工程的位置关系。

(2)邻近建(构)筑物的工程重要性、层数、结构形式、基础形式、基础埋深、桩基础或复合地基增强体的平面布置、桩长等设计参数,以及与建设竣工时间、结构完好情况和使用状况。

(3)邻近道路的重要性、道路特征、使用情况。

(4)地下管线(包括供水、排水、燃气、热力、供电、通信、消防等)的重要性、规格、埋置深度、使用情况以及废弃的供、排水管线情况。

(5)环境平面图应标注与工程之间的平面关系及尺寸,条件复杂时,还应画剖面图并标注剖切线及剖面号,剖面图应标注邻近建(构)筑物的埋深、地下管线的用途、材质、管径尺寸、埋深等。

(6)临近河、湖、管渠、水坝等位置,应查阅历史资料,明确汛期水位高度,并分析对基坑可能产生的影响。

(7)相邻区域内正在施工或使用的基坑工程状况。

(8)邻近高压线铁塔、信号塔等构筑物及其对施工作业设备限高、限接距离等情况。

3.基坑支护、地下水控制及土方开挖设计(包括基坑支护平面、剖面布置,施工降水、帷幕隔水,土方开挖方式及布置,土方开挖与加撑的关系)。

4. 施工平面布置：基坑围护结构施工及土方开挖阶段的施工总平面布置（含临水、临电、安全文明施工现场要求及危大工程标识等）及说明，基坑周边使用条件。

5. 施工要求：明确质量安全目标要求，工期要求（本工程开工日期、计划竣工日期），基坑工程计划开工日期、计划完工日期。

6. 风险辨识与分级：风险因素辨识及基坑安全风险分级。

7. 参建各方责任主体单位。

（二）编制依据

1. 法律依据：基坑工程所依据的相关法律、法规、规范性文件、标准、规范等。

2. 项目文件：施工合同（施工承包模式）、勘察文件、基坑设计施工图纸、现状地形及影响范围管线探测或查询资料、相关设计文件、地质灾害危险性评价报告、业主相关规定、管线图等。

3. 施工组织设计等。

（三）施工计划

1. 施工进度计划：基坑工程的施工进度安排，具体到各分项工程的进度安排。

2. 材料与设备计划等：机械设备配置，主要材料及周转材料需求计划，主要材料投入计划、力学性能要求及取样复试详细要求，试验计划。

3. 劳动力计划。

（四）施工工艺技术

1. 技术参数：支护结构施工、降水、帷幕、关键设备等工艺技术参数。

2. 工艺流程：基坑工程总的施工工艺流程和分项工程工艺流程。

3. 施工方法及操作要求：基坑工程施工前准备，地下水控制、支护施工、土方开挖等工艺流程、要点，常见问题及预防、处理措施。

4. 检查要求：基坑工程所用材料的进场质量检查、抽检，基坑施工过程中各工序检验内容及检验标准。

（五）施工保证措施

1. 组织保障措施：安全组织机构、安全保证体系及相应人员安全职责等。

2. 技术措施：安全保证措施、质量技术保证措施、文明施工保证措施、环境保护措施、季节性施工保证措施等。

3. 监测监控措施：监测组织机构、监测范围、监测项目、监测方法、监测频率、预警值及控制值、巡视检查、信息反馈、监测点布置图等。

（六）施工管理及作业人员配备和分工

1. 施工管理人员：管理人员名单及岗位职责（如项目负责人、项目技术负责人、施工员、质量员、各班组长等）。

2. 专职安全人员：专职安全生产管理人员名单及岗位职责。

3.特种作业人员:特种作业人员持证人员名单及岗位职责。

4.其他作业人员:其他人员名单及岗位职责。

(七)验收要求

1.验收标准:根据施工工艺明确相关验收标准及验收条件。

2.验收程序及人员:具体验收程序,确定验收人员组成(建设、勘察、设计、施工、监理、监测等单位相关负责人)。

3.验收内容:基坑开挖至基底且变形相对稳定后支护结构顶部水平位移及沉降、建(构)筑物沉降、周边道路及管线沉降、锚杆(支撑)轴力控制值,坡顶(底)排水措施和基坑侧壁完整性。

(八)应急处置措施

1.应急处置领导小组组成与职责、应急救援小组组成与职责,包括抢险、安保、后勤、医救、善后、应急救援工作流程、联系方式等。

2.应急事件(重大隐患和事故)及其应急措施。

3.周边建(构)筑物、道路、地下管线等产权单位各方联系方式、救援医院信息(名称、电话、救援线路)。

4.应急物资准备。

(九)计算书及相关施工图纸

1.施工设计计算书(如基坑为专业资质单位正式施工图设计,此附件可略)。

2.相关施工图纸:施工总平面布置图、基坑周边环境平面图、监测点平面图、基坑土方开挖示意图、基坑施工顺序示意图、基坑马道收尾示意图等。

附录5　危险性较大的分部分项工程专项施工方案专家论证结论为“不通过”的情形

1. 通则

1.1 无工程及周边环境情况描述。

1.2 无施工风险辨识、风险分级及相应的风险管控措施。

1.3 无施工现场布置图和资源配置计划表。

1.4 施工工艺技术不满足设计和现场实际情况。

1.5 无施工安全保证措施(含组织保障措施、资金保障措施、监测监控措施)。

1.6 无施工管理及作业人员配备和分工(含施工管理人员、专职安全生产管理人员、特种作业人员和其他作业人员)。

1.7 无危大工程检验与验收要求。

1.8 无应急处置措施。

1.9 设计和计算不符合工程建设强制性标准要求。

1.10 无相关施工图纸。

1.11 采用禁止使用的施工工艺、设备和材料。

1.12 涉及有限空间作业,无通风、有害气体检测、专人监护等相应安全技术措施。

1.13 涉及地下水,无地下水控制措施。

1.14 涉及高空作业,无防高坠安全技术措施。

1.15 涉及临时用电,无临时施工用电安全技术措施。

1.16 涉及因建设工程施工可能造成损害的毗邻建筑物、构筑物和地下管线等,无专项防护措施。

1.17 其他直接涉及施工安全但又不能在论证会现场提出明确具体的改进措施的情形。

2. 基坑工程

2.1 未明确土方开挖施工工艺。

2.2 无支护体系施作过程及要求。

2.3 地下水位之下施工锚杆,无防漏水漏砂措施。

2.4 支撑工程与围护结构没有实现有效连接。

2.5 支撑工程没有明确拆撑条件及拆撑顺序。

3. 模板及支撑体系工程

3.1 爬模无附着支撑或承载体、滑模无支撑节点设计构造。

3.2 滑模施工无混凝土强度保证及监测措施。

3.3 支撑架基础存在沉陷、坍塌、滑移风险，无防范措施。

3.4 高宽比大于3的独立支撑架无架体稳定构造措施。

4. 起重吊装及安装拆卸工程

4.1 采用汽车起重机或流动式起重机，未明确站车位置和行走路线，未对支撑面、行走路线的平整度、承载能力进行确认。

4.2 借用既有建筑结构的，未对既有建筑的承载能力进行确认。

4.3 未明确被吊物的外形尺寸、重量和吊点位置；未明确吊物的吊运或捆绑方式。

4.4 架桥机架梁工程，未对纵、横向的稳定性进行校核，未明确支腿的稳固措施。

4.5 群塔作业安全距离不满足规范要求，覆盖人员密集场所无有效措施。

4.6 多机联合起重工程，未对荷载分配和起重能力进行校核，无多机协调作业的安全技术措施。

4.7 对构件翻身、空中姿态控制、夺吊、递吊等关键环节，要求较高的操作技能和配合协调指挥，无工艺描述。

4.8 无吊索具安全使用说明和起重能力的校核。

4.9 起重机械安装拆除专项方案中未明确安装拆除方法。

5. 脚手架工程

5.1 脚手架基础或附着结构不满足承载力要求。

5.2 高度超过50 m落地脚手架及高度超过20 m悬挑脚手架无架体卸荷措施。

5.3 吊挂平台操作架及索网式脚手架工程无搭设和拆除的施工工序设计。

5.4 非标准吊篮无构件规格、材质、连接螺栓、焊缝及连接板的设计要求。

5.5 附着式升降脚手架架体悬臂高度超规范且无加强措施。

6. 拆除工程

6.1 施工场区存在需要保护的结构、管线、设施和树木但无相应的安全技术措施。

6.2 无拆除施工作业顺序安排和主要拆除方法。

6.3 影响保留部分结构安全的局部拆除无先加固或者支撑措施。

6.4 无拆除吊运和拆除作业平台(装置、结构、场地)设计或设置。

6.5 采用机械破碎缺口定向倾倒拆除高耸构筑物或者爆破拆除时无预估塌散范围、减振、控制飞散物等安全技术措施。

7. 暗挖工程

7.1 矿山法施工，无超前预支护施工的技术参数。

7.2 马头门处无加固措施及开洞顺序。

7.3 无土方开挖与支护结构施工步序图。

7.4 无拆除临时支撑的安全技术措施。

7.5 风险较高的区段（仰挖、俯挖、转弯、挑高、扩宽、平顶直墙、邻近工程等），无施工方法及其安全技术措施。

7.6 无盾构设备选型及适应性、可靠性评估，盾构设备选型不合理。

7.7 无盾构始发与接收的安全技术措施。

7.8 盾构穿越特殊地段的掘进无安全技术措施。

7.9 盾构开仓作业或临时停机，无开挖面稳定和周边环境保护的安全技术措施。

7.10 无顶管设备选型及适应性评估。

7.11 无顶管始发与接收的安全技术措施。

8. 建筑幕墙安装工程

8.1 无型钢悬挑梁、U 型环和锚固螺栓的规格型号。

8.2 非标吊篮无构件规格、材质、连接螺栓、焊缝及连接板的设计要求。

8.3 无相关运输设备及设施（轨道吊、轨道吊篮、小吊车、炮车、卸料平台等）的构件规格型号。

8.4 无材料运输、安装设备运输安装工艺。

8.5 采用轨道吊篮时，无吊篮与环轨的连接构造；无缆风措施。

8.6 同一立面内交叉作业，无安全技术措施。

9. 人工挖孔桩工程

9.1 无混凝土护壁施工工序。

9.2 开挖范围内有易塌方地层，无防塌方措施。

9.3 孔底扩孔部位无防塌落措施。

9.4 无防止物体打击措施。

9.5 相邻挖孔桩之间无挖孔和灌注混凝土间隔施工的顺序安排。

10. 钢结构安装工程

10.1 无吊索具安全使用说明和起重能力的校核。

10.2 无起重设备吊装工况分析及未明确起重设备站位和行走路线图。

10.3 对支承流动式起重设备的地面和楼面，尤其是支承面处于边坡或临近边坡时，未对支撑面的承载能力进行确认，未采取相关安全技术措施。

10.4 对未形成稳定单元体系的安装流水段或结构单元，未及时采取相应的安全技术措施。

10.5 对吊装易变形失稳的构件或吊装单元，未采取防变形措施。

10.6 对被提升、顶升、平移(滑移)或转体的结构，未进行相关的工况分析或采取相应的工艺措施。

10.7 无临时支承结构(含承重脚手架)搭设和拆除施工工艺。

10.8 采用多机联合抬吊的，未对荷载分配和起重能力进行校核，无多机协调作业的安全技术措施。

10.9 无索结构安装张拉力控制标准。

附录6 危险性较大的分部分项工程动态判定表

序号	类别	危大工程范围	具体类别（填序号）	超过一定规模的危大工程范围	具体类别（填序号）	工程部位	形象进度	管控工作结果对应	
								符合	不符合
1	基坑工程	1. 开挖深度超过 3 m(含 3 m)的基坑（槽）的土方开挖、支护、降水工程。 2. 开挖深度虽未超过 3 m，但地质条件、周围环境和地下管线复杂，或影响毗邻建、构筑物安全的基坑（槽）的土方开挖、支护、降水工程		开挖深度超过 5 m（含 5 m）的基坑（槽）的土方开挖、支护、降水工程					
2	滑坡处理和填、挖方路基工程	滑坡处理。 岩质边坡高度≥15 m，岩土混合边坡高度≥12 m 且土层厚度≥4 m，土质边坡高度≥8 m。 填方边坡高度≥8 m		中型及以上滑坡体处理。 岩质边坡高度≥30 m；岩土混合边坡高度≥25 m 且土层厚度≥4 m；土质边坡高度≥15 m。 填方边坡高度≥12 m。 曾发生过安全事故的高边坡项目					

续表

序号	类别	危大工程范围	具体类别（填序号）	超过一定规模的危大工程范围	具体类别（填序号）	工程部位	形象进度	管控工作结果对应	
								符合	不符合
3	基础工程	挡土墙基础。 沉井等深水基础		平均高度不小于 6 m 且面积不小于 1 200 m^2 的砌体挡土墙的基础。 水深不小于 20 m 的各类深水基础					
4	大型临时工程	围堰工程。 栈桥、临时码头。 水上作业平台		1. 水深不小于 5 m 的围堰工程。 2. 猫道、移动模架。 3. 栈桥。 4. 挂篮					
5	桥涵工程	桥梁工程中的梁、拱、柱等构件施工。 打桩船作业。 施工船作业。 边通航边施工作业。 水下工程中的水下焊接、混凝土浇筑等。 顶进工程。 上跨或下穿既有市政道路、铁路施工		长度不小于 40 m 的预制梁的运输与安装，钢箱梁吊装。 跨度不小于 150 m 的钢管拱安装施工。 高度不小于 40 m 的墩柱、高度不小于 100 m 的索塔等的施工。 离岸无掩护条件下的桩基施工。 开敞式水域大型预制构件的运输与吊装作业。 在三级及以上通航等级的航道上进行的水上水下施工。 转体、缆索吊装、顶推施工					

续表

序号	类别	危大工程范围	具体类别（填序号）	超过一定规模的危大工程范围	具体类别（填序号）	工程部位	形象进度	管控工作结果对应	
								符合	不符合
6	模板工程及支撑体系	各类工具式模板工程：包括滑模、爬模、飞模、翻模、隧道模等工程		各类工具式模板工程：包括滑模、爬模、飞模、翻模、隧道模等工程					
		混凝土模板支撑工程：1. 搭设高度 5 m 及以上 2. 搭设跨度 10 m 及以上 3. 施工总荷载（荷载效应基本组合的设计值，以下简称设计值）10 kN/m² 及以上。 4. 集中线荷载（设计值）15 kN/m 及以上。 5. 高度大于支撑水平投影宽度且相对独立无联系构件的混凝土模板支撑工程		1. 搭设高度 8 m 及以上。 2. 搭设跨度 18 m 及以上。 3. 施工总荷载（设计值）15 kN/m² 及以上。 4. 集中线荷载（设计值）20 kN/m 及以上					
		承重支撑体系：用于钢结构安装等满堂支撑体系		承重支撑体系：用于钢结构安装等满堂支撑体系，承受单点集中荷载 7 kN 以上					

续表

序号	类别	危大工程范围	具体类别（填序号）	超过一定规模的危大工程范围	具体类别（填序号）	工程部位	形象进度	管控工作结果对应	
								符合	不符合
7	起重吊装及起重机械安装拆卸工程	1.采用非常规起重设备、方法，且单件起吊重量在 10 kN 及以上的起重吊装工程。 2.采用起重机械进行安装的工程。 3.起重机械安装和拆卸工程		1.采用非常规起重设备、方法，且单件起吊重量在 100 kN 及以上的起重吊装工程。 2.起重量 300 kN 及以上，或搭设总高度 200 m 及以上，或搭设基础标高在 200 m 及以上的起重机械安装和拆卸工程。 3.采用非常规方式进行的起重机械安装和拆卸工程。 4.采用非说明书中基础形式或附墙形式进行安装的塔式起重机和施工升降机安装工程					
8	脚手架工程	搭设高度 24 m 及以上的落地式钢管脚手架工程（包括采光井、电梯井脚手架）。 附着式升降脚手架工程。 悬挑式脚手架工程。 高处作业吊篮。 卸料平台、操作平台工程。 异形脚手架工程		搭设高度 50 m 及以上的落地式钢管脚手架工程。 附着式升降脚手架工程或附着式升降操作平台工程。 分段架体搭设高度 20 m 及以上的悬挑式脚手架工程。 作业面异形、复杂的或无法按产品说明书要求安装的高处作业吊篮工程					

续表

序号	类别	危大工程范围	具体类别（填序号）	超过一定规模的危大工程范围	具体类别（填序号）	工程部位	形象进度	管控工作结果对应	
								符合	不符合
9	拆除工程	可能影响行人、交通、电力设施、通信设施或其他建、构筑物安全的拆除工程		1. 码头、桥梁、高架、烟囱、水塔或拆除中，容易引起有毒有害气(液)体或粉尘扩散、易燃易爆事故发生的特殊建、构筑物的拆除工程。 2. 文物保护建筑、优秀历史建筑或历史文化风貌区影响范围内的拆除工程					
10	暗挖工程	采用矿山法、盾构法、顶管法施工的隧道、洞室工程		采用矿山法、盾构法、顶管法施工的隧道、洞室工程					
11	其　他	建筑幕墙安装工程。 钢结构、网架和索膜结构安装工程。 人工挖扩孔桩工程。 水下作业工程。 装配式建筑混凝土预制构件安装工程。 采用新技术、新工艺、新材料、新设备可能影响工程施工安全，尚无国家、行业及地方技术标准的分部分项工程		施工高度 50 m 及以上的建筑幕墙安装工程。 跨度 36 m 及以上的钢结构安装工程，或跨度 60 m 及以上的网架和索膜结构安装工程。 人工挖孔桩工程。 水下作业工程。 重量 1 000 kN 及以上的大型结构整体顶升、平移、转体等施工工艺。 采用新技术、新工艺、新材料、新设备可能影响工程施工安全，尚无国家、行业及地方技术标准的分部分项工程					

续表

序号	类别	危大工程范围	具体类别（填序号）	超过一定规模的危大工程范围	具体类别（填序号）	工程部位	形象进度	管控工作结果对应	
								符合	不符合
危大工程管控关键点									
自编序号		①安全专项方案是否编制；②是否组织了专家论证；③施工单位技术负责人是否已审核签字并加盖单位公章；④项目总监是否已审查签字并加盖执业印章和单位公章；⑤是否已在显著位置公告危大工程并设置警示标志；⑥是否已向作业人员进行安全技术交底；⑦是否严格按照专项施工方案组织施工；⑧安全员是否进行了现场监督；⑨项目负责人是否进行了带班检查；⑩监理是否进行了专项巡视检查；⑪建设单位是否委托了第三方监测；⑫是否进行了危大工程的验收；⑬(自行添加其他管控关键点)在管控工作结果对应一栏中据实填入序号。							
备注		1. 此表为×××项目××年××月××日动态辨识，共有危大工程数量××个，环比(增加/减少)××个。							

建设单位(盖章)　　　　施工单位(盖章)　　　　监理单位(盖章)

专家签字：

附录 7　危险性较大的分部分项工程相关违法违规行为认定标准

《危险性较大的分部分项工程安全管理规定》主要条款	违法违规行为	认定条件		认定标准
第三十二条　施工单位未按照本规定编制并审核危大工程专项施工方案的，依照《建设工程安全生产管理条例》对单位进行处罚，并暂扣安全生产许可证30日；对直接负责的主管人员和其他直接责任人员处1 000元以上5 000元以下的罚款。	未按照本规定编制并审核危大工程专项施工方案	条件1	危大工程已开始施工	一、同时满足条件1和条件2，并满足条件3至条件7的一项或多项，认定为：施工总承包单位违反《危险性较大的分部分项工程安全管理规定》第三十二条“施工单位未按照本规定编制并审核危大工程专项施工方案”
		条件2	专项施工方案由施工总承包单位组织编制	
		条件3	施工总承包单位无法提供专项施工方案	
		条件4	施工总承包单位提供了专项施工方案，但专项施工方案无编制人员签字	
		条件5	施工总承包单位提供了专项施工方案，但专项施工方案无施工总承包单位技术负责人审核签字	
		条件6	施工总承包单位提供了专项施工方案，但专项施工方案未加盖施工总承包单位公章	
		条件7	施工总承包单位提供的专项施工方案主要内容违反《北京市房屋建筑和市政基础设施工程危险性较大的分部分项工程安全管理实施细则》(以下简称“细则”)第十七条要求，施工计划有严重缺项、施工工艺技术有严重缺项、施工安全保证措施有严重缺项	
		条件8	危大工程实行专业分包，专项施工方案由专业分包单位组织编制	
		条件9	施工总承包单位和专业分包单位均无法提供专项施工方案	
		条件10	施工总承包单位或专业分包单位提供了专项施工方案，但专项施工方案无编制人员签字	
		条件11	施工总承包单位或专业分包单位提供了专项施工方案，但专项施工方案无专业分包单位技术负责人审核签字	

续表

《危险性较大的分部分项工程安全管理规定》主要条款	违法违规行为	认定条件		认定标准
第三十二条		条件 12	施工总承包单位或专业分包单位提供了专项施工方案，但专项施工方案无施工总承包单位技术负责人审核签字	二、同时满足条件 1 和条件 8，并满足条件 9 至条件 15 的一项或多项，认定为：施工总承包单位或专业分包单位违反《危险性较大的分部分项工程安全管理规定》第三十二条“施工单位未按照本规定编制并审核危大工程专项施工方案”
		条件 13	施工总承包单位或专业分包单位提供了专项施工方案，但专项施工方案未加盖专业分包单位公章	
		条件 14	施工总承包单位或专业分包单位提供了专项施工方案，但专项施工方案未加盖施工总承包单位公章	
		条件 15	施工总承包单位或专业分包单位提供的专项施工方案主要内容违反细则第十七条要求，施工计划有严重缺项、施工工艺技术有严重缺项、施工安全保证措施有严重缺项	
		条件 16	危大工程实行专业承包	三、同时满足条件 1 和条件 16，并满足条件 17 至条件 24 的一项或多项，认定为：专业承包单位违反《危险性较大的分部分项工程安全管理规定》第三十二条“施工单位未按照本规定编制并审核危大工程专项施工方案”
		条件 17	专业承包单位无法提供专项施工方案	
		条件 18	专业承包单位提供了专项施工方案，但专项施工方案无编制人员签字	
		条件 19	专业承包单位提供了专项施工方案，但专项施工方案无专业承包单位技术负责人审核签字	
		条件 20	专业承包单位提供了专项施工方案，但专项施工方案无建设单位技术负责人审核签字	
		条件 21	专业承包单位提供了专项施工方案，但专项施工方案未加盖专业承包单位公章	
		条件 22	专业承包单位提供了专项施工方案，但专项施工方案未加盖建设单位公章	
		条件 23	专业承包单位提供了专项施工方案，但专项施工方案无施工总承包单位技术负责人审核签字	
		条件 24	专业承包单位提供的专项施工方案主要内容违反细则第十七条要求，施工计划有严重缺项、施工工艺技术有严重缺项、施工安全保证措施有严重缺项	

续表

《危险性较大的分部分项工程安全管理规定》主要条款	违法违规行为	认定条件		认定标准
第三十四条　施工单位有下列行为之一的，责令限期改正，处1万元以上3万元以下的罚款，并暂扣安全生产许可证30日；对直接负责的主管人员和其他直接责任人员处1 000元以上5 000元以下的罚款： （一）未对超过一定规模的危大工程专项施工方案进行专家论证的； （二）未根据专家论证报告对超过一定规模的危大工程专项施工方案进行修改，或者未按照本规定重新组织专家论证的； （三）未严格按照专项施工方案组织施工，或者擅自修改专项施工方案的	未对超过一定规模的危大工程专项施工方案进行专家论证	条件1	超过一定规模的危大工程已开始施工	满足条件1，并满足条件2至条件7的一项或多项，认定为：施工单位违反《危险性较大的分部分项工程安全管理规定》第三十四条“施工单位未对超过一定规模的危大工程专项施工方案进行专家论证”
		条件2	施工单位无法提供《危险性较大的分部分项工程专家论证报告》、专家论证会会议签到表等相关资料	
		条件3	施工单位提供了《危险性较大的分部分项工程专家论证报告》、专家论证会会议签到表等相关资料，但参加论证的专家未从专家库中选取	
		条件4	施工单位提供了《危险性较大的分部分项工程专家论证报告》、专家论证会会议签到表等相关资料，但符合专业要求的专家人数少于5人	
		条件5	施工单位提供了《危险性较大的分部分项工程专家论证报告》、专家论证会会议签到表等相关资料，但与工程存在利害关系的人员以专家身份参加专家论证会，违反细则第二十条要求的	
		条件6	施工单位提供了《危险性较大的分部分项工程专家论证报告》、专家论证会会议签到表等相关资料，但专家未参加专家论证会即在论证报告上签字	
		条件7	施工单位提供了《危险性较大的分部分项工程专家论证报告》、专家论证会会议签到表等相关资料，但专家由他人代签字	
	未根据专家论证报告对超过一定规模的危大工程专项施工方案进行修改	条件1	超过一定规模的危大工程已开始施工	同时满足条件1和条件2，并满足条件3至条件5的一项，认定为：施工单位违反《危险性较大的分部分项工程安全管理规定》第三十四条“施工单位未根据专家论证报告对超过一定规模的危大工程专项施工方案进行修改”
		条件2	专项施工方案的论证结论为“修改后通过”	
		条件3	施工单位未根据论证报告对专项施工方案进行修改完善	
		条件4	施工单位根据论证报告对专项施工方案进行修改完善，但未重新履行细则第十六条程序	
		条件5	施工单位根据论证报告对专项施工方案进行修改完善，且重新履行完细则第十六条程序，但未经专家组长同意	

续表

《危险性较大的分部分项工程安全管理规定》主要条款	违法违规行为	认定条件		认定标准
第三十四条	未按照本规定重新组织专家论证	条件1	超过一定规模的危大工程已开始施工	同时满足条件1和条件2,并满足条件3至条件5的一项,认定为:施工单位违反《危险性较大的分部分项工程安全管理规定》第三十四条"施工单位未按照本规定重新组织专家论证"
		条件2	专项施工方案的论证结论为"不通过"	
		条件3	施工单位未根据论证报告对专项施工方案进行修改完善	
		条件4	施工单位根据论证报告对专项施工方案进行修改完善,但未重新履行细则第十六条程序	
		条件5	施工单位根据论证报告对专项施工方案进行修改完善,且重新履行完细则第十六条程序,但未重新组织专家论证	
	未严格按照专项施工方案组织施工	条件1	危大工程已开始施工	同时满足条件1和条件2,并满足条件3至条件7的一项或多项,认定为:施工单位违反《危险性较大的分部分项工程安全管理规定》第三十四条"施工单位未严格按照专项施工方案组织施工"
		条件2	施工单位未按照已履行完细则第十六条程序的专项施工方案组织危大工程施工;或未按照已履行完细则第十六条程序和专家论证程序的专项施工方案组织超过一定规模的危大工程施工	
		条件3	主要施工方法、工艺流程、技术参数不符合专项施工方案要求	
		条件4	主要施工机具、设备不符合专项施工方案要求	
		条件5	主要材料规格、型号等主要参数不符合专项施工方案要求	
		条件6	项目负责人或项目技术负责人与专项施工方案不一致,且未按规定变更	
		条件7	存在不符合专项施工方案要求并增加安全风险的其他情形	
	擅自修改专项施工方案	条件1	危大工程已开始施工(擅自修改内容的部分)	同时满足条件1至条件3,认定为:施工单位违反《危险性较大的分部分项工程安全管理规定》第三十四条"施工单位擅自修改专项施工方案"
		条件2	施工单位对已履行完细则第十六条程序的危大工程专项施工方案、或已履行完细则第十六条程序和专家论证程序的超过一定规模的危大工程专项施工方案进行擅自修改,且未重新履行上述程序	
		条件3	专项施工方案擅自修改的内容,存在以下一项或多项:(1)主要施工方法、工艺流程、技术参数;(2)主要施工机具、设备;(3)主要材料规格、型号等主要参数;(4)项目负责人或项目技术负责人,且未按规定变更;(5)其他擅自修改并增加安全风险的内容	

续表

《危险性较大的分部分项工程安全管理规定》主要条款	违法违规行为	认定条件		认定标准
第三十六条　监理单位有下列行为之一的，依照《中华人民共和国安全生产法》《建设工程安全生产管理条例》对单位进行处罚；对直接负责的主管人员和其他直接责任人员处 1 000 元以上 5 000 元以下的罚款： （一）总监理工程师未按照本规定审查危大工程专项施工方案的； （二）发现施工单位未按照专项施工方案实施，未要求其整改或者停工的； （三）施工单位拒不整改或者不停止施工时，未向建设单位和工程所在地住房城乡建设主管部门报告的	总监理工程师未按照本规定审查危大工程专项施工方案	条件 1	危大工程已开始施工	满足条件 1，并满足条件 2 至条件 6 的一项或多项，认定为：监理单位违反《危险性较大的分部分项工程安全管理规定》第三十六条“总监理工程师未按照本规定审查危大工程专项施工方案”
		条件 2	专项施工方案已由施工单位技术负责人审核签字、加盖单位公章，但无专业监理工程师审查签字	
		条件 3	专项施工方案已由施工单位技术负责人审核签字、加盖单位公章，但无总监理工程师审查签字	
		条件 4	专项施工方案已由施工单位技术负责人审核签字、加盖单位公章，但未加盖总监理工程师执业印章	
		条件 5	专项施工方案的论证结论为“修改后通过”，施工单位已根据论证报告对专项施工方案进行修改完善，且施工单位技术负责人已审核签字、加盖单位公章后，专业监理工程师和总监理工程师未审查签字，或专业监理工程师和总监理工程师已审查签字但未加盖总监理工程师执业印章	
		条件 6	专项施工方案的论证结论为“不通过”，施工单位已根据论证报告对专项施工方案进行修改完善，且施工单位技术负责人已审核签字、加盖单位公章后，专业监理工程师和总监理工程师未审查签字，或专业监理工程师和总监理工程师已审查签字但未加盖总监理工程师执业印章	
	发现施工单位未按照专项施工方案实施，未要求其整改	条件 1	施工单位未按照已履行完细则第十六条程序的专项施工方案组织危大工程施工；或未按照已履行完细则第十六条程序和专家论证程序的专项施工方案组织超过一定规模的危大工程施工，但无法按照本认定标准认定为施工单位“未严格按照专项施工方案组织施工”	同时满足条件 1 和条件 2，认定为：监理单位违反《危险性较大的分部分项工程安全管理规定》第三十六条“监理单位发现施工单位未按照专项施工方案实施，未要求其整改”
		条件 2	监理单位发现，但未发出工作联系单或监理通知等书面指令要求	
	发现施工单位未按照专项施工方案实施，未要求其停工的	条件 1	按照本认定标准，认定为施工单位“未严格按照专项施工方案组织施工”（情节严重情形）	满足条件 1，并满足条件 2 和条件 3 的一项，认定为：监理单位违反《危险性较大的分部分项工程安全管理规定》第三十六条“监理单位发现施工单位未按照专项施工方案实施，未要求其停工”
		条件 2	监理单位发现，但未发出工程暂停令等书面指令要求	
		条件 3	监理单位发现，且发出工程暂停令等书面指令要求，但未书面报告建设单位	

续表

《危险性较大的分部分项工程安全管理规定》主要条款	违法违规行为	认定条件		认定标准
第三十六条	施工单位拒不停止施工时，未向建设单位和工程所在地住房城乡建设主管部门报告	条件1	施工单位未按照已履行完细则第十六条程序的专项施工方案组织危大工程施工；或未按照已履行完细则第十六条程序和专家论证程序的专项施工方案组织超过一定规模的危大工程施工，但无法按照本认定标准认定为施工单位“未严格按照专项施工方案组织施工”	同时满足条件1至条件4，认定为：监理单位违反《危险性较大的分部分项工程安全管理规定》第三十六条“施工单位拒不整改时，监理单位未向建设单位和工程所在地住房城乡建设主管部门报告”
		条件2	监理单位发现，并发出工作联系单或监理通知等书面指令要求	
		条件3	施工单位接收到书面指令要求，但拒绝采取整改措施	
		条件4	监理单位未向建设单位和工程所在地区住房城乡建设主管部门发出监理报告等书面报告	
	施工单位拒不停止施工时，未向建设单位和工程所在地住房城乡建设主管部门报告	条件1	按照本认定标准，认定为施工单位“未严格按照专项施工方案组织施工”（情节严重情形）	同时满足条件1至条件4，认定为：监理单位违反《危险性较大的分部分项工程安全管理规定》第三十六条“施工单位拒不停止施工时，监理单位未向建设单位和工程所在地住房城乡建设主管部门报告”
		条件2	监理单位发现，并发出工程暂停令等书面指令要求	
		条件3	施工单位接收到书面指令要求，但拒绝暂停施工	
		条件4	监理单位未向建设单位和工程所在地区住房城乡建设主管部门发出监理报告等书面报告	
第三十七条	未按照本规定编制监理实施细则	条件1	危大工程已开始施工	满足条件1，并满足条件2至条件4的一项或多项，认定为：监理单位违反《危险性较大的分部分项工程安全管理规定》第三十七条“监理单位未按照本规定编制监理实施细则”
		条件2	监理单位未对危大工程专项施工方案编制监理实施细则	
		条件3	监理实施细则的编审程序和签字人不符合相关规定	
		条件4	监理实施细则与工程项目实际情况严重不符	
	未对危大工程施工实施专项巡视检查	条件1	危大工程已开始施工	满足条件1，并满足条件2至条件4的一项或多项，认定为：监理单位违反《危险性较大的分部分项工程安全管理规定》第三十七条“监理单位未对危大工程施工实施专项巡视检查”
		条件2	监理单位未对危大工程施工实施专项巡视检查，并填写专项巡视检查记录	
		条件3	专项巡视检查频率不符合监理实施细则或严重不符合相关标准	
		条件4	专项巡视检查记录无巡视人员签字	

续表

《危险性较大的分部分项工程安全管理规定》主要条款	违法违规行为	认定条件		认定标准
第三十七条　监理单位有下列行为之一的，责令限期改正，并处1万元以上3万元以下的罚款；对直接负责的主管人员和其他直接责任人员处1 000元以上5 000元以下的罚款： （一）未按照本规定编制监理实施细则的； （二）未对危大工程施工实施专项巡视检查的； （三）未按照本规定参与组织危大工程验收的； （四）未按照本规定建立危大工程安全管理档案的	未按照本规定参与组织危大工程验收	条件1	危大工程已开始施工	同时满足条件1和条件2，并满足条件3至条件6的一项或多项，认定为：监理单位违反《危险性较大的分部分项工程安全管理规定》第三十七条“监理单位未按照本规定参与组织危大工程验收”
		条件2	危大工程按照规定需要验收	
		条件3	施工单位组织相关人员进行验收，监理单位未参与组织	
		条件4	施工单位未组织相关人员进行验收，监理单位未督促施工单位组织	
		条件5	参与验收的人员不符合细则第三十六条要求	
		条件6	验收合格的，施工单位项目技术负责人签字确认后，总监理工程师未签字确认	
	未按照本规定建立危大工程安全管理档案	条件1	监理单位无法按照细则第四十条要求，提供齐全的危大工程安全管理档案	满足条件1或条件2的一项，认定为：监理单位违反《危险性较大的分部分项工程安全管理规定》第三十七条“监理单位未按照本规定建立危大工程安全管理档案”
		条件2	危大工程安全管理档案未单独建档	

后　记

《危大基坑工程安全专项方案知识重用管理研究》一书，是作者在博士阶段研究工作的基础上，对危大基坑工程安全管理领域专项方案知识管理的一次系统梳理和深入研究，也是对知识重用管理在危大工程安全管理领域应用的一次分析和探索。

危大基坑工程作为重大基础设施工程中的一项重要而复杂的工程类型，其施工建造安全性直接关系到危大工程项目的目标实现，其安全管理更是关系到人民生命财产安全和社会稳定。因此，对危大基坑工程的安全专项方案进行深入研究，不仅是一个工程技术问题，更是一个复杂的工程管理问题。

在本书的撰写过程中，深入分析了危大工程及其专项方案的内容、特点以及管理要求，以安全专项方案知识重用管理为研究主线，以知识管理理论为基础，通过收集、整理、分析和重用以往危大基坑工程中的安全专项方案知识，构建知识表达模型；实现知识信息的有效流转和重用，有助于提高专项方案编制的精确性和针对性，提高专项方案编制与安全评审的效率与质量，并在施工过程中根据实时变化的现场条件进行动态优化，以及落实实施评价预警管理。期待本书能够成为危大基坑工程安全领域知识传播者和实践者之间的桥梁，为提高我国建设工程安全管理水平做出贡献。

在此，感谢参与本书内容编写的南通理工学院罗清博士、王焱博士，中国地质大学宫培松副教授，中南电力设计院公司车海潮工程师、李权工程师等，他们提供的一线数据和相关案例资料，让本书的内容更加贴近实际。感谢参与研究的王建伟、吴明庆、郭帅、胡灵芝、王琛、陶奕龙、刘振寰等学生，他们帮助搜集了大量的案例资料，参与了相关数据分析和内容讨论。在此，感谢所有为本书提供支持和帮助的人们。

最后，衷心希望本书能够为同行专家和学者提供有价值的参考和启示，为工程技术人员和管理者提供实用的指导和帮助。由于本人水平有限，著作中的错误与不当之处在所难免，恳请各位专家给予批评指正。

张永成

2024 年 6 月